DIANA TIEBES

ÜBER 125 NATURHEILMITTEL

FÜR DEN GESUNDEN HUND

Müller Rüschlikon

FÜR KERSTIN

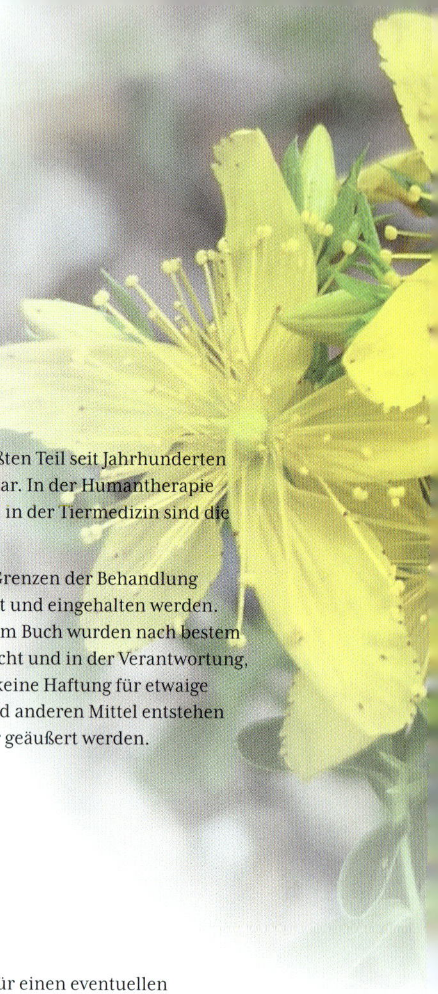

HAFTUNGSAUSSCHLUSS

Die hier dargestellten Pflanzen und Nahrungsergänzungsmittel (NEM) sind zum größten Teil seit Jahrhunderten erprobt und erfolgreich im Einsatz und stellen damit wertvolle Erfahrungsmedizin dar. In der Humantherapie ist die Heilpflanzenkunde meist wissenschaftlich erforscht und die Wirkung geprüft, in der Tiermedizin sind die Ergebnisse leider lückenhaft.

Die Heilkräuter und NEMs sollen kein Ersatz zur Schulmedizin darstellen, auch die Grenzen der Behandlung mit Kräutern und Ergänzungsmitteln sollten stets seitens des Besitzers selbst erkannt und eingehalten werden. In Notfällen muss ein Tierarzt konsultiert werden. Alle Ratschläge und Tipps in diesem Buch wurden nach bestem Wissen und Gewissen zusammengefasst, dennoch ist der Tierhalter selber in der Pflicht und in der Verantwortung, angemessen zu reagieren und zu handeln. Der Verlag und die Autorin übernehmen keine Haftung für etwaige Schwierigkeiten oder Probleme, die durch Verwendung der vorgestellten Kräuter und anderen Mittel entstehen könnten, auch Heilversprechen können damit selbstverständlich nicht gegeben oder geäußert werden.

IMPRESSUM

Einbandgestaltung: R2 I Ravenstein, Verden

Titelfoto: Diana Tiebes
Bildnachweis: Seite 269

ISBN 978-3-275-02307-3

Postfach 103743, 70032 Stuttgart
Ein Unternehmen der Paul Pietsch Verlage GmbH & Co. KG

1. Auflage 2024

Sie finden uns im Internet unter www.mueller-rueschlikon-verlag.de

Gesamtleitung: Claudia König
Innengestaltung: R2 I Ravenstein, Verden
Druck und Bindung: Graspo CZ, 76302 Zlin
Printed in Czech Republic

INHALT

EINLEITUNG

Die Kräuterheilkunde ist eine alte ganzheitliche Heilkunst. Eine sehr alte sogar. Deswegen nennt man sie auch Erfahrungsmedizin. Sie ist im Laufe der Jahrtausende gewachsen und gereift. Die Heilpflanzenkunde ist eine anerkannte Therapieform, Kommission E und WHO regeln und kontrollieren über Monografien der Pflanzen die Qualität, Wirksamkeit und Unbedenklichkeit in der Anwendung der „traditionellen Medizin" neben der Schulmedizin. Zudem sind sehr viele Medikamente pflanzlichen Ursprungs, mal ist es ein synthetisch extrahierter Stoff oder eine Kopie davon, mal ein Phytotherapeutikum reinen Ursprungs. Die Herstellung eines Medikaments ist natürlich für die Pharmaindustrie von großem Interesse, da hier Produkte und Marken entwickelt, geschützt und mit großem Gewinn verkauft werden können. Auf eine Heilpflanze an sich kann kein Patent angemeldet werden. Dies ist ein Grund, warum die Naturheilkunde in Vergessenheit geriet. Ein weiterer Grund war die zunehmend ansteigende Zahl der Bevölkerung und die dadurch auch genauso zunehmenden Gefahren der Krankheitsausbrüche und Seuchen. Der schnelle Lebensstil mit den Zivilisationskrankheiten und der schnelle Lebenswandel forderte ebenso schnell wirksame Medikamente. Zeit für Heilung glaubt man auch heute nur wenig zu haben, das Immunsystem bleibt auf der Strecke. In der Tierhaltung ähnlich, hier waren es zunächst die Chinesen, die vor einigen Tausend Jahren die ersten waren, die Tiere therapierten. Es folgten dann auch naturheilkundliche Behandlungen an Tieren in der westlichen Welt, waren doch gerade Pferde und Rinder im menschlichen Leben von äußerst großer Bedeutung und daher erhaltenswert. Später waren es die Stallmeister, die erste Schriften im frühen Mittelalter verfassten, die sich mit Pflanzen und Rezepten zur Heilung von Krankheiten der Pferde und anderen Nutztieren befassten, wenn hier auch teilweise Praktiken dabei waren, die sehr drastisch und gefährdend für den Patienten waren. Aderlass in zu großen Mengen und manch Giftpflanzen-Cocktail konnten einen geschwächten Organismus dabei durchaus umbringen. Dann jedoch kam es auch in der Tierhaltung durch Massenhaltung und schneller „Tier-Produktion" zu Krankheiten, die rascher Therapie bedurften, damit nicht der ganze Bestand dahingerafft und die Wirtschaftlichkeit des Betriebs gefährdet wurde. Der Einsatz von Antibiotika hielt auch hier in großen Mengen Einzug, ganz abgesehen von einer Vielzahl anderer synthetischer Medikamente. Die Naturheilkunde war zu langsam dafür und angeblich nicht sicher oder stark genug. Selbst eine Kombination beider Therapieformen schien nicht vertretbar, die Kräuterheilkunde wurde altmodisch und unmodern. So ist es einigen „Hobby-Kräuter-Gärtnern" und ganzheitlich denkenden Ärzten, der Klostermedizin und „Kräuterfrauen" zu verdanken, dass nicht alles in Vergessenheit geraten ist. Denn schon einmal ist viel Wissen über die Naturtherapien einst auf dem Scheiterhaufen und im Hexenfeuer verbrannt und vernichtet worden, während der Kreuzzüge war „Heilung eine Gottesangelegenheit" und nicht die irgendwelcher Kräuterheiler. Die Industrialisierung war nur eine zweite große Gefahr des Vergessens um die wertvollen alten Erfahrungen jahrtausendealter Heilkunst.

Heute ist sie wieder wichtig geworden, in einer Zeit, in der es Resistenzen bei Antibiotika oder Wurmmitteln gibt und das Wissen über sekundäre Pflanzenstoffe und das Mikrobiom auch in der Schulmedizin angekommen ist. Der Wunsch nach ganzheitlicher Betrachtung, mehr Transparenz und Nachhaltigkeit, aber auch nach einer schonenderen Therapie ohne Nebenwirkungen wird immer lauter. In Apotheken gibt es Regale oder Abteilungen für pflanzliche Arzneimittel, die Nachfrage ist wieder da und groß. Jeder kennt die Kytta-Salbe, Euphrasia Augentropfen oder Klosterfrau Melissengeist. Das Vertrauen in die Schulmedizin schwindet, was meines Erachtens fatal ist, denn ohne Antibiotika, Chirurgie, moderne Medizintechnik und Forschung wären wir nicht da, wo wir jetzt sind, auch wenn das „Jetzt" nicht heilbaren Epidemien, Viren, Krebsarten oder einem systemisch therapierbaren Ersatzteillager gleicht und die ganzheitliche Sicht missachtet zu werden scheint. Ein Grund mehr, warum das Interesse zur eigenverantwortlichen Medikation, zur Stärkung der Selbstheilungskräfte und um das Wissen der Erfahrungsmedizin wieder so zunimmt.
Die Kräuterkunde und die Ernährung, das bedachte Leben und der Rhythmus der Jah-

reszeiten gewinnt wieder an Bedeutung, das Thema Rückbesinnung ist in aller Munde und hat nichts mit angestaubter Hexenkunst oder Quacksalberei zu tun, sondern viel mehr mit Achtsamkeit und Respekt gegenüber dem Leben und der Natur. Eine sehr erfreuliche Entwicklung, die nur Zugewinn, statt Rückschritt bedeutet.

In der Tiermedizin oder besser Tierheilkunde ist es nicht anders. Hat man sich doch einst die Tiere, die gezielt und instinktiv Pflanzen oder Wurzeln aufsuchten, um ihre Gebrechen zu lindern oder zu heilen, als Vorbild zunutze gemacht, abgeschaut und daraufhin „Medikamente" entwickelt.

Auch Tierhalter hegen vermehrt den Wunsch, ihrem Schützling diese Naturtherapie wieder möglich zu machen. In der Zeit der Domestikation, Stall- und Wohnungshaltung sind die Tiere nämlich weit entfernt davon, sich und den erkrankten Organismus selbst gezielt therapieren zu können, viele scheinen das Wissen darüber auch verloren zu haben. Die Nachfrage an Pflanzentherapeutika und artgerechter Ernährung wird größer, sehr zum Wohle der Tiere.

Leider findet man als Tierhalter aber nicht immer Zuspruch oder Unterstützung durch den Haustierarzt oder Tierkliniken. Die Zahl der Tierärzte, die Schulmedizin und Phytotherapie und Diätetik kombinieren, wächst aber zunehmend. Ein großer Zugewinn für beide Seiten.

Die Pflanzenheilkunde ist ein großes Gebiet und birgt unendlich viel Potential, doch den Überblick zu behalten, ist dabei nicht unbedingt einfach. Nicht nur die Pflanze selbst hat eine spezifische Wirkung, in Kombination mit anderen Pflanzen oder Medikamenten kann sich die Wirkung verschlechtern oder auch verdoppeln. Nebenwirkungsfrei ist sie zudem keineswegs,

denn je nach Verfassung oder Grunderkrankung kann eine phytotherapeutische Wirkung auch das Geschehen verschlechtern. Ich erwähne das hier deshalb, weil ich so häufig von meinen Patientenbesitzern höre, wie sanft und ungefährlich die Naturheilkunde doch ist und was schon alles auf gut Glück und Gedeih versucht wurde. Gefährlich ist die Pflanzenheilkunde nicht, sofern keine Giftpflanzen, wie früher üblich, verwendet werden. Aber nebenwirkungsfrei auch nicht immer. Die Melisse zum Beispiel ist sanft und mild, sie soll ja auch besänftigen und beruhigen. Der Ingwer oder die Brennnessel jedoch sind da schon viel drastischer in ihren Wirkungen, werden deshalb aber auch gezielt ein akutes Problem therapieren können. Manche Pflanzen sind hingegen so stark, dass sie zu Frühgeburt oder Herzrasen, Vergiftungen oder Blutungen führen können. Aus diesem Grunde habe ich stets die Nebenwirkungen und Kontraindikationen zu jedem Pflanzenportrait hinzugefügt und auf Giftpflanzen gänzlich verzichtet.

Phytotherapeutika können einiges. Sie können antientzündlich, antitumoral oder antikanzerogen (krebshemmend), antiviral, antimykotisch (pilzwidrig), abführend, adstringierend (zusammenziehend), ausleitend und entgiftend, stärkend, blutbildend und blutverdünnend, kreislaufstabilisierend oder stoffwechselanregend sein, sie können beruhigen und Schmerzen lindern, Hormone regulieren, Schleim lösen, wärmen oder kühlen, schweißtreibend oder immunstärkend oder immunmodulierend (regelnd) bis immunsuppressiv (unterdrückend) wirken, auch die Gedächtnisleistung und Stresstoleranz erhöhen, die Stimmung heben, die Cortisolproduktion anregend oder hemmend sein.

Das ist so ziemlich genau das, was die Schulmedizin auch kann. Da gibt es aber eines, sehr Interessantes zu beachten: Ein synthetisches Medikament kann meist nur eines davon, maximal hat es eine Kombiwirkung. Es behandelt ein Symptom. Eine Pflanze hat viele Wirkstoffe und hat daher oft eine Breitbandwirkung von Haus aus. Daran Schuld sind die Kombination aus verschiedenen Wirkstoffen und sekundären Pflanzenstoffen, die die Wirkung des Heilkrauts so fantastisch und wirksam machen. Sie beachtet die Ganzheitlichkeit. Denn eine Krankheit besteht nicht nur aus einem Symptom, es ist eine Dysbalance des Organismus, der eine Schwachstelle besitzt und hier dann deutlich mit mehreren Beschwerden zu Tage tritt.

Ein Apfel enthält natürlich reichlich Vitamin C. Aber das daraus gewonnene Vitamin C ist nur halb so wertvoll, wie der ganze Apfel an sich. Hier stecken noch unzählige weitere gesunde Substanzen drin, die den Apfel zu einer wertvollen Pflanze oder Nahrung machen und den Organismus stärken. Die Weidenrinde enthält u.a. Salicin. Daraus wurde die bekannte „Aspirin“ entwickelt. Die Weidenrinde selber kann aber als Pflanze viel mehr als nur Blut verdünnen und Fieber senken und damit Schmerzen lindern. Die Aspirin schädigt die Magenschleimhaut, die Weidenrinde nicht (die Blutverdünnung und Blutungsneigung dadurch ist sehr gering), hat aber die gleiche Wirkung, wenn auch nicht in der Schnelligkeit einer Aspirin gelöst in Wasser. Die Weidenrinde und die Weidenblätter sind zudem trocknend, kühlend, zusammenziehend und beruhigend, helfen bei starker Übererregbarkeit und vielem mehr.

Ganz wichtig ist mir hier Folgendes zu sagen: Ich möchte die Schulmedizin auf gar keinen Fall und niemals beschuldigen oder verteufeln. Sie ist ein Segen für uns und unsere Tiere. Einzig dieser Tunnelblick, die Weigerung über den Tellerrand hinauszuschauen und das strikte Ablehnen der naturheilkundlichen Therapie mag ich nicht. Gut, dass es Antibiotika, Cortison und Co. gibt, um akute und bedrohliche Krankheiten schnell therapieren zu können, aber warum nicht bei chronischen oder mild verlaufenden Krankheiten die Pflanzen mit ins Boot nehmen? Oder bei akuten Krankheiten dadurch Nebenwirkungen der Medikamente mildern oder die Abheilung beschleunigen? Es kann nur ein Gewinn sein und keineswegs ein Verlust des Ansehens der weißen Kittel. Wer die Ganzheitlichkeit im Fokus hat, ist sicher nicht auf dem falschen Weg. Mein Wunsch wäre eine gute Kombination beider Therapien, um langfristig zur Heilung zu gelangen.

Damit nun die wertvollen Heilkräfte der Pflanzen und Nahrungsmittel (auch die sind Medizin) wirklich nutzbringend, heilsam und ungefährlich von Ihnen angewendet werden können, möchte ich Ihnen hier nun über 125 bekannte und weniger bekannte Schätze aus der Natur erläutern und näherbringen. Was hilft wobei, wodurch, wann und wie? Was lasse ich lieber sein (hier werden auch die wichtigen Kontraindikationen erläutert) und wo kann ich selber meinem Hund bei der Heilung unterstützen? Zur Abrundung und dem besseren Verständnis, welche Heilkraft nun in der gesamten Pflanze steckt, beschreibe ich einmal die Wirkstoffe der Pflanzen und zum anderen die Wirkrichtung der Heilwirkung aus der Sicht der traditionellen chinesischen Medizin. Wer mein Buch „Die 5 Hundetypen in der traditionellen chinesischen Veterinärmedizin" kennt, weiß bereits diese alte Heilkunst zu schätzen und kennt die Grundlagen, dennoch möchte ich das hier nochmals kurz erklären, damit die Erläuterungen in den folgenden Heilpflanzen-Portraits gut verstanden werden können. Meines Erachtens nach stellt diese Einsicht in die Wirkungsweisen eine potentiell größere Heilungschance dar, denn wenn man weiß, warum bei einer Arthrose (Kältekrankheit) die Hagebutte und die Grünlippmuschel (ebenfalls thermisch kalt wirkend) besser unterstützen und helfen, wenn man sie mit wärmenden Zusätzen (Ingwer oder Weihrauch zum Beispiel) ergänzt, kommt viel schneller ans Ziel, ohne gar die Krankheit womöglich noch zu verschlechtern (Kälte zusätzlich wirkt eher schädlich). Genau das hat in der Literatur für den Hundetherapeuten und Hundebesitzer noch gefehlt und ist der Grund, warum ich dieses Buch geschrieben habe. Ausführliche Pflanzenportraits, zusätzlich mit Kontraindikationen, Wechselwirkungen (auch im positiven Sinn) und der Einteilung nach den Wirkweisen (Thermik und Geschmäcker) der traditionell chinesischen Medizin. Es soll Risiken minimieren und den Heilungserfolg verbessern und erleichtern.

Ich wünsche Ihnen auch hier wieder viele Aha-Momente und Freude beim Eintauchen in das tiefe Verständnis von den Zusammenhängen und Wegen der Natur, mögen Sie viel für sich (daher auch stets das Infokästchen „Für den Menschen zudem hilfreich bei") und Ihren Hund aus diesem Buch mitnehmen und im Folgenden auch umsetzen können. Achtsamkeit im Umgang mit der Natur und der Gesundheit ist wichtiger, aber auch herausfordernder denn je.

IHRE DIANA TIEBES

Kapitel 1

WIRKSTOFFE DER PFLANZEN

Wie eingangs in der Einleitung beschrieben, enthält die Pflanze nicht nur einen einzelnen Wirkstoff, sondern immer ein Gemisch aus verschieden wirksamen Substanzen. Das macht sie ja so ganzheitlich und diese Breitbandwirkung so interessant. Leider schwanken die Inhaltsstoffe manchmal, je nach Wetterlage oder Wachstumsort, ein Grund für die Kritiker laut zu werden und die Pflanzenheilkunde als kritisch und schwach wirksam darzustellen. Tatsächlich trifft das auf selbst gesammelte Pflanzen möglicherweise zu, jedoch sind die Schwankungen nur sehr gering und nicht wirklich bedeutend. Kräuter aus der Apotheke unterliegen starken Qualitätsstandards und sind gut untersucht, ebenso gibt es einige Händler und Kräuterfirmen, die hohe Ansprüche an die Qualität haben, dort kann man ebenso gut einkaufen. Wer selber sammelt, sollte auf Standort und Verschmutzung durch Abgase achten und zur Not ein Bestimmungsbuch mitnehmen, damit nicht andere, möglicherweise giftige Pflanzen gesammelt werden.

Um die Wirksamkeit der Pflanzen besser zu verstehen, möchte ich in diesem Kapitel die Inhaltsstoffe und deren Wirksamkeit grob erklären, wer hier größeres Interesse hat, schaut gerne hinten im Buch unter »Interessantes zum Weiterlesen« nach und findet dort Literaturvorschläge und Quellenangaben. Um einen besseren Erfolg in der Auswahl der Heilpflanzen zu haben, macht es aber Sinn, sich kurz mit den Wirkstoffen auseinanderzusetzen. Spannend finde ich hierbei auch die Wirkstoffkombination mancher Pflanzen, denn nur so ist die ganzheitliche Wirkung der Heilkräuter zu erklären, ein Organismus besteht eben nicht nur aus einem Organ, einem Symptom oder einer Funktion. So können gerade die Heilpflanzen regulativ auf Schwächen und Störungen eines Lebewesens einwirken. Daher wird die Naturheilkunde, zu der ebenso die TCM (traditionelle chinesische Medizin) gehört, auch als „Regulationstherapie" bezeichnet. Sie stärkt die Selbstheilungskräfte, wirkt auf die Dysbalance ein und stellt das System, den Fluss wieder her. Ein chemisch synthetisches Medikament (wie gesagt, oft einem Extrakt der Pflanze nachempfunden) wirkt nur auf ein Symptom, nicht auf das gesamte System ein.

Ein Blatt des Lungenkrautes. Interessant auch hier die „Signatur" der Pflanze: Das Blatt besitzt feine Haare, ähnlich den Flimmerepithelchen der Nasen- und Lungenschleimhaut, auch die Flecken auf dem Blatt symbolisieren die erkrankte Lunge oder die kleinen Lungenbläschen. Die Blüten sind lila, einmal hell und einmal dunkel, ein Zeichen für das sauerstoffreiche und sauerstoffarme Blut im Herz-Lungen-Kreislauf.

Es wird immer noch geforscht, die Pharmaindustrie setzt viel in Bewegung, um bisher unbekannte Pflanzen und deren Wirkstoffe zu finden und zu erforschen, denn noch lange sind nicht alle Möglichkeiten erschöpft, werden es sicher auch niemals sein. Die Bemühungen der Schulmedizin sind natürlich gut, gibt es doch noch so viele Krankheiten, für die kein Medikament auf dem Markt ist. Im Dschungel lauern sicher noch einige Schätze, der Spruch: „Gegen jede Krankheit ist ein Kraut gewachsen" ist sicher richtig. Nur das Wissen darüber ist noch sehr lückenhaft.

Für viele Krankheiten gibt es aber schon ein Gegenmittel, oder sagen wir besser: das passende natürliche Heilmittel. „Diese wachsen oft dort, wo die Krankheit wütet" sollen Hexen damals gesagt haben, auch Paracelsus (1493-1541) hat Ähnliches behauptet. Ganz so genau kann man das natürlich nicht übernehmen, denn sonst litten alle an Herzbeschwerden, die den schönen Fingerhut im Garten haben. Womöglich darf man es nicht ganz so eng bezüglich „Standort" nehmen, aber wir Lebewesen im Westen haben einen etwas anderen Stoffwechsel, teilweise andere Leiden als Menschen im Osten. Daher bin ich so begeistert und überzeugt von den Heilpflanzen, die auf unseren Teilen der Erdkugel wachsen. Bis auf ein paar Ausnahmen (Teufelskralle zum Beispiel), aber das ist ja überall so.

Interessant an der Theorie der Hexen ist aber die Beobachtung meinerseits, dass in den beiden Jahren des Corona-Wahnsinns erstaunliche Massen an Lungenkraut überall in ganz Europa, auch in meinem Garten, zu finden waren. Zufall?

Ätherische Öle und Harze

Die wilde Möhre

Sie machen den Duft der Pflanze aus. Oft ist dieser unverkennbar, denn meist ist er einzigartig. Nicht nur als Grundlage für manches Parfum, sondern auch in der Medizin nicht mehr wegzudenken. Bekannt auch als Terpene, oder Terpenoide (ätherische Öle gehören in diese Kategorie) sind sie in der „Waldmedizin" ein Grund für die gesunde Wirkung beim „Waldbaden". Fein aufgelöst in der Luft wirken sie entspannend, blutdrucksenkend, angeblich sogar krebswidrig, Immunsystem stärkend und positiv auf die Seele. Sie sind fettlöslich, kleinstmolekular und können dadurch in die Haut und die Lunge eindringen. Die Wirkung ist oft deutlich bis drastisch und Schleimhäute mögen sie eher weniger pur. Nicht umsonst sind sie bekannt in der Aromatherapie, da sie hier durch die Verteilung in der Luft milder erscheinen, aber dennoch wirken. So haben sie Einfluss auf Körperfunktionen und Psyche gleichermaßen, ätherische Öle wirken also therapierend auf beiden Ebenen, ihre Heilkraft ist umfassend und wird, wie ich finde, sehr unterschätzt. Sie haben eine starke desinfizierende Wirkung.

Blühender Rosmarin

Auch Einreibungen oder Wickel gibt es, hier gut bekannt ist zum Beispiel der Franzbranntwein. Inhalation mit ätherischen Ölen gibt es natürlich auch, sollten aber gerade in der Tierbehandlung und bei Kindern niedrig und vorsichtig dosiert werden. Als Heilkraut zur inneren Anwendung kommen die ätherischen Öle auch vor, aber nur in der Gesamtwirkung der Pflanze, nicht als Extrakt gelöst in Öl oder Alkohol wie bei Einreibungen, Wickeln oder Salben. Somit ist die Wirkung nicht so drastisch und schleimhautgefährdend, aber immer noch ausreichend und dafür komplexer. Harze sind bekannt für Umschläge oder Räucherungen, finden aber auch innerlich Anwendung.

Wirkung

- Stark keimhemmend (Viren, Bakterien und Pilze) und damit entzündungshemmend
- Oft schleimlösend und schleimverflüssigend
- Krampflösend (spasmolytisch)
- Blähungswidrig (karminativ)
- Antirheumatisch
- Beruhigend (sedativ)
- Harze zudem auch wundheilend (Haut und Schleimhaut)

Vorkommen

Ätherische Öle

Anis, Baldrian, Eukalyptus, Fenchel, Fichte, Hopfen, Kamille, Kiefer, Koriander, Kümmel, Lavendel, Majoran/Oregano, Melisse, Pfefferminze, Rose, Rosmarin, Salbei, Schafgarbe, Schwarzer Holunder, Tanne, Teebaum, Thymian, Wacholder, Wermut, Wilde Möhre, Zitrone

Harze

Fichte, Lärche, Myrrhe, Waldkiefer, Weihrauch, Weißtanne

SCHLEIMSTOFFE (KOHLENHYDRATE)

Hier muss unterschieden werden zwischen Schleim- und Quellstoffen, auch Pektine (Füllstoffe aus Früchten) und Inulin (Ballaststoff – Fruktan, als Präbiotika verwendet) gehören dazu. Es gibt einige Pflanzen, die diese wasserlöslichen Schleimstoffe, von denen manche zusätzlich aufquellen können, enthalten. Sie entstehen im Stoffwechsel der Pflanze und sind Zuckerverbindungen (Kohlenhydrate als Vielfachzucker). Es kann sich hierbei um Blütenblätter oder auch Samen handeln, letztere haben auch oft Quell-Eigenschaften.

Wilde Malve

Schleimstoffe binden das Wasser an sich und bilden einen Film auf Haut und Schleimhaut, stellen somit den perfekten Schutz durch die sanfte Abdeckung dar. Sie können ebenso gelöste Substanzen aufnehmen und über die Verdauungswege ausscheiden. Das erklärt die gute Entgiftungsfunktion, aber auch die Gefahr der Entsorgung von wichtigen Nährstoffen. Daher sollte man Acht geben und diese wirksamen Schleim- und Quellstoffe zeitlich versetzt mit Medikamenten (z.B. Schilddrüsen- oder Herzpräparate) darreichen und nur in kaltem Wasser lösen, in Tees werden die Schleimstoffdrogen zerstört.

Ebenso verhält es sich mit den Quellstoffen, die im Wasser aufquellen und so das Volumen vergrößern und die Darmperistaltik anregen, die Stuhlentleerung beschleunigen und Stoffe zusätzlich aus dem Darm ausscheiden. Trocken im Joghurt oder mit dem Nassfutter eingenommen resorbieren sie überschüssiges Wasser und können Flüssigkeitsüberschuss mindern.

Pektine wirken bei „Bearbeitung“ (Reiben, Quetschen oder Einkochen) der Pflanzenstoffe und binden Wasser durch Gelierung.

Als Auflage unterstützen sie die Wundheilung, feucht heiße Wickel können Abszesse reifen lassen.

Wirkung

- Schleimhautschützend und beruhigend bei Sodbrennen (hemmt Säurebildung)
- Hustenreizlindernd bei trockenem Husten mit gereizter Schleimhaut
- Entzündungshemmend (Gastritis, Enteritis, Geschwüre im Verdauungstrakt)
- Peristaltikanregend (Füll- und Quellstoffe besonders)
- Entgiftend, da Bindung und Ausscheidung von Toxinen (Vorsicht Medikamente!)
- Hauterweichend und -beschützend (bildet Film)
- Resorbieren von überschüssigem Wasser im Verdauungstrakt

Vorkommen

Eibisch, Ulmenrinde, Island Moos, Malve, Ringelblume, Huflattich, Spitzwegerich, Flohsamen, Leinsamen, geriebener Apfel (Pektin), gekochte Karotten (Pektin), geriebene/zerquetschte Banane

GERBSTOFFE

Getrocknete Walnussblätter

Bekannt sind sie durch das Gerben von Tierfellen, bei dem sie vor dem Verderben und Schimmeln schützen und die Felle somit haltbar machen. Sie sind schwer wasserlöslich und verdichten quasi die Oberfläche der Haut: Kein Eindringen von Schadstoffen mehr möglich, aber auch kein Ausdringen von Wasser, dadurch bilden sie eine natürliche Barriere. Auch Schwermetalle können gebunden werden, teilweise werden sie bei Vergiftungen als Antidot eingesetzt. Gerbstoffe sitzen überwiegend in Rinden und Blättern von Pflanzen.

Vorsichtig sollte man bei Verstopfung, Trockenheit der Schleimhäute und bei Anwendungen auf trockener Haut sein, die zusammenziehende und trocknende Wirkung ist hier kontraindiziert. Bei zu hohen Dosen können Erbrechen und Magenreizung auftreten, auch die Leber nimmt bei lang anhaltender Überdosierung Schaden. Zudem ist auch die Aufnahme von Nährstoffen begrenzt, da die Wände des Verdauungstraktes ebenfalls dicht machen und manch wichtiges Enzym schlechter hinein-, manch Vitalstoff schlechter hinauskann. Durch den Gerbstoff entsteht aber eine Art Schmerzweiterleitungs-Hemmung, da die Haut unempfindlich wird. Die austrocknende, juckreizlindernde und keimwidrige Wirkung macht den Gerbstoff besonders wirksam bei nässenden Hautentzündungen, Magen-Darm-Viruserkrankungen, Insektenstichen und Schleimhautentzündungen.

Die zusammenziehende und damit abdichtende Wirkung ist aber die Hauptaufgabe und daher sind Gerbstoffe besonders geeignet bei Haut- und Schleimhautschäden.

Wirkung

- Zusammenziehend, dadurch blutstillend (innerlich und äußerlich)
- Juckreizlindernd (äußerlich)
- Entzündungshemmend und wundheilungsfördernd (innerlich und äußerlich)
- Kühlend (äußerlich)
- Austrocknend (innerlich und äußerlich)
- Keimhemmend (innerlich und äußerlich)
- Stopfend (innerlich bei Durchfall)
- Entgiftend (innerlich und äußerlich)
- Schweißhemmend

Vorkommen

Eichenrinde, Walnuss, Salbei, Zaubernuss, Zistrose, Blutwurz, Schwarz- und Grün-Tee, Brombeerblätter, Gänsefingerkraut, Frauenmantel

BITTERSTOFFE

Ein Glück, dass unsere Hunde den bitteren Geschmack nicht so extrem wahrnehmen wie wir, denn sie besitzen deutlich weniger Geschmacksknospen (leider ist der zugeführte bittere Geschmack zum Rattengift auch eher für Kinder gedacht, Hunde fressen es mit etwas Wurst in einem Köder leider einfach mit). Wir Menschen empfinden Bitteres meist als unangenehm

Die Wegwarte

und nicht lecker, das mag daran liegen, dass der bittere Geschmack aus vielen Gemüsesorten herausgezüchtet wurde, um sie schmackhafter zu machen und wir „entwöhnt" wurden. Daraus resultieren auch die häufigen dyspeptischen Beschwerden, die man früher in so ausgedehnter Form gar nicht kannte. Bekannt waren Verdauungsschwäche und Appetitlosigkeit trotzdem schon damals, denn ein schwedischer Truppenarzt erfand ein Gebräu, dass er „ad longam vitam" nannte – „Auf ein langes Leben". Heute ist diese Mischung bekannt als „Schwedenbitter"-Schnaps. Bitterstoffe geben Kraft nach langer Krankheit oder regen die Lebensgeister bei „Kümmerlingen" an. Gemeint sind damit Spätentwickler oder Unterentwickelte.

Darmparasiten und bakterielle Fehlbesiedlung sind ein Einsatzgebiet der Bitterstoffe, aber auch Verdauungsschwäche aufgrund mangelnder Bildung von Verdauungssäften sowie Müdigkeit durch Vitamin B und Eisenmangel (regt die Bildung an). Das Immunsystem profitiert ebenfalls von bitterer Medizin, da es die unspezifische Abwehr anregt.

Weißdorn

Bitterstoffe bringen alles in den Fluss (Enzyme, Säfte und Blut) und stärken den Tonus in der glatten Muskulatur (Gedärme, Blase, Blutgefäße, Uterus, Bronchialtrakt usw.), auch stimmungsaufhellend sollen sie sein und das Herz stärken. Das vegetative Nervensystem wird angeregt, Parasympathikus und Sympathikus gleichermaßen und dies, obwohl sie eigentlich Gegner sind. Denn der Vagus Nerv, welcher eine Verbindung zu beiden Anteilen hat, wird reguliert und entscheidet somit angemessen über Ruhe, Verdauen und Einspeichern oder über Anspannen, muskuläre Tätigkeit und Verdauungspause.

Vorsicht ist geboten bei Übersäuerung des Magens, hier wirken sich Bitterstoffe durch Anregung der Magensäure als schädlich aus, ebenso bei Magen- oder Dünndarmgeschwüren. Auch Gallensteine sind eine Kontraindikation! Sollte der Organismus an innerer Trockenheit leiden, sind Bitterstoffe nur in geringen Dosen zum Befeuchten gut, denn nur wenn Flüssigkeit vorhanden ist, kann sie auch fließen.

Des Weiteren gibt es Bitterstoffe mit zusätzlicher Schärfe, die sogenannten Scharfstoffen, hier besonders erwähnenswert der Ingwer und die Gelbwurz (Kurkuma). Diese wärmen besonders von innen den Verdauungstrakt, regen ebenfalls die Verdauungssäfte an, wirken schweißtreibend und keimhemmend, wie auch parasitenwidrig.

Wirkung

- Verdauungs- und appetitanregend
  (Bildung der Magen- und Gallensäuren sowie Säfte und Enzyme der Bauchspeicheldrüse)
- Blähungswidrig (karminativ)
- Fiebersenkend (regt Schweißbildung zum Abkühlen an)
- Immunstärkend (stärkt Leukozyten-Anzahl im Dünndarm)
- Blutbildungsunterstützend (vermehrte Eisenbildung)
- Leistungsstärkend (hilft bei der Resorption von Vitamin B)
- Beruhigt ein nervöses Herz
- Stimmungsaufhellend
- Wärmt von innen
- Hilft in der Rekonvaleszenzzeit

Vorkommen

Artischocke, Gelber Enzian, Mariendistel, Löwenzahn, Schafgarbe, Tausendgüldenkraut, Wermut, Teufelskralle, Wegwarte, Baldrian, Engelwurz, Weißdorn, Hopfen, Herzgespann

Mit zusätzlichen Scharfstoffen

Ingwer, Curcuma

SALICIN

Mädesüß

Diesen Wirkstoff benötigen die Pflanzen ebenso für sich selbst, nämlich um sich vor Bakterien und Pilzen zu schützen. Erst umgebaut im Verdauungstrakt von Mensch oder Hund entfalten sie noch weitere Eigenschaften, wie Schmerzlinderung und Entzündungshemmung. Fiebersenkend und antirheumatisch ist dieser Wirkstoff ebenfalls, wenn auch nicht so schnell wirkend, wie die aus ihm hergestellte Aspirin. Besser, man verteilt die Gabe der Pflanze auf 2-mal täglich, dann erreicht man nahezu einen schmerzfreien Zustand, aber erst nach über einem Tag.

Wirkung

Schmerzlindernd, fiebersenkend, antientzündlich, antirheumatisch, antibakteriell

Vorkommen

Mädesüß, Weidenrinde, Stiefmütterchen

CUMARIN

Das Wort „Cumarin" lässt viele Hundehalter erschrecken, erinnert es doch sofort an den Wirkstoff von Rattengift. Dabei muss man verschiedene Cumarin-Arten unterscheiden: Einfache Cumarine sind duftende und fettlösliche Wirkstoffe in Pflanzen, die vom Magen-Darm-Trakt resorbiert gut in das ZNS (Zentrale Nervensystem) gelangen. Dicumaride wurden zuerst in verschimmeltem Heu (besonders Kleehaltig) nachgewiesen und werden nun synthetisch hergestellt, um in geringer Dosierung als wirksame Blutverdünner in der Humanmedizin (z.B. Marcumar) zu helfen. In höherer Dosierung wirken sie stark toxisch, da sie das für die Blutgerinnung wichtige Vitamin K verdrängen und auch zu inneren Blutungen führen. In der alternativen

Kamille

Pflanzenheilkunde haben sie daher natürlich keinen Platz. Sogenannte Furanocumarine kommen meist in Doldenblütlern vor, wirken auf der Haut stark phototoxisch (Verbrennungen, Bläschenbildung durch Sonneneinstrahlung, die sogenannte „Wiesen-Dermatitis“), werden daher meist innerlich eingesetzt.

Bei dauerhaft erhöhter Dosierung der Cumarine (kann) es zu Kopfschmerzen, Erbrechen und Benommenheit führen (im Waldmeister ist besonders viel enthalten!), bei fortdauernder Überdosierung wirken sie leber- und herzschädigend.

Wirkung

- Äußerlich (auch als Heublumensack bekannt) ödemhemmend, durchblutungsfördernd, wärmend und lymphflussanregend, sowie schmerzlindernd
- Beruhigend und zentral sedierend
- Krampflindernd (innerlich)

Vorkommen

Kamille, Petersilie, Engelwurz, Liebstöckel (bekannt als Maggikraut), Lavendel, Schafgarbe, Bärenklau, Kamille, Anis

FLAVONOIDE

Ringelblume

Sie sind die Farben der Pflanzen, besonders das Gelb und Gelb-Orange bis Rot (lat. „flavus“: blond oder gelb), oder auch weniger auffällig als Wirkstoff. Sie sind wasserlöslich und hitzestabil und schützen die Pflanze vor Sonnenbrand oder anderem oxidativen Stress. Die Anthocyane, eine weitere Gruppe der Flavonoide, sind für die blaue Farbe verantwortlich, auch sie wirken entzündungshemmend und antioxidativ und somit zellschützend. Sie schützen die Pflanze vor UV-Strahlung und Luftverschmutzung genauso wie vor Bakterien- oder Pilzbefall.

Flavonoide wirken der Gefäßpermeabilität (Durchlässigkeit) vor und kamen schon als medizinisch wirksame Therapie in Orangen und Zitronen im späten Mittelalter gegen Skorbut vor, bevor man über den Wirkstoff an sich Bescheid wusste. Heutzutage sind sie sogar in der Kosmetik zu finden, als „Anti-Aging"-Zusatzstoff.

Wirkung

- Zell- und Gefäßschutz (kapillarabdichtend) bei Herz-Kreislauf-Erkrankungen
- Antioxidativ
- Antihämorrhagisch (blutungsstillend)
- Entzündungshemmend
- Herzbeschützend
- Spasmolytisch (entkrampfend)
- Radioprotektiv (Schutz vor UV- Strahlung und anderer Strahlen)
- Kanzeroprotektiv (Schutz vor einigen Karzinomen)
- Manche auch schweißtreibend und diuretisch (harntreibend)
- Oft sind auch Phytoöstrogene enthalten

Vorkommen

Ringelblume, Kamille, Arnika, Mariendistel, Mädesüß, Holunder, Johanniskraut, Königskerze, Goldrute, Weißdorn, Rosskastanie, Birke, Zaubernuss, Sanddorn, Ginkgo, Buchweizen, Blaubeeren, Himbeeren, Süßholz, Cranberry

Eher für den Menschen interessant: rote Trauben, Brokkoli, Zitrone und Orange, Zwiebel und Rotwein enthalten diesen Wirkstoff unter anderem auch.

Aloe Vera

ANTHRANOIDE ODER ANTHRACHINONE

Sie werden auch „Laxanzien" genannt und regen die Darmperistaltik an. Sie erhöhen die Sekretion von Wasser und hemmen andererseits die Resorption, so verflüssigt sich der Stuhl und die

Entleerung wird erleichtert. Sie werden nur therapeutisch eingesetzt, eine Dauereinnahme ist schädlich und verhindert die Aufnahme vieler wichtiger Nährstoffe. Eine schädliche Nebenwirkung der Stimulation der glatten Muskulatur ist ein Frühabort in der Trächtigkeit!

Wirkung

Abführend

Vorkommen

Aloe, Faulbaum, Sennesblätter, Ampfer, Medizinalrhabarber

Senföle und Scharfstoffe

Kapuzinerkresse

Sie sind die „Kampf-Wirkstoffe" in den Pflanzen, da sie es mit Bakterien aufnehmen und ihnen den Gar ausmachen können. In der Pflanze sind sie also ein eigebauter Schutz, wirksam für uns Menschen und Tiere werden sie besonders durch Verreiben und Raspeln, also wenn die Pflanzenstruktur „aufgebrochen" wird. Manchmal fließen sogar Tränen dabei, die Scharfstoffe verteilen sich auch gut in der Luft.

Wirkung

- Keimtötend (Bakterien und Pilze) innerlich und äußerlich, daher ein sehr gutes Breitband-Antibiotika
- Antikarzinogen
- Verdauungsfördernd (innerlich)
- Wärmend und gefäßerweiternd (auch äußerlich als Wickel anwendbar)

Vorkommen

Kapuzinerkresse, Brunnenkresse, Meerrettich, Senf

Birkenblätter

SAPONINE

Dieser Wirkstoff ist schaumig seifenartig (lat. „sapo": Seife) und setzen die Oberflächenspannung von Wasser herab, damit sie fettlösliche Substanzen emulgieren (lösen) können. Sie sind Lösungsvermittler und helfen bei der Resorption (Aufnahme) anderer Wirkstoffe. Sie schmecken eher kratzig und bitter und steigern den Tränenfluss. Sie haben aber auch eigene therapeutische Wirkungen.

Wirkung

- Auswurffördernd und sekretlösend
- Schweißtreibend und damit über die Haut entgiftend
- Stimulierend wirkend auf den Stoffwechsel (regen u.a. den Vagus-Nerv an)
- appetitanregend
- Antimykotisch (pilzwidrig) und antibakteriell, vermutlich auch antiviral
- Manche Pflanzensaponine wirken allerdings auch toxisch (Efeu und Schlüsselblume in höheren Dosen)

Vorkommen

Efeu, Schlüsselblume, Königskerze, Birke, Goldrute, Süßholz, Hauhechel, Gänseblümchen, Seifenkraut, Primelwurzel, Rosskastanie, Feldsalat

HERZ-GLYKOSIDE UND ALKALOIDE

Pflanzen mit einem erhöhten Anteil dieser Wirkstoffe gehören nur in erfahrene Therapeutenhände!

Herz-Glykoside sind in der Therapie von Herzkrankheiten nicht mehr wegzudenken (Digitalis – der Fingerhut oder auch das Maiglöckchen und die Meerzwiebel), werden aber in der Tierheilkunde nur in synthetischen oder verarbeiteten und potenzierten Medikamenten (homöopathische Globuli z.B.) angeboten, da sie nur strengstens dosiert verabreicht werden dürfen und stets angepasst sein müssen.

Ebenso sind die Alkaloide, auch als das Pflanzengift bekannt, nur dem Tierarzt vorbehalten. Ihre Wirkung bezieht sich auf das ZNS, es kann zu Lähmungen oder Überreizungen kommen, stark nekrotisierend (zelltötend) wirken oder zu Halluzinationen führen. Die Dosis macht das Gift, daher sind geringe Anteile mancher Pflanzen mit diesem Wirkstoff in Medikamenten hervorragend wirksam, große Mengen (oft reicht weniger als 0,1 Gramm, um Wirkung zu zeigen) allerdings tödlich. Enthalten zum Beispiel im Mohn (Opium), Schierling (Coniin), Herbstzeitlosen (Colchicin), Stechapfel (Hyoscyamin), Bilsenkraut (ebenfalls Hyoscyamin) oder der Tollkirsche (Atropin).

Pyrrolizidalkaloide (enthalten in Huflattich, Beinwell, Borretsch, Wasserdost u.a.) ist ein häufig vorkommendes Alkaloid, *welches daher nur sehr kurzzeitig Anwendung finden sollte*, da es bei längerer Einnahme lebertoxisch wirkt, aber im Gesamtkonzept der Heilpflanze therapeutisch wirksam ist.

Ich verzichte auf die Portraitierung dieser Pyrrolizidalkaloide enthaltenden Pflanzen, da die Anwendung schnell zu schweren Nebenwirkungen führen kann und in erfahrene Therapeutenhände gehört. Leider sind manche dieser Pflanzen in käuflichen und handelsüblichen Kräutermischungen enthalten, ohne einen Hinweis auf die nur kurze Anwendungszeit von ein paar Tagen und ohne Auflistung der Nebenwirkungen. So habe ich auch auf die Portraits von Sauerampfer, Wasserdost, Borretsch oder Huflattich verzichtet, die trotz der potentiellen Heilwirkung zusätzlich auch einen hohen Gehalt an Oxalaten enthalten und daher zu nebenwirkungsreich (Niere, Arthritis etc.) sein können.

Kapitel 2

WIRKRICHTUNGEN NACH TCM

Da die alleinige Betrachtung der Hauptwirkstoffe einer Pflanze (sie ist dennoch wichtig und essentiell!) einseitig bleibt, wenn man nicht zusätzlich noch die Wirkrichtungen aus der traditionell chinesischen Medizin mit einfließen lässt, möchte ich hier kurz die Begriffe und die verschiedenen Wirkmechanismen erklären, die sich von den 5 Wandlungsphasen (5 Elementen) ableiten. Meiner Einschätzung nach erhöhen sie die Chancen auf einen Therapiererfolg noch einmal und ergeben ein tieferes Verständnis und Sicherheit bei der Auswahl der Phytotherapeutika.

Wer tiefer in die Materie eintauchen möchte: In meinem Buch *Die 5 Hundetypen in der traditionellen chinesischen Veterinärmedizin* habe ich bereits ausführlich die 5 Elemente, oder besser gesagt die 5 Wandlungsphasen, erläutert. Da jeder Wandlungsphase eine Jahreszeit, eine Tageszeit, ein Organpaar (Yin und Yang), ein Geschmack, eine Thermik, ein Geruch, verschiedene Emotionen und Charakteristika, verschiedene Krankheiten mit Krankheitsdispositionen und das passende Körpergewebe zugeordnet werden kann, ist es sinnvoll zu wissen, welchem Element der Hund oder auch man selber angehört. Mit diesem Wissen lässt sich die passende Ernährung für den jeweiligen Typ auswählen oder im Falle einer Krankheit besser therapeutisch unterstützen. Denn auch die Ernährung spielt eine große Rolle, sei es bei der Gesunderhaltung oder als diätetische Maßnahme.

Als Beispiel: Ein Hund mit Arthrose sollte warmes Futter angeboten bekommen. Gemeint ist nicht erwärmtes Futter auf dem Herd, sondern thermisch Warmes. Empirisch ist daher nicht die Temperatur eines Nahrungsmittels während des Essens, sondern die Wirkung, die das Essen im Körper verursacht und wie es auf den Organismus einwirkt (energetisches Verhalten). Da Arthrose eine Kältekrankheit ist (chronisch, knöchern und wird bei Kälte schlimmer), sollte also ein Nahrungsmittel und eine Kräutermischung gesucht werden, die den Körper wärmen, den Fluss anregen und stärken. Genauso sollte ein Hitzkopf (akut, hektisch, Entzündung, Unruhe) nicht noch weiter Heißes zu sich nehmen, sondern kühlende und eventuell befeuchtende Nahrungsmittel auswählen. So ist die Ernährung nach dem Barf-Konzept eher kühlend und feucht, das Nassfutter neutral bis warm und feucht, das Trockenfutter aber heiß und trocknend (auch kaltgepresstes Trockenfutter ist nicht kalt!). Genaueres zur Ernährung erfahren Sie wie gesagt in meinem ersten Buch *Die 5 Hundetypen in der TCVM*, ebenfalls erschienen im Müller Rüschlikon Verlag. Mit Fragebogen zur Typenbestimmung, vielen Tipps zur Gesunderhaltung, der Organ-Uhr, Zungendiagnostik und inklusive Akupressur-Anleitung für daheim.

Neben der Thermik ist für uns zum Thema Heilpflanzenkunde aber auch der Geschmack interessant, da zum Beispiel der saure Geschmack die Säfte schützt, bei der Blutbildung hilft oder gar die Konzentration fördert und Hitze aus dem Kopf ableitet, da er zusammenziehend wirkt, im Übermaß kann er aber zu Verspannungen und Kopfschmerzen führen. **Auch hier macht die Dosis das Gift und der Typ ist entscheidend**. Denn der eine profitiert von einer Geschmacksrichtung oder Thermik, ein anderer verträgt dies gar nicht, entwickelt Störungen oder die Krankheit verschlechtert sich.

Schon Hildegard von Bingen (1098-1179) befasste sich hier im Westen mit der thermischen Wirkung und den verschiedenen Geschmacksrichtungen, zu dieser Zeit war die »Säfte-Lehre« aus der Humoraltherapie die allgemein bekannte Krankheitslehre.

Zudem werden die Grundbegriffe der TCM im Folgenden kurz erklärt, da sie in den Pflanzenportraits stets mit erwähnt werden und man so ein besseres Verständnis der Geschmäcker und Thermiken bekommt, ebenso wird dadurch manch Pflanzenauswahl einleuchtender.

GRUNDBEGRIFFE KURZ ERKLÄRT

Yin und Yang ist das Hauptkonzept der TCM, es sind verschiedene Stadien, die ineinander übergehen, sich gegenseitig ergänzen und kontrollieren und dabei komplett unterschiedlich sind. Das eine kann nicht ohne das andere existieren.

Yin und Yang

Yin steht für das Dunkle, Kalte, Feuchte, also für die Säfte, das Blut und all die anderen Körperflüssigkeiten, die Ruhe und das Sammeln der Kräfte, es ist durch langsame, absinkende und zusammenziehende Prozesse gekennzeichnet. Der Parasympathikus ist damit zu vergleichen.

Yang steht dagegen für das Helle, Warme, Trockene, für Energieumsetzung. Es zeichnet sich durch schnelle, expandierende und aufsteigende Prozesse aus und ist mit dem Sympathikus zu vergleichen.

Qi ist die Grundlage von allem, es ist die universelle Lebensenergie. Qi bedeutet Bewegung, im Fluss sein, Kraft und Power. Es regt alle Lebensfunktionen an: den Stoffwechsel und die Verdauung, den Blutfluss, die Muskelkraft, die Hirnleistung und die Willenskraft, die Herzenergie, die Peristaltik, das Immunsystem, den Atemfluss und das Nervensystem als Steuerung an sich. Das Qi kann schwach sein, rebellieren (in die falsche Richtung fließen) oder auch steckenbleiben. Letzteres nennt man in der TCM „Stagnation" oder Stase". Der Blutfluss, der ebenso von der Qi-Energie abhängt, kann somit auch stagnieren oder blockieren, welches zu Hämatomen, Ansammlungen oder Tumoren führen kann.

Qi

Xue meint im erweiterten Sinne „Blut", schließt aber auch andere „Säfte" mit ein. Es wirkt nährend und kühlend auf Organe und Geist.

Wei-Qi ist im Westlichen mit dem Immunsystem zu vergleichen, gehört zum Funktionskreis Lunge/Dickdarm und zirkuliert unter der Haut.

Stagnation oder **Stase** bedeutet Blockaden, Steine oder Schleimgebilde, die mit Gallen- oder Blasensteinen, aber auch Verstopfung oder Hämatome und damit verbundenen Schmerzen gleichzusetzen sind. Auch Muskelverspannungen, Blutgerinnsel, aufgestaute Emotionen gehören dazu.

Shen bezeichnet die Seele, den Geist, der im Herzen wohnt und hat im Westlichen eine ähnliche Bedeutung. Vergleichbar mit Lebensmut, Freude und auch mentalem Gleichgewicht, welches mal nach oben (überschießende Reaktionen) und nach unten gerichtet (Melancholie, Wehmut, Depression, Schwermut) sein kann. Trauer ist eher eine Emotion der Lunge, Sorge und Grübeln gehört zum Magen und der Milz, Angst zur Niere und Blase, die Wut und die Aggression sind Ausdruck der Leber. Auch die Leber besitzt einen für uns hier interessanten Geist: Hun. Er steht für Mut, Motivation und Tatendrang, wenn alles gut fließt, andererseits eben für ein bestimmtes Aggressionspotential, wenn die Leber „ins Stocken" gerät.

Auf die einzelnen Elemente und die dazugehörigen Wandlungsphasen möchte ich hier nicht bis ins Detail eingehen. Ich werde die Emotionen kurz anreißen, die jedem Element eigen sind und neben den normalen physiologischen Abläufen und Funktionen ein Organ ausmachen. Sie geben meines Erachtens nach wichtige Erkenntnisse zum ganzheitlichen Verständnis. Es handelt sich bei einem Element, einer Wandlungsphase, um ein Organpaar, jeweils ein Yin- und ein Yang-Organ, das untrennbar miteinander verbunden ist.

Für die eher naturwissenschaftlich Denkenden: In der Entwicklung des Fötus im Mutterleib entstehen verschiedenste Organe oder Gewebestrukturen aus ein und derselben Zelle/Zellstruktur und bleiben darüber hinaus über ähnlich gestaltete Gewebe und entfernte Faszienketten sowie Nervenbahnen oder spätere Funktionen/Aufgaben verkettet. Bei der Entwicklung kommt es zu Einstülpungen des

„Zellklumpens" und gleichzeitig legen sich Teile übereinander. Diese „Nähte", die dabei entstehen, sind später die Verbindungen (Meridiane/Leitbahnen), die eine stetige Kommunikation aufrechterhalten. Beispiel: Lunge/Dickdarm – Immunsystem. Siehe das dazugehörige Gewebe Haut und die Themen Neurodermitis, Asthma oder Reizdarm. Oft sind diese „Krankheiten" zusammen mit der Emotion Kummer, Trauer oder fehlender Abgrenzung zum Außen (Annehmen – Loslassen) bei ein und derselben Person anzutreffen, oder es werden familiäre Zusammenhänge deutlich. Oder: Herz/Dünndarm – hier sitzt nicht nur „Shen", der Frohgeist und Lebens-Verwirklicher, hier sitzt auch das „Bauchhirn", welches die klugen Entscheidungen von „dummen" oder „trüben" Ideen trennt.
Für die Chinesen zählte das Gehirn lediglich zu den „außerordentlichen Organen", welchem keine so große Bedeutung zugemessen wurde wie den anderen wichtigen 5 Funktionskreisen. Für sie war es besonders die Aufgabe dieser 10 Organe/5 Organpaare, die auch die Funktionen steuern und die Emotionen beinhalten. Mit dem Gedanken: „Mein Bauchhirn ist ein kluger Kopf" lagen sie ja auch ziemlich gut, beinahe treffsicher, wenn man bedenkt, dass wissenschaftliche Studien bewiesen haben, dass sich die Zellen im Dickdarm und die Hirnzellen nicht nur ähneln, sondern fast identisch sind und beide miteinander kommunizieren. Zudem hat die Darmflora großen Einfluss auf das Immunsystem und auf die Psyche, wie die Depressionsforschung bestätigt.

DIE FUNKTIONSKREISE (FK) DER WANDLUNGSPHASEN

Die **Leber und die Gallenblase** (Element Holz-Frühling) stehen für Mut und Schaffensdrang, für Expansion und Wachstum, können aber bei Reizung auch wütend und aggressiv reagieren. Wenn sie schwach sind, fehlt ihen die Entschlussfähigkeit.

Das **Herz und der Dünndarm** (Element Feuer-Sommer) stehen für Freude, Liebe und Ausstrahlung. Bei Reizung kann es zu Hysterie kommen, oft werden falsche Entscheidungen getroffen. Bei Schwäche dominieren Depression und Kraftlosigkeit bis Trübsinn.

Milz und Magen (Element Erde-Spätsommer) stehen für Harmonie und Mütterlichkeit, Mitgefühl, klares Denken und sind die Mitte, das Zentrum für alles. Bei Reizung kommt es zu

übermäßigen Sorgen und Gedankenreisen, bei Schwächung zu Stagnationen und Verdauungsschwäche.

Lunge und Dickdarm (Element Metall-Herbst) stehen für die Weisheit, das Loslassen, für einen gesunden Rhythmus, Reinheit und Klarheit und damit guter Lebenserfahrung und Resilienz. Bei Reizung sind das Festhalten, die Stagnation und die Abhängigkeit von Routineabläufen ein Problem, bei Schwäche sind die Trauer und der Kummer das Übel.

Die Niere und die Blase (Element Wasser-Winter) zeichnen sich aus durch Willenskraft, Fortpflanzung und Zeugungskraft, Lebensfeuer. Das Element steht für die „Wurzel des Lebens", für Beginn und Ende. Bei Reizung zeigen sich Unruhe, leichte Überhitzung und Starrsinn, bei Schwäche ist es die Angst, die alles erschwert.

Der Einfluss auf den Verlauf des Qi und der Flüssigkeiten im Körper durch verschiedene Temperaturen und Geschmacksrichtungen: siehe Thermiken, S. 35ff.

DIE THERMIKEN

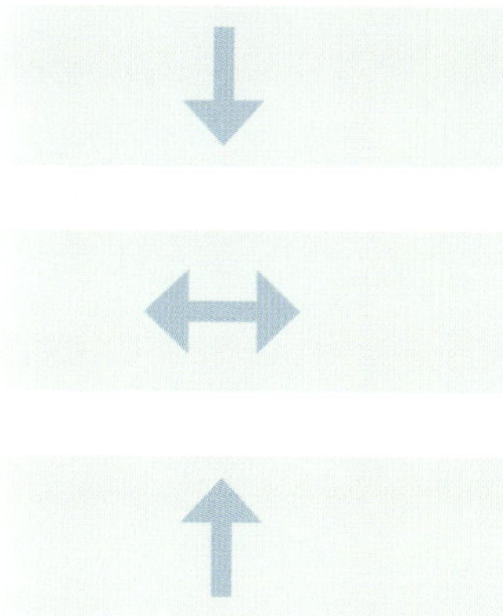

Kalt bis kühlend: sinkend und abwärtsfließend, verlangsamt und verdichtend. Es beruhigt, sammelt und nährt das Yin, löscht Hitze im Körper (z. B. Entzündungen, Fieber), besänftigt daher das Yang (im Körper und Geist gleichermaßen).

Neutral: bewahrend, speichernd und stabilisierend, bringt ins Gleichgewicht.

Warm bis heiß: dynamisierende Wirkung, Heißes beschleunigt Qi und Flüssigkeiten, wirkt Stagnationen (Blähungen, Schmerzen) entgegen, leitet Schleimansammlungen und Krankheitserreger aus, wirkt oft sehr anregend. Warmes besänftigt und hilft der Verdauung, entspannt Muskulatur und stärkt den Organismus.

DIE GESCHMÄCKER

Sauer (gehört zur Wandlungsphase Holz – Leber und Gallenblase): ergänzt die Körpersäfte, wirkt stark zusammenziehend und abdichtend (adstringierend), hilft bei der Blutbildung (in Verbindung mit süß), leitet Fülle aus dem Kopf ab (Kopfweh, Hitze), stärkt die Konzentrationsfähigkeit, kann Schwindel vorbeugen, Sehstörungen und erhöhten Blutdruck lindern. Ein Übermaß führt zu Muskelverspannungen bis hin zu Muskelkrämpfen, Sehnenverkürzungen, Verdauungsstörungen, Stimmungsschwankungen (ärgerlich bis wütend), Sehstörungen, Migräne. Gerbstoffe haben ähnliche Eigenschaften.

Süß (gehört zur Wandlungsphase Erde – Milz und Magen): harmonisiert den Gesamtorganismus, besänftigt den Verdauungstrakt und die Seele, befeuchtet Haut und Schleimhaut, kräftigt Muskulatur und bildet Blut und andere Substanzen. Ein Übermaß kann zu einem Flüssigkeitsüberschuss führen, der sich auf

Wirkrichtungen nach TCM

Dauer oder mit gleichzeitiger Einwirkung von Hitze zu Schleim umwandelt und sich überall im Körper, vor allem in Lunge, Gefäßen oder dem Bindegewebe (z. B. Lipome) ansammeln kann. Auch das Gemüt leidet, wird träge und faul, die Konzentration sinkt. Der Körper nimmt an Masse zu (Adipositas), welches die Kondition mindert. Die dauerhaft genossene süße Geschmacksrichtung hemmt weiterhin die Aufnahme von einigen wichtigen Nährstoffen, beispielsweise Vitamin B, welches in Folge zu Unruhe und Stressintoleranz führen kann, ebenso zu Verpilzung des Darmes.

Bitter (gehört zum Element Feuer – Herz und Dünndarm): dieser Geschmack hat trocknende Eigenschaften, regt die Verdauung und das Säfte-Abgeben an, ist karminativ wirksam (entblähend), besonders in Kombination mit wärmenden Eigenschaften und löst Schleim und Stagnationen im Verdauungstrakt. Er beruhigt die aufgewühlte Seele und Hitze im Körper. In Verbindung mit kühlender Eigenschaft kann der bittere Geschmack aber wiederum zu Stagnationen und Obstipation führen und die Verdauungsleistung eher schwächen. Im Übermaß eingenommen kann er zu Trockenheit der Haut- und Schleimhäute und zu Blutarmut führen. Der bittere Geschmack gehört, oh Wunder, zu der Wirkstoffgruppe der Bitterstoffe.

Scharf (gehört zum Element Metall – Lunge und Dickdarm): wirkt Qi bewegend und verteilend und damit stagnationsbefreiend und schmerzlindernd, aphrodisierend (luststeigernd), die Hautoberfläche öffnend und damit schweißtreibend, keimtötend und abwehrend. Scharf reg zudem die Verdauung durch Wärmeentwicklung und Säfte-Fluss an und ist appetitanregend. Ein Übermaß an Scharfem fördert Hitze-Symptome, Reizbarkeit, innere Unruhe, Trockenheit der Lunge, ist stoffwechselstörend (Schilddrüsenüberfunktion u.a.), verursacht Schlafstörungen und einen allgemeinem Yin-Mangel, da der Scharfstoff das Yin schwächt. Auch durch das Öffnen der Poren (Ausleiten von Schweiß und Krankheitserregern) kann es zu Windempfindlichkeit und Eintritt von Keimen kommen. (Beim Hund ist das Schwitzen ja kaum möglich, aber die Wirkung ähnlich und „Hot-Spots“, in der TCM Wind-Hitze-Nässe-Erkrankung genannt, kennt jeder Besitzer vermutlich). Der scharfe Geschmack gehört zu der Wirkstoffgruppe der Senföle und zu einigen Bitterstoffen.

Salzig (gehört zum Element Wasser – Niere und Blase): der salzige Geschmack wirkt erweichend (Stuhl, Gewebe), Qi absenkend und abführend, befeuchtend, schleimlösend und harntreibend. Salz (damit ist nicht das Kochsalz gemeint, dies wirkt eher scharf) nährt das Yin und stärkt die Nieren. Im Übermaß hingegen schwächt es das Herz und erweicht Knochen, lässt den Körper aufquellen, verhärtet die Muskeln und schädigt Flüssigkeiten und das Blut.

„DU BIST, WAS DU ISST."

Dieses Zitat des Philosophen Ludwig Feuerbach (1804-1872) ist das Pendent zu „Die Ernährung ist die Grundlage der Gesundheit", einer alten asiatischen Weisheit.

So befasst sich die TCM aber natürlich nicht nur mit der Phytotherapie oder der Akupunktur, auch die Ernährung spielt eine immens große Rolle im alltäglichen Leben und in der Therapie, denn ohne ein gesundes Essen, eine gesunde Lebensführung und ausreichend Bewegung kann kein Lebewesen wirklich ganzheitlich geheilt werden oder gesund bleiben. Auch das beste Kraut kann eine schlechte Lebensführung nicht therapieren oder wettmachen.

Die Ernährung und Diätetik des Hundes nach den Fünf Elementen ist ein sehr interessantes Gebiet und befasst sich tiefgreifend mit der Diätetik (Ernährung im Krankheitsfall), um individuell passend für den jeweiligen Hund mit seinen besonderen Krankheitsmerkmalen, Charaktereigenschaften, Schwächen und Stärken die richtige Mahlzeit zusammenstellen zu können oder das richtige Futter für ihn zu finden. Das ist tatsächlich viel leichter, als es sich anhört! Näheres dazu wie gesagt in meinem oben genannten Buch.

Kapitel 3

DIE VERSCHIEDENEN DARREICHUNGSFORMEN UND ZUBEREITUNGEN

Im Gegensatz zu uns Menschen, die regelmäßig Kräuter, wenn auch nur als Gewürz zu Speisen, aber auch als Tees oder Nahrungsergänzungsmittel (pflanzliche Medikamente) zu sich nehmen, suchen Hunde nur bei Bedarf, instinktiv und wenn überhaupt erreichbar, Pflanzen und Kräuter auf. Bei Bedarf heißt aber nicht, dass sie dies nur ganz selten tun. Sie wissen meist, was gut für sie ist, manchmal scheint es auch einfach nur zu schmecken. Verdauen und verstoffwechseln sowie Nutzen daraus ziehen, können sie tatsächlich sehr gut, jedenfalls kleinere Mengen.

Es ist daher durchaus förderlich, den eigenen Hund mit Heilkräutern zu versorgen. Manche machen regelmäßig Sinn, manche nur bei Beschwerden. Akut helfen sie beispielsweise bei Magenbeschwerden, Durchfall, Husten und Erkältungen, Insektenstichen oder Verletzungen, aber auch besonders chronische Erkrankungen profitieren von ihnen, wie z.B. Arthrosen, Allergien, Autoimmunerkrankungen oder Verdauungsschwäche. Sie erleichtern die Beschwerden oft zügig und sind eine hervorragende Ergänzung zur klassischen Schulmedizin. Man darf nicht vergessen, dass Pflanzen, egal ob es sich um die Wurzel, die Blüte oder das Blatt (Kraut) handelt, eine pharmazeutische Wirkung haben, sie stellen für sich ein Arzneimittel dar, das einzeln oder in Kombination mit anderen Pflanzen oder Medikamenten eine enorme Wirkung hat. Daher ist es anzuraten, sich genauestens über die Wirkweise, Inhaltsstoffe und Kontraindikationen zu informieren und sich ggf. mit dem Tierarzt kurzzuschließen, sofern sich dieser ausreichend mit der Kräuterheilkunde auskennt und diese auch wertschätzt. Ebenso ist die vorherige Diagnose von Bedeutung, denn nur so können die richtigen Kräuter

oder Zusätze ausgewählt werden. Denn manche Wirkstoffe verschlechtern ein Krankheitsbild oder werfen die Heilung bei chronischen Krankheiten weit zurück oder richten gar Schaden an. Das soll als kleiner Reminder gelten, nicht zur Abschreckung. Ein überlegter Umgang mit Heilpflanzen und Nahrungsergänzungsmitteln sollte selbstverständlich sein.

Wie setzt man nun die Heilkräuter und Zusätze richtig ein und welche Möglichkeiten gibt es?

Bei den Zusätzen oder Nahrungsergänzungsmitteln, wie z.B. MSM oder Vitalpilze, ist die Art der Anwendung und Dosierung meistens vorgegeben, oft werden sie einfach in das Futter gemischt oder in schmackhaften Leckereien versteckt. Achten Sie bitte auf eine gute Verträglichkeit und mischen Sie nicht mehrere oder zu viele untereinander. Die Auswahl ist riesig und die Qualität und Sicherheit schwankt oft: Achten Sie bitte auf die Herkunft und das sorgfältige Arbeiten der Produktionsfirma. Nahrungsmittel mit therapeutischem Nutzen sollten frisch sein und möglichst Bio-Qualität haben, z. B. der Apfelessig, der Hüttenkäse oder der Honig.

Heilkräuter können dagegen in mehreren Varianten beschaffen, verabreicht und dosiert werdenn, mehr dazu ab Seite 41.

EINZELKRÄUTER/ EINZELPRÄPARATE

Am besten Sie beziehen diese Kräuter in der Apotheke oder im Reformhaus. Es gibt aber auch ein paar Firmen, die hervorragende Kräuter in Bio-Qualität anbieten, auch in Pulverform. (Bezugsadressen finden Sie im hinteren Teil des Buches). Sollten Sie versiert in der Bestimmung von Pflanzen sein, können Sie diese selbstverständlich auch selber ernten, sammeln und trocknen oder zubereiten. Die Pflanzen sind getrocknet, aber auch frisch (dann doppelte Menge) leicht zu verabreichen. Einzelkräuter eigenen sich besonders im Einsatz bei akuten Geschehen, wie der Salbei bei Hals- oder Zahnfleischentzündungen. Als Dosierung gilt: 1 TL getrocknetes Kraut oder 1 EL frisches Kraut. (Durchschnittlicher 20-kg-Hund)

Von l. n. r.: Hanfsamen, Bockshornklee gemahlen und Blutwurz-Wurzel

KRÄUTERMISCHUNGEN

Sie bestehen aus 2 bis 6 Kräutern (oft findet man Hersteller, die Mischungen mit bis zu 20 verschiedenen Substanzen enthalten, da fragt man sich dann, wie das Einzelkraut dann noch wirken soll, selbst wenn es sich um ähnliche Wirkstoffgruppen in der

Summe handelt), die sich in der Wirkung ergänzen und ein harmonisches abgerundetes „Konstrukt“ bilden. Die optimale Mischung besteht aus 1 bis 2 Basismitteln, den „Remedicus cardinale“, 1 bis 2 Begleitkräutern, den „Remedicus adjuvans“, die die Basismittel in der Wirkung ergänzen oder verstärken (wie z. B. die Passionsblume die Wirkung des Johanniskrauts verstärken kann, indem sie die GABA-Rezeptoren besetzt und dadurch, wie wissenschaftlich bestätigt, eine stark antidepressive Wirkung besitzt; Quelle: Phytotherapie in Theorie und Praxis, Stern und Ell-Beiser, 2022) und schließlich aus 1 bis 2 „Remedicus korrigens“, den Kräutern, die die Mischung angenehm schmackhaft und bekömmlich machen sollen und bestenfalls auch eine passende Wirkung besitzen. Auch diese Darreichungsform kann meist als Heil-Tee über das Futter oder als Trank verabreicht werden, sofern die Substanzen sich gut in Wasser auflösen lassen. Tees sollten stets frisch zubereitet werden, sie sind in einer Thermoskanne nur ein paar Stunden genießbar und wirksam. Sind schleimbildende Wirkstoffe, wie bei Malventee zum Beispiel, dabei, ist der Tee nur frisch zu genießen.

Kräuter kann man also einmal mit heißem Wasser übergießen, auf diese Weise erhält man einen **Infus oder Tee**:

Hierzu werden 1 TL getrocknetes oder 1 EL frisches Kraut mit heißem, aber nicht mehr sprudelnd kochendem Wasser übergossen und 5 bis 8 Minuten stehen gelassen. Anschließend wird der Sud abgeseiht und der Tee lauwarm verabreicht.

Das Gleiche geht mit kaltem Wasser, dann entsteht ein **Mazerat**. Hier ist auf Keimbelastung zu achten und die geringe Haltbarkeit. Gut geeignet für Schleimstoffe, die sich in Wasser auflösen können. Es gibt aber auch Pflanzen, wie den Baldrian zum Beispiel, deren Wirkstoffe in heißem Wasser zerstört werden.

Ein **Dekokt** ist ähnlich wie ein Infus, da auch hier die Kräuter im Topf kurz aufgekocht werden, nur werden sie hierbei anschließend stehen gelassen, damit die Wirkstoffe langsam in das Wasser übergehen. Danach wird der Aufguss abgeseiht und in kleine Flaschen abgefüllt, diese sind aber auch nicht lange haltbar.

Der **Heilkräutertee** ist am beliebtesten in der Naturheilkunde, auch im Humanbereich findet die Teemischung oft Verwendung.

Selbstverständlich kann die Mischung aber auch unter das Futter gerührt werden.

Sie können sich die Mischung selbst zusammenstellen oder eine Fertigmischung nutzen. Magentees sollten 15 Minuten vor dem Essen/Futter getrunken werden. Tees, die die Verdauung anregen sollen, sollten entweder mit dem Essen/Futter oder 15 Minuten danach genossen werden. Husten-, Nerven- oder Nierentees zum Beispiel können unabhängig zum Essen/Futter getrunken werden, letztere hingegen besser nicht abends, da sie harntreibend wirken und der Hund die Nacht sonst mehr im Garten als in seinem Körbchen verbringen würde. Tees können, wenn sie nicht als Bitterstoffgemisch wirken sollen, auch meist mit Honig gesüßt werden.

Walnuss-Tinktur für nässende und entzündliche Hautirritationen.

Eine **Tinktur** wird mit 35–75 % Alkohol angesetzt und ist dadurch ein alkoholischer Auszug, in dem sich die Wirkstoffe besonders gut lösen können. Trinkalkohol hat bis ca. 45 % und kann innerlich verabreicht werden, medizinischer Alkohol ist höher dosiert und eignet sich eher für Angüsse und Umschläge.

Die Tinktur kann mit getrockneten oder frischen Kräutern oder auch beispielsweise mit gehackten unreifen Walnüssen zubereitet werden. Eine Tinktur wird aufgrund des Alkoholgehalts nur kurzzeitig (max. 10 Tage) in geringen Dosen angewendet.

Spitzwegerich-Tinktur gegen Juckreiz, besonders nach Stichen oder bei Bronchitis.

KRÄUTER-SÄFTE

(Frischpflanzenpresssaft)

Hier handelt es sich um frisch gepresste Pflanzensäfte. Es gibt Einzelkräuter-Säfte und auch Mischungen. Die Akzeptanz ist meist sehr gut, oft besser als bei getrockneten Kräutern im Futter und daher sehr beliebt bei Hund und Besitzer. Einziger Nachteil: Die Faserstoffe fehlen bei Saftkuren natürlich.

Die Bioverfügbarkeit ist sehr gut. Achten Sie bei Fertigprodukten auf den Verzicht von Konservierungs- und Aromastoffen!

Kräutersäfte von Ewalia.

KRÄUTER-ÖLE

Kräuter-Öle können als Kaltauszug angesetzt werden, beispielsweise mit Ringelblume, Oregano oder Johanniskrautblüten. Die Blüten oder Kräuter werden mit Öl (Oliven-, Mandel- oder Sonnenblumenöl) aufgefüllt, bis sie komplett bedeckt sind. Sie sollten für 2 bis 6 Wochen an einem dunklen Ort stehen und gelegentlich geschüttelt werden. Die Kräuter, ganz gleich ob frisch oder getrocknet, können aber auch mit Wärme in Öl „ausgezogen" werden. Bei 70 Grad Celsius (unbedingt mit Thermometer arbeiten!) werden die Kräuter ungefähr 60 bis 90 Minuten lang ziehen gelassen. Im Anschluss werden sie abgesiebt und in kleine Flaschen abgefüllt.

Minzöl-Herstellung

Beide Öl-Varianten eignen sich hervorragend als Basis für Haut-Öle oder Salben.

SALBEN

Eine Salbe ist fester als eine Creme und haftet besser. Die Salbenherstellung ist einfacher als gedacht: Kräuteröl ist dabei die Basis. Es wird erwärmt (maximal 75 Grad Celsius) und dann mit 10–15 Gramm Bienenwachs ergänzt. Wenn die Salbe weicher werden soll, kann das Bienenwachs zur Hälfte mit Lanolin ersetzt werden. Man kann auch hochwertige Öle wie Jojoba- oder Mandel-Öl hinzufügen, sie verdünnen dann allerdings das Kräuter-Öl und reduzieren die Wirkkraft. Das Gemenge wird dann kurz zum Abkühlen vom Herd genommen, aber noch warm und im flüssigen Zustand in kleine Salbentöpfchen abgefüllt. Wichtig: Den Deckel erst nach dem Auskühlen schließen.

Herstellung von Salbei-Salbe

ÄTHERISCHE ÖLE

Es macht richtig Spaß, eigene Salben, Tinkturen oder Haut-Öle herzustellen.

Sie gehören zur Aromatherapie dazu, daher spreche ich sie an. Ätherische Öle werden überwiegend durch Destillation gewonnen. Ihre Herstellung in der eigenen Küche ist schwierig, daher empfehle ich Ihnen, sie zu kaufen. Zudem sei erwähnt, dass es zur Aromatherapie bei Hunden wenig aussagekräftige Literatur oder erwähnenswerte Forschungen gibt. Mit der Dampfinhalation kann enormer Schaden angerichtet werden, daher ist bei der Anwendung stets große Vorsicht geboten. Ein paar Tropfen des ätherischen Öls als Zugaben zur Salbenherstellung kann die Heilkraft verstärken.

Kleine Hexenküche für daheim.

Kapitel 4

HEILPFLANZEN-PORTRAITS VON A–Z

Im folgenden Kapitel finden Sie Steckbriefe der Heilpflanzen, sogenannte Monografien. Die Auflistung und auch die Beschreibung ist natürlich nicht vollständig, aber die wesentlichen Merkmale und noch ein paar Zusatz-Informationen stellen die Heilkräuter und Zusätze grundlegend dar.

Bei den Anwendungsmöglichkeiten und der Tagesdosis habe ich, sofern die Produkte auf dem Markt sind, ein paar Firmen genannt, die diese vertreiben und ich selbst in der Vergangenheit schon getestet und für gut befunden habe. Da es aber noch eine ganze Reihe anderer Firmen und Hersteller gibt, die auf Qualität achten, habe ich hinten im Buch weitere Bezugsadressen genannt. Hier können Sie für Ihren Hund passende Präparate bestellen, sofern Sie nicht noch andere gute Adressen haben. Es werden aber auch Möglichkeiten aufgezeigt, wie selbst hergestellte Salben oder Tinkturen angewendet werden können.

ACKERSCHACHTELHALM

***(Equisetum arvense)* oder auch Zinnkraut**

Arzneibezeichnung: Equiseti herba
Pflanzenfamilie: Equisetaceae
Verwendete Teile: das ganze Kraut
Erntezeitpunkt: Mai bis spätestens September

Wirkstoffe: Kieselsäure, Gerbstoffe, Flavonoide (Quercetin), Saponine, Magnesium, Natrium, Kaliumsalze

Eigenschaften: harntreibend, gewebsfestigend, schleimlösend, zusammenziehend, kräftigend, blutstillend und entzündungshemmend, schweißhemmend

TCM-Wirkung: kühl, etwas salzig, etwas bitter, eher fad. Nieren- und Lungen-Yin-Tonikum. Wirkt auf den FK Lunge/Dickdarm und Niere/Blase, leitet Feuchtigkeit und Qi-Stagnationen aus dem Unteren Erwärmer (Unterleib).

Tagesdosis und Anwendungsmöglichkeiten: 0,5 bis 2 Gramm, im Tee (10 Min. Ziehzeit!) oder als Frischpflanzenpresssaft, in Fertigpräparaten wie z.B. in den Nierenkräutern der Firma PerNaturam, nicht über einen längeren Zeitraum als 2 Wochen einnehmen. Am besten ist eine Tinktur, im Öl lösen sich nicht alle Bestandteile (Kieselsäure).

Indikationen Hund: innerlich besonders oft angewendet zur Durchspülung der ableitenden Harnwege (Blasenentzündung, Gries), zur Festigung des Bindegewebes (Haut, Haar, Sehnen, Bänder und Stützgewebe) und zur Linderung von Ödemen. Äußerlich als Umschlag (püriert/zerrieben) oder Tinktur lindert er Juckreiz und wirkt wundheilend oder blutstillend.

Für den Menschen zudem hilfreich bei: Gicht und Rheuma, Osteoporose, Bronchitis (akut

und heiß, gelber Schleim) oder chronisch festsitzendem Schleim in der Lunge

Geschichtliches und Wissenswertes: Das Zinnkraut ist ein uraltes Gewächs. Der Name „Equisetum" stammt von seinem Aussehen: Botaniker fanden, dass die Pflanze Ähnlichkeit mit einem Pferdeschwanz hat. Der Ackerschachtelhalm schafft es, die Harnausscheidung zu erhöhen, ohne dabei die Elektrolytausscheidung sonderlich zu beeinflussen. Wichtig: Nicht verwechseln mit dem giftigen Sumpfschachtelhalm!

Nebenwirkungen: keine

Kontraindikation: bei Herzinsuffizienz mit Ödem-Bildung ist vom Gebrauch abzuraten, ebenso bei Nierensteinen, Trächtigkeit, innerer Kälte

Wird oft kombiniert mit: Birke, Löwenzahn, Brennnessel und Goldrute

ANIS

(Pimpinella anisum)

Arzneibezeichnung: Anisi fructus
Pflanzenfamilie: Doldenblütler (Apiaceae)
erwendete Teile: Früchte
Erntezeitpunkt: Juli bis September (ausgereifte Früchte)

Wirkstoffe: ätherisches Öl (Anethol), Cumarine, Flavonoide, fettes Öl, Phytoöstrogen

Eigenschaften: schleimlösend, milchbildend, karminativ, appetitanregend, antimikrobiell

TCM-Wirkung: warm, süß, leicht scharf, Qi-Tonikum und Qi-Beweger, stärkt den unteren Erwärmer, wärmt den mittleren Erwärmer, stärkt alle Funktionskreise, besonders Magen, Milz, Darm und Lunge und das Nieren-Yang

Tagesdosis und Anwendungsmöglichkeiten: 0,5 bis 2 Gramm, als Pulver im Futter oder die Früchte als Tee, im „Digestiv" von PerNaturam und im „Pi Qi Xu" oder als Einzelkraut von der Firma VetTherm

Indikationen Hund: Verdauungsbeschwerden wie Bauchweh, Appetitlosigkeit, Blähungen und Fehlgärungen durch falsche Bakterienbesiedlung. Antibakteriell, besonders bei Lungenerkrankungen

Für den Menschen zudem hilfreich bei: wirkt beruhigend bei Stress und Angst, schlaffördernd, erhöht die Libido

Geschichtliches und Wissenswertes: Schon im alten Ägypten war Anis als Aphrodisiakum bekannt und auch im berühmten „Theriak", dem damaligen Allheilmittel gegen alle Gifte und Krankheiten. Der Anis-Tee wurde auch gegen Kopfläuse eingesetzt.

Nebenwirkungen: ganz selten allergische Reaktionen der Haut oder Atemwege

Kontraindikation: in der Trächtigkeit nur in sehr geringen Dosen verabreichen (uterusstimulierend)

Wird oft kombiniert mit: Fenchel, Kümmel, Thymian, Oregano, Ingwer, Kurkuma

APFEL UND APFELESSIG

Arzneibezeichnung: Mali fructus
Pflanzenfamilie: Rosengewächs (Rosaceae)
Verwendete Teile: (geriebene) Frucht, Essig

Wirkstoffe: Fruchtsäuren, Fruchtzucker, Gerbstoffe, Pektin, Vit. A, B1, B6, C, E, Phosphorsäure

Eigenschaften: Apfel: schleimhautbefeuchtend, verdauungsfördernd, beruhigend und kühlend, stärkend; geriebener Apfel: stopfend bei Durchfall; Apfelessig: pilzwidrig (antimykotisch) bei Darm-Pilz und langsamer Verdauung (äußerlich auch für Waschungen bei Hautpilz oder stumpfem Fell geeignet, Verdünnung 1:3)

TCM-Wirkung: kühlend, süß, sauer, stärkt die Säfte und das Yin, kühlt Blut, wirkt auf Magen, Darm, Lunge und Leber

Tagesdosis und Anwendungsmöglichkeiten: Apfelessig:1 TL für einen 20-kg-Hund innerlich; geriebener Apfel bei Durchfall: ca. ¼ oder ½ Apfel (in Kombi mit Honig und Heilerde). Produkt: „Garon Forte" von PerNaturam. Bio-Apfelessig kann in das Trinkwasser oder über das Futter gegeben werden.

Indikationen Hund: (gilt nur für geriebene oder gekochte Äpfel oder Apfelessig. Der frische

Apfel wirkt roh gegessen eher abführend. Das Reiben setzt erst das Pektin frei, welches gegen Durchfall wirkt): Durchfall, Darm-Pilz, stumpfes Fell. Apfelessig vertreibt den Geruch einer läufigen Hündin, damit sie nicht so sehr von verliebten Rüden bedrängt wird.

Für den Menschen zudem hilfreich bei: der Apfel senkt einen zu hohen Cholesterin-Spiegel, hilft bei jeder Diät, stärkt die Nerven (Apfelschalentee)

Geschichtliches und Wissenswertes: Schon im Mittelalter als „Darm-Putzer" bekannt, ebenso als das Sinnbild der Fruchtbarkeit.

Nebenwirkungen: Es gibt öfter Unverträglichkeiten beim Hund. Zu große Mengen verursachen Bauchschmerzen und Durchfall.

Kontraindikation: innere Kälte und Neigung zu Koliken

Wird oft kombiniert mit: gekochten Karotten (Moro Suppe) und zerquetschten Bananen bei Durchfall, „Heilerde fein" von Luvos und als zweitem Hauptbestandteil von Oxymel (Honig, Apfelessig und Kräuter-Mix-Herstellung und Verwendung, siehe Seite 262.)

ARNIKA

***(Arnica montana)*, „Bergwohlverleih", schwach giftig, nur äußerlich anzuwenden**

Arzneibezeichnung: Arnicae flos
Pflanzenfamilie: Korbblütler (Asteraceae)
Verwendete Teile: Blütenblätter
Erntezeitpunkt: Juni bis August (in weiten Teilen ist sie geschützt und darf nicht gepflückt werden!)

Wirkstoffe: ätherisches Öl, Bitterstoffe (Helenalin), Flavonoide, Glycerine, Azulen, Cumarin, Kalzium, Karotin

Eigenschaften: entzündungshemmend, blutstillend, schmerzstillend, antiseptisch, ödemhemmend

TCM-Wirkung: neutral bis warm, bitter und scharf, bewegt das Blut, tonisiert Herz-Yang

Tagesdosis und Anwendungsmöglichkeiten: äußerlich anwendbar: Salben, Umschläge oder Angussverbände. Auch als Gel in Apotheken oder bei der Firma PerNaturam erhältlich (nur auf intakter Haut anwenden).

Indikationen Hund: Prellungen, Zerrungen, Stauchungen, Hämatome und Sehnenentzündungen, Muskelverspannungen

Für den Menschen zudem hilfreich bei: Hexenschuss und Muskelkater oder Schleimbeutelentzündungen

Geschichtliches und Wissenswertes: Früher wurde Arnika häufig innerlich als Herz-Tonikum verabreicht oder tropfenweise von der Tinktur bei Gehirnerschütterung appliziert. Sebastian Kneipp entdeckte die unschlagbare Heilwirkung von Arnika bei stumpfen Traumen. Später galt sie dann als „Allheilmittel" und der volkstümliche Name „Wohl-verleih" drückte dies auch aus.

Nebenwirkungen: Es kann zu allergischen Reaktionen oder Hautirritationen kommen.

Kontraindikation: Korbblütler-Allergie

Wird oft kombiniert mit: Campher, Rosmarin, Latschenkiefer, Beinwell

ARTISCHOCKE

(Cynara scolymus)

Arzneibezeichnung: Cynarae folium (Blätter)
Pflanzenfamilie: Asteraceae (Korbblütler)
Verwendete Teile: frische Pflanze, Blätter

Wirkstoffe: Bitterstoffe, Flavonoide, Cynarin, Karotin, Folsäure, Vit. C, und E, Inulin, Natrium

Eigenschaften: leberschützend, leberstärkend, entgiftend, Gallefluss anregend, Stoffwechsel anregend, Blutzucker und Blutfett senkend, appetitanregend, magenstärkend, leicht abführend, entkrampfend.

TCM-Wirkung: kühl, bitter, leicht salzig, süß, löst Qi-Stagnationen des Leberfunktionskreises, leitet rebellisches Magen-Qi abwärts und feuchte Hitze aus.

Tagesdosis und Anwendungsmöglichkeiten: Als Pulver oder Blätter im Tee oder Futter, 0,5 bis 2 Gramm. Fertigpräparate: „Hepatika" von PerNaturam und „GANQI YUJIE" oder als Einzelkraut von VetTherm. Am besten 15 Minuten vor der Mahlzeit verabreichen. Auch im „Leber-Nierensaft" von Ewalia enthalten.

Indikationen Hund: Leberschwäche (schlechte Leberwerte im Blutbild), Fettverdauungsstörungen, Blähungen, Appetitmangel, Schilddrüsenunterfunktion, fettiges Fell, während einer Krebstherapie

Für den Menschen zudem hilfreich bei: Völlegefühl , Fettleber, Schwangerschaftserbrechen, Arteriosklerose, verbessert den Blutfluss, hemmt die Milchbildung, senkt den Blutdruck, Leberkopfschmerz, Flankenschmerz, chronische Rückenschmerzen

Geschichtliches und Wissenswertes: Die Artischocke galt früher schon als die „Königin aller Gemüse". Auch Goethe hat lobend über sie geschrieben. Ihr wurde die Stärkung der Manneskraft nachgesagt. In den Grabkammern der Pharaonen war sie ebenfalls abgebildet und galt dort als gesunde Delikatesse und als Heilkraut nach Bauchweh durch „üppige Gelage".

Nebenwirkungen: keine

Kontraindikation: Gallensteine oder Verschluss der Gallenwege, Korbblütler-Allergie, Magenübersäuerung

Wird oft kombiniert mit: Mariendistel, Curcuma, Minze, Schafgarbe

AUGENTROST

***(Euphrasia officinalis)*, nur äußerlich anwendbar**

Arzneibezeichnung: Euphrasiae herba
Pflanzenfamilie: Sommerwurzgewächse (Orobanchaceae)
Verwendete Teile: das ganze blühende Kraut
Erntezeitpunkt: Mai bis Juni (2/3 der Blüten sollten geöffnet sein)

Wirkstoffe: Gerbstoffe, Aucubin, Bitterstoffe, ätherisches Öl, Cumarin, Tannine

Eigenschaften: entzündungshemmend, zusammenziehend (adstringierend), schmerzlindernd, nervenstimulierend

TCM-Wirkung: kühl, bitter, scharf, leicht sauer, klärt feuchte Hitze in FK Leber und bewegt Nieren-Qi

Tagesdosis und Anwendungsmöglichkeiten: als Kompresse: 1TL Kraut auf 100 ml Wasser, 15 Minuten ziehen und dann abkühlen lassen. Fertigarznei: „Euphrasia Augentropfen“ von Wala, Einzelkraut von VetTherm

Indikationen Hund: Bindehautentzündung, gerötete oder verklebte Augen

Für den Menschen zudem hilfreich bei: unter Heuschnupfen leidenden Augen

Geschichtliches und Wissenswertes: Paracelsus benannte diese Pflanze „Augentrost“, da er aufgrund der Signaturenlehre ihre Wirkung erkannte. (Die Blüte sieht aus wie ein Auge mit Wimpernzeichnung.)
Die Kelten nannten sie Augenkraut und Pfarrer Kneipp empfahl sie als Magen-Stärker, wegen ihrer Bitterstoffe vermutlich.

Nebenwirkungen: keine

Kontraindikation: bei Keratitis Sicca (chronisch trockenes Auge)

Wird oft kombiniert mit: Der Wechsel mit Schwarztee-Kompressen ist möglich, wenn Entzündungen vorliegen.

BALDRIAN

(Valeriana officinalis)

Arzneibezeichnung: Valerianae radix
Pflanzenfamilie: Geißblattgewächse (Caprifoliaceae)
Verwendete Teile: Wurzel (Radix)
Erntezeitpunkt: im zweiten Jahr der Pflanze im Herbst

Wirkstoffe: ätherische Öle (Valeren), Phenolsäure, Flavonoide, Bitterstoffe, Lignane und Alkaloidspuren

Eigenschaften: entkrampfend und muskelentspannend; am Morgen eingenommen wirkt er konzentrationsfördernd, antriebsteigernd und ausgleichend, abends eingenommen wirkt er beruhigend und schlaffördernd.

TCM-Wirkung: neutral temperiert, süß, bitter und scharf, harmonisiert Emotionen (besonders Shen) und ist ein Yin-Tonikum (Herz, Niere und Leber), bewegt Herz-Blut.

Tagesdosis und Anwendungsmöglichkeiten: 0,5 bis 5 Gramm. Extrakte, Pulver und grob gehackte Wurzelteile, Kaltauszüge. Bezugsquelle: Einzelkraut von der Firma VetTherm oder im „Nervensaft" von Ewalia.

Indikationen Hund: Unruhezustände mit Reizmagen und Krampfkoliken, Sympathikus-Überhang und damit niedrige Stresstoleranz, Konzentrationsstörungen beim Training, nächtliches Umherwandern. Neue Forschungen zeigen auch Erfolge bei Herzschwäche und Epilepsie.

Für den Menschen zudem hilfreich bei: Lampenfieber, nervösem Herzklopfen, Liebeskummer und Prüfungsangst sowie Lernschwäche, Erschöpfungssyndrom, Restless-Legs-Syndrom und Depression. Auch bei Schilddrüsenüberfunktion, Schwindel, Bluthochdruck, Reizblase, Periodenschmerzen oder Gürtelrose soll er helfen.

Geschichtliches und Wissenswertes: Germanen und Druiden wussten Baldrian zu schätzen, einmal in seiner Wirkung, aber auch

als „zauberabweisendes Mittel", da er einen strengen Eigengeruch haben kann und somit vor Hexen und Geistern schützen sollte. 800 n. Chr. wurde er als schlafförderndes und gleichzeitig erwachendes Kraut in einem Arzneibuch beschrieben, weil sich der Baldrian der Situation anpassen kann. Neuere Forschungen zeigen eine Wirkverstärkung in Kombination mit Hopfen, um besser einschlafen zu können, genauso in Kombination mit Johanniskraut, wenn es um Depressionen geht. Baldrian wird auch zur Drogenentwöhnung oder bei der Ausleitung von Antidepressiva und anderen Tranquilizern genutzt.

Nebenwirkungen: keine, nur bei starker Überdosierung kann es wiederum zu Unruhe und Magenbeschwerden kommen

Kontraindikation: Bei gleichzeitiger Einnahme von Herzmedikamenten bitte tierärztlich abklären lassen!

Wird oft kombiniert mit: Hopfen, Melisse, Passionsblume, Johanniskraut, evtl. auch Weißdorn

BÄRENTRAUBE

(Arctostaphylos uva ursi)

Arzneibezeichnung: Uvae ursi folium
Pflanzenfamilie: Heidekrautgewächs (Ericaceae)
Verwendete Teile: Blatt
Erntezeitpunkt: Steht unter Naturschutz!

Wirkstoffe: Gerbstoffe (Tannine), Flavonoide, Arbutin und Triterpene

Eigenschaften: antibiotisch, entzündungshemmend, harnregulierend, zusammenziehend

TCM-Wirkung: kühl, bitter, sauer, klärt feuchte Hitze aus dem unteren Erwärmer, besonders in der Blase, reguliert Xue

Tagesdosis und Anwendungsmöglichkeit: 1 bis 5 Gramm, als Tee oder Pulver, Fertigarznei: „Urogenat" von PerNaturam. Nur als Kur, nicht zur Dauergabe geeignet.

Indikation Hund: wird als Blasenspülung bei bakteriell-entzündlichen Harnwegsinfekten oder Harngrieß eingesetzt

Für den Menschen zudem hilfreich bei: Nierenbeckeninfektionen und bei einer Reizblase

Geschichtliches und Wissenswertes: Bettnässer wurden früher damit geheilt. Die Bärentraube steht unter Naturschutz und darf nicht gepflückt werden.

Nebenwirkungen: Eine Einnahme sollte nicht länger als 1 Woche erfolgen, da die Bärentraube einen sehr hohen Gerbstoffanteil hat und die Leber geschädigt werden könnte. Der Urin kann sich zeitweise grünlich färben. Übelkeit und Erbrechen möglich.

Kontraindikationen: Blasen und Nierensteine, Trächtigkeit, Laktation

Wird oft kombiniert mit: Sägepalme, Birke, Goldrute

BARTFLECHTE

(Usnea barbata)

Arzneibezeichnung: Usnea Lichen
Pflanzenfamilie: Flechten (Parmeliaceae)
Verwendete Teile: ganze Flechte

Wirkstoffe: Flechtensäuren (Usninsäure), Gerbstoffe, Bitterstoffe, Vitamin C

Eigenschaften: keimhemmend, antiseptisch, wirkt besonders gegen Grampositive Bakterien in Darm und Lunge

TCM-Wirkung: kalt und süß, klärt toxische Hitze im Funktionskreis Lunge/Dickdarm und Milz/Magen

Tagesdosis und Anwendungsmöglichkeiten: „Usniotica"-Tropfen der Firma PerNaturam, 3-mal täglich. Nur als Kur, nicht zur Dauergabe geeignet.

Indikation Hund: Giardien-Befall (sehr erfolgreich) und zur Trichomonaden-Behandlung, Mundschleimhautentzündung

Für den Menschen zudem hilfreich bei: Akne und Rosacae, Pfeiffersches Drüsenfieber

Geschichtliches und Wissenswertes: In Österreich wurde die Bartflechte für Räucherungen genutzt, um die bösen Geister zu vertreiben. Die Bartflechte steht unter Naturschutz.

Nebenwirkungen: keine bekannt

Kontraindikationen: keine bekannt, die Bartflechte kann auch von Welpen und Junghunden eingenommen werden. Die Darmflora wird zudem nicht geschädigt, wie bei konventioneller Giardien-Therapie.

Wird oft kombiniert mit: Oregano, Thymian, Salbei

BASILIKUM

(Ocimum basilicum)

Arzneibezeichnung: Herb. Basilici
Pflanzenfamilie: Lippenblütler (Lamiaceae)
Verwendete Teile: Blätter
Erntezeitpunkt: Juni bis September (vor der Blüte am besten)

Wirkstoffe: ätherisches Öl, Gerbstoffe, Flavonoide, leichtes Phytoöstrogen

Eigenschaften: appetitanregend, verdauungsfördernd, milchflussanregend, nervenberuhigend, potenzsteigernd und Eisprung fördernd, schweißtreibend, antibakteriell

TCM-Wirkung: warm, leicht scharf, leicht bitter, süß. Tonisiert das Nieren-Yang, stärkt das

Qi, wärmt die Mitte, bewegt das Xue, vertreibt Schleim und stimuliert die Lunge.

Tagesdosis und Anwendungsmöglichkeiten: 1 bis 3 Blätter, mehrmals die Woche zu den Mahlzeiten (klein gehackt), am besten frisch in Bio-Qualität

Indikation Hund: Verdauungsschwäche, Reisekrankheit (vor der Autofahrt 1 bis 3 Tage), Magenkrämpfe

Für den Menschen zudem hilfreich bei: Reizdarm, Schluckauf, dumpfem Schmerzgefühl im Bauch, Asthma, Schwäche, Amenorrhoe, Kopfschmerzen, Migräne und Brustdrüsenentzündungen.

Geschichtliches und Wissenswertes: Eine Basilikumpflanze vertreibt Insekten, ein guter Grund, immer Basilikum auf der Fensterbank stehen zu haben. Basilikum wurde auch in den Grabkammern in Ägypten gefunden („basilikos" ist altgriechisch und bedeutet: „königlich duftend"). Im Mittelalter heilte man damit nervöse Mägen, Trübsinn und Unfruchtbarkeit sowie Herzangst und Schüchternheit. Heute weiß man über die regulierende Wirkung auf das Zentrale Nervensystem.

Nebenwirkungen: es wirkt uterusstimulierend, daher nicht während der Trächtigkeit geben

Kontraindikation: Mamma-Tumore, Stillzeit, Trächtigkeit

Wird oft kombiniert mit: Minze, Melisse, Kamille

BEIFUß *und der verwandte (stärkere)* WERMUT

(Artemisia vulgaris und Artemisia absinthium)

Arzneibezeichnung: Artemisiae herba vulgaris (absinthium)
Pflanzenfamilie: Korbblütler (Asteraceae)
Verwendete Teile: Blätter und Wurzeln
Erntezeitpunkt: während der Blüte von Juni bis September

Wirkstoffe: ätherisches Öl (Thujon, Kampfer), Bitterstoffe, Inulin, Vitamin A, B, C, Gerbstoffe, Terpene, Flavonoide. Der Wermut enthält zudem Absinthin, Artabsin und Cumarine.

Tagesdosis und Anwendungsmöglichkeiten: 0,2 bis 1 Gramm, 3 Tage verabreichen, 1 Woche Pause, dann erneut 3 Tage; als Einzelkraut von der Firma VetTherm und im „Werm-Exil" von PerNaturam, „Stullmisan vet. Pulver". Nur als Kur geeignet, nicht zur Dauergabe.

Indikation Hund: Allgemeine Stärkung nach Krankheiten, zur Herz-Tonisierung, Verdauungsschwäche durch innere Kälte, wie Durchfall und Magensäure-Mangel, Enzym-Mangel der Bauchspeicheldrüse, Fettverdauungsstörungen, Appetitmangel. Dieses Kraut ist das bekannteste pflanzliche Entwurmungsmittel (Wermut).

Für den Menschen zudem hilfreich bei: Unterkühlung des Unterleibs und daraus entstandene Schmerzen: Menstruationsbeschwerden, Blasenentzündung, auch bei Hämorrhoiden, Wehenschwäche und Darm-Pilz. Wermut hilft auch beim Menschen bei Parasitosen und Antriebsschwäche.

Eigenschaften: *Beifuß* – appetitanregend und verdauungsfördernd, entkrampfend, fungizid, antibakteriell, geburtseinleitend, schleimlösend; *Wermut zusätzlich:* wurmwidrig, schweißtreibend, fiebersenkend, leberreinigend, durchblutungsfördernd (Schleimhäute) und harntreibend

TCM-Wirkung: beide: warm, sehr bitter, etwas scharf. Leber-Fluss wiederherstellend, Qi-Tonikum, bei Milz-Qi-Schwäche hilfreich. Wirken auf FK Leber, Milz und Lunge

Geschichtliches und Wissenswertes: Beifuß oder Wermut nutzte die Göttin Artemis zum Räuchern für einen Liebeszauber. Er machte euphorisch und steigerte die Libido. Der Absinth-Schnaps war lange Zeit verboten, da er schwere Nebenwirkungen auf Psyche und das ZNS haben kann. Vincent van Gogh und auch Oscar Wilde tranken ihn auch im Übermaß und litten dadurch an Zornesausbrüchen und epileptischen Anfällen. Das Thujon im Wermut ist dafür verantwortlich und der maximale Gehalt in alkoholischen Getränken und Medikamenten seitdem gesetzlich geregelt. Malaria wurde auch im späten Mittelalter durch dieses Kraut behandelt.

Der Beifuß und besonders das Wermutkraut sind zwei der bittersten Pflanzen, die in der Pflanzenheilkunde eingesetzt werden (nur der Gelbe Enzian ist noch bitterer).

Nebenwirkungen: Es werden manchmal Allergien und Übelkeit oder Sodbrennen beobachtet. Bei Überdosierung kommt es zu Wahrnehmungsstörungen und Krampfanfällen. Der bittere Geschmack ist in der Muttermilch nachweisbar und macht sie ungenießbar.

Kontraindikation: Trächtigkeit, saurer Magen, Magen-Darm-Geschwüre

Wird oft kombiniert mit: Süßholz, Ingwer, Oregano, Thymian, Schafgarbe, Salbei, Tausendgüldenkraut, Wegwarte

BEINWELL

***(Symphytum officinale)*, wird nur äußerlich angewendet**

Arzneibezeichnung: Symphyti radix (Wurzel), Symphyti folium (Blatt)
Pflanzenfamilie: Borretschgewächse /Raublattgewächse (Boraginaceae)
Verwendete Teile: Wurzel und Blatt
Erntezeitpunkt: Blätter während der Blüte, die Wurzel im Februar oder im Oktober

Wirkstoffe: Schleimstoffe, Gerbstoffe, Flavonoide, Saponine (Wurzel), je nach Anbaufläche auch Pyrrolizidinalkaloide (leberschädigend, kanzerogen), Kieselsäure, Allantoin, Cholin

Eigenschaften: abschwellend, schmerzlindernd, fördert die Kallusbildung nach Knochenbrüchen, regeneriert Bindegewebe,

wundheilend, verflüssigt Wundsekrete, granulationsfördernd

TCM-Wirkung: kühl und süßlich, leicht bitter. Reguliert Xue, Yin-Tonikum

Tagesdosis und Anwendungsmöglichkeiten: Kompressen oder Umschläge mit frisch zerriebenen Blättern oder der Wurzeltinktur, Salbe. Fertigpräparate: „Kytta Salbe", „Traumeel Salbe" oder „Traumeel Gel" (ad. us. Vet.)

Indikation Hund: Verstauchungen, Zerrungen, Sehnen- und Bänderverletzungen, Knochenbrüche, Knochenhautentzündungen, Arthrose-Schmerzen, Blutergüsse, schlecht heilende Wunden (keine offenen Verletzungen)

Für den Menschen zudem hilfreich bei: Furunkeln, Nagelbettentzündungen, Fersensporn, Gicht oder Rheuma, Überbeine, trockene Ekzeme

Geschichtliches und Wissenswertes: Es gibt Studien der Sportwissenschaft, in dem das Beinwellextrakt mit der Salbe „*Diclofenac*" verglichen wurde. Für die Mediziner erstaunlich: Es gab keinen Unterschied, die Probanden bestätigten einen gleichermaßen guten Rückgang der Schmerzen und Schwellungen.

Der Volksname dieser Pflanze lautet: Wallwurz. Wallen bedeutet: zusammenwachsen. Der Beinwell hat weiße oder lilafarbige Blüten und unverkennbar haarige und raue Blätter.

Nebenwirkungen: Es kann vereinzelt zu allergischen Reaktionen kommen.

Kontraindikationen: Keine, wenn nur äußerlich angewendet. (Nicht auf blutende Wunden geben.)

Wird oft kombiniert mit: Johanniskraut und Arnika

BIERHEFE

Ausgangsprodukt: Bierhefe ist ein Bestandteil des Bierbrauens, eine Art Hefepilz, damit aus Zucker Alkohol entstehen kann. Anschließend wird diese wieder herausgefiltert. Jedoch sind die meisten Produkte im Human-Nahrungsergänzungsmittelangebot inzwischen industriell hergestellt.

Inhaltsstoffe: Glutaminsäure, Proteine, viele B-Vitamine (B12 eher wenig), Zink, Mangan, Chrom, Selen

Eigenschaften: Regeneriert Haut und Haar, hat positive Eigenschaften auf die Darmflora, regt das Immunsystem an, reguliert und beruhigt das Nervensystem, steigert den Energiestoffwechsel, die Konzentrationsfähigkeit und die Vitalität, hilft der Blutbildung.

TCM-Wirkung: kühl und sauer, stärkt den FK Lunge/Dickdarm, stärkt Xue

Tagesdosis und Anwendungsmöglichkeiten: 2 bis 10 Gramm pro Tag unter das Futter mischen, z.B.: „Reine Bierhefe"-Pulver von PerNaturam oder als Tabs von AniCanis

Indikation Hund: Probleme im Fellwechsel oder kahle Stellen, Wundheilungsstörungen, raue Haut, Leistungseinbußen und zunehmende Trägheit (könnte auch viele andere Ursachen haben, Thema Schilddrüse z.B.), Nervosität, Nervenschwäche, Nervenentzündungen, Immunschwäche, Verdauungsstörungen und Bakterienfehlbesiedlung im Darm.

Für den Menschen zudem hilfreich bei: schlecht wachsenden Nägel, zu hohem Cholesterinspiegel, Schilddrüsenunterfunktion, Nervenproblemen, Erschöpfungssyndrom

Wissenswertes: Im Handel gibt es ein ähnlich wirkendes Produkt: den „Brottrunk" der Firma Kanne. Auch dieser Trunk (Hunde mögen das säuerliche Getränk ganz gern) kann bei Wärme zu Alkohol werden, daher immer kühl lagern und schnell aufbrauchen. Der Brottrunk hilft auch bei Verstopfung und der Ausleitung von Keimen, Pilzen und Schadstoffen aus dem Darm, ist also rundum vitalisierend.

Nebenwirkungen: Da Bierhefe Glutamine enthält, kann sie schnell zu Unverträglichkeiten führen. Außerdem sind Blähungen und Kopfschmerzen zu erwarten, wenn sie im Übermaß eingenommen wird. Daher zunächst einschleichen und vorsichtig dosieren. Die Bierhefe kann Allergien verschlimmern, da sie Histidin in Histamin umwandelt.

Kontraindikationen: Histamin-Unverträglichkeit, IBD (Inflammatory bowel disease), eine chronisch allergische Magen- und Dünndarmschleimhautentzündung).

Wird oft kombiniert mit: Brennnessel oder Birke, anderen Probiotika

BIRKE

(Betula pendula)

Arzneibezeichnung: Betulae folium
Pflanzenfamilie: Birkengewächse
Verwendete Teile: überwiegend die Blätter (Birkenwasser ist auch erhältlich, aus der Rinde wird der Birkenteer gewonnen, ehemals von großer Bedeutung)
Erntezeitpunkt: Die Blätter werden im Mai bis Juni gepflückt.

Wirkstoffe: Flavonoide, Gerbstoff, ätherisches Öl, Bitterstoff, Saponine (in der Rinde zusätzlich Harz und Betulin)

Eigenschaften: harntreibend, abschwellend, steinlösend, rheumawirksam und leicht schmerzlindernd, entzündungshemmend, reinigend, zusammenziehend, stoffwechselanregend

TCM-Wirkung: kühl, scharf, leicht bitter, beseitigt Nässe-Hitze aus der Blase, bei Bi-Syndromen hilfreich, löst Qi-Stagnationen

Tagesdosis und Anwendungsmöglichkeiten: 0,5 bis 4 Gramm täglich in einer Kräutermischung oder pur über die Mahlzeit geben, besser nicht abends, weil Birke entwässernd wirkt. Auch als Tee möglich. Fertigarzneien: Birkenblätter pur von VetTherm und „Leber-Nierensaft" sowie „Rio Grande-Saft" von Ewalia. Nur als Kur, nicht zur Dauergabe geeignet.

Indikation Hund: Nieren- und Blasengries, schlechte Nierenwerte, Blasenentzündungen, Arthrose, als Frühjahrskur, unreine Haut und fettiges Fell

Für den Menschen zudem hilfreich bei: Akne, zur Vorbeugung von Nierensteinen (Durchspülung), Rheuma, Birkenwasser ist bekannt für verbessertes Haarwachstum und hilfreich bei trockener und schuppiger Haut

Geschichtliches und Interessantes: Bereits kurz nach der Eiszeit siedelte sich diese Pionierpflanze im Norden an und war schon sehr früh als der „Nieren-Baum“ bekannt. Zudem ist die Birke seit dem Altertum das Symbol des Frühlings und der Reinheit und im Mittelalter auch der jungen Mädchen. Die Kelten nannten sie „Baum des Anfangs“ und noch heute ist der Maibaum oft eine Birke mit jungen Trieben. Der Saft, der im zeitigen Frühjahr abgezapft wird, gilt als verjüngende und stärkende Frühjahrskur. Druiden feierten diesen Baum als Lichtbaum und Baum des Anfangs. Schon Steinzeitmenschen nutzten die Birke und aßen die süße Innenrinde, die viel Vitamin C enthält (Birkenzucker: Xylit. Vorsicht sehr giftig für Hunde!).

Nebenwirkungen: Elektrolyte-Verlust bei gleichzeitiger Dehydration (auf ausreichende Trinkmenge achten!)

Kontraindikationen: Ödeme infolge einer Nieren- oder Herzinsuffizienz

Wird oft kombiniert mit: Brennnessel, Goldrute, Bärentraube, Ackerschachtelhalm, Labkraut

BIRNE

(Pyrus communis)

Arzneibezeichnung: Pyri herba/fructus
Pflanzenfamilie: Rosaceae (Rosengewächse)
Verwendete Teile: Frucht oder Blätter

Wirkstoffe: Pektin, Karotin, Kalium, Kalzium, Magnesium, Zink, Kupfer, Jod, Folsäure, Vitamin B und C (die meisten Vitalstoffe befinden sich unterhalb der Schale), die Blätter enthalten zudem mehr Gerbstoffe und Arbutin

Eigenschaften: befeuchtet die Schleimhäute und wirkt leicht abführend, kann helfen, den

Schleim aus der Lunge abzutransportieren (besonders gekocht). Die Blätter (frische wirken am besten) können aufgrund des Arbutin-Gehaltes gut bei Blasenentzündungen eingesetzt werden. Sie können frisch gehackt (1 TL bis 1 EL) unter das Futter gemischt werden oder aufgebrüht als Tee gereicht werden, nur als Kur und in kleinen Mengen.

TCM-Wirkung: *Frucht:* kühl und süß, befeuchtet Lunge und Darm, wirkt abwärts, beruhigt Shen (den Geist), stärkt das Milz-Qi (gekocht)

Tagesdosis und Anwendungsmöglichkeiten: Warmer, ungezuckerter Birnensaft ist ein hervorragendes Mittel bei trockenem oder festsitzendem Husten, wie auch eingekochte Birnen (ebenfalls ohne Zucker). Gesüßt werden kann mit etwas Honig, auch andere Hustenkräuter lassen sich gut hineinmischen. Je nach Größe des Hundes Mengen zwischen 10 bis 50 ml.

Indikation Hund: trockener oder festsitzender Husten, Verstopfung, Blasenentzündung

Für den Menschen zudem hilfreich bei: Colitis ulcerosa, Anämie, Mandelentzündung, Halsschmerzen, Schwangerschaft, Unruhe, hohem Blutdruck

Geschichtliches und Wissenswertes: Bereits im 1. Jahrhundert nach Christi gab es 40 verschiedene Birnensorten. Es war bekannt, dass Birnen durch Kochen bekömmlicher werden und sie dem Körper sehr nutzen.

Beim Kochen werden bestimmte Enzyme freigesetzt, die Harnsäure aus dem Körper spülen. Das lindert die Schmerzen beispielsweise bei Gicht.

Noch vor 50 Jahren galt die Birne als Gehirnnahrung, vermutlich wegen des hohen Gehaltes an Vitamin B, das die Nerven stärkt, und wegen der Folsäure. (Der Spruch: „Der/Die hat was in der Birne“ stammt vielleicht noch aus dieser Zeit.)

Die rohe Frucht kann, wenn sie noch nicht richtig reif ist, für Blähungen sorgen und ist nur schwer verdaulich. Auch ihre Schale ist nicht wirklich bekömmlich.

Nebenwirkungen: keine

Kontraindikation: keine

Wird gerne kombiniert mit: Bei Husten mit Malve und Honig, die Blätter ergänzen sich gut mit Goldrute, Birke und Brennnessel bei Blasenproblemen.

BLUTWURZ

(Potentilla tormentilla (erecta))

Arzneibezeichnung: Tormentillae rhizoma
Pflanzenfamilie: Rosengewächse (Rosaceae)
Verwendete Teile: Wurzel
Erntezeitpunkt: Frühjahr und Herbst

Wirkstoffe: Gerbstoffe (sehr hoher Anteil), Triterpene, ätherisches Öl, Flavonoide

Eigenschaften: stark adstringierend, blutstillend, stopfend, krampflösend, entzündungshemmend, antibakteriell, antiallergisch, antiviral

TCM-Wirkung: kühl bis neutral, bitter, leicht süß. Wirkt auf Milz, Magen, Lunge (Haut) und Darm, regelt Xue, vertreibt Schleim, trocknet und regt das Nieren-Yang an.

Tagesdosis und Anwendungsmöglichkeiten: 0,5 bis 3 Gramm. Gehackte Wurzel (1 TL) wird aufgebrüht, kurz zum Sieden gebracht und dann abgeseiht. 3-mal täglich. Auch als Tinktur zu empfehlen.

Indikation Hund: (blutiger) Durchfall, Schleimhautentzündungen, äußerlich bei schlecht heilenden, hitzigen und geschwürigen Wunden, zur Blutstillung, bei Sonnenbrand und anderen Verbrennungen, nach Zahnextraktionen. Bei IBD und anderen allergischen Durchfällen hilfreich, da die Triterpene cortisonähnlich sind.

Für den Menschen zudem hilfreich bei: Hämorrhoiden, Morbus Crohn, Colitis Ulcerosa

Geschichtliches und Wissenswertes: Hildegard von Bingen wendete diese Wurzel sehr häufig an, auch gegen Fieber. Im zweiten Weltkrieg war die Blutwurz ein sehr hilfreiches Mittel gegen Durchfall und bekannt unter dem Namen „Ruhrwurz", auch in der Tierheilkunde wird sie heute noch sehr oft eingesetzt. Der Beiname „Tormentilla" leitet sich aus dem Lateinischen „tormentum" ab und bedeutet Kolik, Qual. Die gelbliche Wurzel färbt sich nach dem Aufschneiden schnell rot (Signatur der Pflanze) und duftet zart nach Rosen.

Nebenwirkungen: Aufgrund des hohen Gerbstoffgehaltes kann es zu Wechselwirkungen (Minderung der Wirkung) mit anderen Medikamenten kommen, daher nicht zeitgleich verabreichen.

Kontraindikationen: Verstopfung und trockene Schleimhäute

Wird oft kombiniert mit: Eichenrinde, Kamille, Schafgarbe, Kümmel

BOCKSHORNKLEE-SAMEN

(Trigonelle foenum graecum)

Arzneibezeichnung: Foenugraeci semen
Pflanzenfamilie: Schmetterlingsblütengewächs (Fabaceae)
Verwendete Teile: Samen
Erntezeitpunkt: zwischen Juli und September

Wirkstoffe: Schleimstoffe (sehr hoher Anteil), Eiweiß, fettes Öl, Saponine, Flavonoide, Bitterstoffe, ätherisches Öl, Phytoöstrogene

Eigenschaften: erweichend, schleimlösend, blutzuckerspiegelsenkend, karminativ, appetitanregend, cholesterinmindernd. antiulzerogen, reizlindernd, milchbildend und leberstärkend

TCM-Wirkung: neutral bis warm und süß. Vertreibt Kälte und stärkt besonders das Nieren-Yang, kann aber auch Nässe-Hitze beseitigen, besonders aus der Haut und den Drüsen, hilft der Milz.

Tagesdosis und Anwendungsmöglichkeiten: Als Pulver innerlich über das Futter geben, 1 bis 5 Gramm täglich. Äußerlich kann er als Breiumschlag auf entzündete Hautstellen, Geschwüre oder verhärtete Milchleisten gelegt werden.

Indikation Hund: innerlich: zum Aufpäppeln nach zehrender Krankheit, Muskelschwäche, bei Magenreizungen oder Darmgeschwüren, Diabetes, erhöhte Blutfettwerte, erhöhte Leberwerte, Darmspasmen. Äußerlich: Geschwüre, Furunkel und verhärtete Milchdrüsen, Milchmangel nach Geburt, Krallenbettentzündung, Schleimbeutelentzündung

Für den Menschen zudem hilfreich bei: Nagelbettentzündung

Geschichtliches und Wissenswertes: Bereits die Kelten haben sie als Zauberpflanze verehrt, die Ägypter verwendeten sie als Mittel zur Einbalsamierung und im Mittelalter hingegen galt sie als Schönheitsmittel für junge Frauen.

Nebenwirkungen: keine bekannt

Kontraindikation: hormonelle Mamma-Tumore, Östrogenüberschuss

Wird gerne kombiniert mit: Schafgarbe, Kurkuma, Kamille

BRENNNESSEL *(Urtica dioica (groß) oder urens (klein)) und* BRENNNESSEL-SAMEN

Arzneibezeichnung: Urticae herba, radix, semen
Pflanzenfamilie: Nesselgewächse (Urticaceae)
Verwendete Teile: Blätter, Samen und Wurzel
Erntezeitpunkt: Mai bis Juni (die Wurzel erst im Herbst)

Wirkstoffe: Kieselsäure, Gerbstoffe, Histamin, Flavonoide, Kaffeesäure, Ameisensäure, Essigsäure, Magnesium, Eisen, Kalium, Silicium, Natrium, Chlorophylle, Karotinoide, Vitamin B, Phytoöstrogene, Lignane, Triterpene. Die Samen beinhalten zudem gute Omega-3-Fettsäuren und Vitamin E, sowie ein starkes Phytoöstrogen.

Eigenschaften: harntreibend, blutreinigend und blutbildend, hautreizend und durchblutungsfördernd, blutdrucksenkend, cholesterinsenkend, durchfallhemmend, stoffwechselanregend, generell stärkend, entzündungshemmend

TCM-Wirkung: kühl bis warm beschrieben, scheinbar reguliert sie falsches Temperaturgefüge im Körper, genauso wie sie auch trocknen und befeuchten kann. Leicht süß und bitter, salzig (Blätter). Yin-Tonikum und Xue bildend, leitet Schleim aus, beseitigt Leber-Qi-Stagnationen. Stärkt alle 5 Funktionskreise und das Wei-Qi.

Tagesdosis und Anwendungsmöglichkeiten: Blätter oder Samen: 0,5 bis 1 Gramm, Frischpflanzenpresssaft nach Dosierungsangabe. Enthalten (Blätter) im „Gan Yin Xu“ und „GanQi Yujie“ von VetTherm und im „Immunvitalsaft“ von Ewalia. Nur als Kur anwenden, nicht zur Dauergabe geeignet.

Indikation Hund: Die Wurzel (Tinktur) soll bei Prostatavergrößerung helfen. Das Blatt spült die Harnwege und die Nieren. Bei Anämie, Leistungseinbußen und Hautkrankheiten ist sie angezeigt und die Blätter können zudem Schmerzen im Bewegungsapparat lindern, indem sie auch die „Gelenke spült“ und harnpflichtige Substanzen aus dem Gewebe leitet. Die Samen sind zudem bei Schwäche, Vitamin-Mangel, Libido-Verlust, Haarverlust, Inkontinenz und Schilddrüsenunterfunktion angezeigt.

Für den Menschen zudem hilfreich bei: Osteoporose und klimatischen Beschwerden oder Impotenz (Samen), Rheuma, Akne, Endometriose, PMS (Blätter). Der Tee sollte bei PMS regelmäßig getrunken werden, wenn Frauen an Unterleibsschmerzen leiden. Er soll auch bei schwachem Bindegewebe, Ischialgie und Asthma helfen.

Geschichtliches und Wissenswertes: Seit der Antike gilt die Brennnessel als die Pflanze der Fruchtbarkeit (besonders die Samen), auch Hühner bekommen seit Jahrhunderten Brennnesselkraut und Samen, damit sie vermehrt Eier legen. Sie soll schon früh äußerlich als beißende Einreibung genutzt worden sein, um Beschwerden wie akute Arthritis und Rheuma zu lindern.

Nebenwirkungen: Sie kann zu allergischen Reaktionen führen, zudem muss während der Gabe auf ausreichende Wasserzufuhr geachtet werden!

Kontraindikation: Nierensteine, Niereninsuffizienz, Herzprobleme

Wird gerne kombiniert mit: Birke, Hanfsamen, Goldrute

BROMBEERE *und* BROMBEERBLÄTTER

(Rubus fructicosus et folium)

Arzneibezeichnung: Rubi fructiosi (folium)
Pflanzenfamilie: Rosengewächse (Rosaceae)
Verwendete Teile: überwiegend Blätter
Erntezeitpunkt: Blätter: Mai bis August

Wirkstoffe: Gerbstoffe, Flavonoide, Schleimstoffe, Apfelsäure, Zitronensäure, ätherisches Öl, Vitamine, Mineralien, Ballaststoffe

Eigenschaften: zusammenziehend, antibakteriell, antiviral, reinigend, blutdrucksenkend, entzündungshemmend, stopfend, fördert Harnproduktion

TCM-Wirkung: kühl und bitter (Blatt), die Frucht ist kalt und süßsauer. Löst Schleim und

beseitigt feuchte Hitze, stärkt den unteren Erwärmer, trocknet bei Feuchtigkeitsüberschuss.

Tagesdosis und Anwendungsmöglichkeiten: Als Tee oder getrocknete Blätter über das Futter geben. 2 TL auf 250 ml kochendes Wasser geben, 10 Minuten ziehen lassen. Als getrocknete und zerkleinerte Einzeldroge von der Firma VetTherm über das Futter: 0,5 bis 1 Gramm pro Tag oder im „Darmvitalsaft" von Ewalia. Frische Blätter können gehackt bei Durchfall gegeben werden.

Indikation Hund: Durchfall (auch blutig), Blasenentzündung, Prostatitis, Kehlkopfentzündung, Schleimhautentzündungen, besonders im Mund- und Rachenraum

Für den Menschen zudem hilfreich bei: Hämorrhoiden, chronischer Heiserkeit

Geschichtliches und Wissenswertes: Früher haben Sänger oder Redner Brombeersaft mit Honig getrunken, um ihre Stimme kräftig zu halten. Die Brombeere ist die einzige Beere, die man gut abends essen kann, da sie beruhigend wirkt und selten Sodbrennen verursacht. Auch wird vermutet, dass der Genuss der Beeren und der Blätter vor Blutgerinnseln schützt.

Nebenwirkungen: keine bekannt, außer der durch den Gerbstoffgehalt bestehenden Gefahr der Wechselwirkung mit anderen Medikamenten.

Kontraindikationen: zu trockene Schleimhäute, Obstipation (Blätter)

Wird gerne kombiniert mit: Eichenrinde, Walnussblättern, Blutwurz, Schafgarbe, Kamille

BUCHWEIZEN

(Fagopyrum esculentum)

Arzneibezeichnung: Fagopyri herba (Blatt/Kraut)
Pflanzenfamilie: Knöterichgewächse (Polygonaceae)
Verwendete Teile: Kraut oder auch das gekochte Korn
Erntezeitpunkt: Kraut: in der Blüte von Juni bis September, Frucht (Samen) bei Reife

Wirkstoffe: Korn: Kohlenhydrate, Eiweiß, Fett, Lysin, B Vitamine, Kalzium, Eisen, Phosphor, hoher Lecithin-Gehalt, Flavonoide (Kraut), Vitamin E

Eigenschaften: Blutzuckerspiegel senkend, hilft der Durchblutung und wirkt Ödemen entgegen, beruhigt, schleimlösend, aufbauend, beugt Arteriosklerose vor, da es die Gefäßwände stärkt.

TCM-Wirkung: neutral bis warm und süß. Qi stärkend und bewegend, Xue stärkend und bewegend, hilft dem FK Lunge und Milz, stärkt das Nieren-Yang und das Herz-Qi

Tagesdosis und Anwendungsmöglichkeiten: Buchweizenkörner dürfen nur gekocht verfüttert werden (roh unverträglich)! Hierzu werden je nach Hundegröße 1 TL bis 3 EL für 20 Minuten in Wasser gekocht. Das Kraut (2 Gramm) wird mit einer Tasse kochendem Wasser übergossen und 10 Minuten ziehen gelassen. Beide Formen sind im Reformhaus oder in der Apotheke zu beziehen.

Indikation Hund: Schwäche oder Abmagerung, Diabetes, Unruhe, Herzinsuffizienz

Für den Menschen zudem hilfreich bei: Arteriosklerose, Venenentzündungen, Mikrozirkulationsstörungen, Hämorrhoiden

Geschichtliches und Wissenswertes: Buchweizen ist glutenfrei und zählt nicht zum üblichen Getreide, kann aber trotzdem bei Hunden zu allergischen Reaktionen führen. Seit jeher bekannt ist der Buchweizen (Kraut und Korn) als gut verträgliche „Herzbeschützer-Pflanze", er sieht auch aus wie ein kleines Herz. Angebaut wurde der Buchweizen bereits vor 6000 Jahren (Nepal, Sibirien) und gelangte erst im frühen Mittelalter nach Europa.

Nebenwirkungen: evtl. allergische Reaktion (nur gekocht und geschält verfüttern), Photo-Sensibilität bei Fütterung im Übermaß

Kontraindikation: keine

Wird gerne kombiniert mit: Ginkgo, OPC

CRANBERRY

(Vaccinium macrocarpon) – große Moosbeere

Pflanzenfamilie: Heidekrautgewächse (Ericaceae)
Verwendete Teile: Frucht und Blätter

Wirkstoffe: Anthocyanoside, Flavonoide, Quercetin, Triterpene, Vitamine, Mineralstoffe

Eigenschaften: antimikrobiell, entzündungshemmend, antioxidativ, verhindert die Ansammlung von Helicobacter Pylori in Speiseröhre und Magen, vertreibt schlechte Bakterien in der Darmflora

TCM-Wirkung: kühl und süß-sauer, vertreibt toxische Hitze, Qi und Wei-Qi stärkend, wirkt auf den unteren Erwärmer und auf die Fk Milz/Magen und Lunge/Dickdarm

Tagesdosis und Anwendungsmöglichkeiten: Als Tee (1 TL gehackte Blätter auf 250 ml kochendes Wasser, 10 Minuten ziehen lassen) oder als Pulver in den Fertigprodukten „Roter Pointer" und „Urogenat" von PerNaturam

Indikation Hund: Harnwegsinfektionen, Magen- oder Speiseröhrenentzündung oder deren chronische Reizung, da Cranberry das Anheften von ungesunden Keimen verhindert.

Zudem für den Menschen hilfreich bei: s.o.

Geschichtliches oder Wissenswertes: Die amerikanischen Seefahrer nahmen die Beeren mit, um sich vor Skorbut zu schützen, in Nordamerika gilt sie als altes Volksheilmittel. Sie ist die schmackhafte Variante der Bärentraube, die beinahe die gleiche Wirkung besitzt.

Nebenwirkungen: keine

Kontraindikation: Durch den hohen Oxalsäure-Gehalt bei Nierensteinen auf Cranberry verzichten. Nicht länger als 10-Tages-Kur verwenden, da es sonst zu Leberreizungen kommen kann.

Wird gerne kombiniert mit: Bärentraube, Schließgras, Sabal-Früchten, Sägepalme, Brennnessel

E

EIBISCH

(Althaea officinalis)

Arzneibezeichnung: Althaeae radix, folium, flos
Pflanzenfamilie: Malvengewächse (Malvaceae)
Verwendete Teile: Wurzel, Blatt und Blüten
Erntezeitpunkt: Blüten und Blätter im Juli, die Wurzel im Herbst

Wirkstoffe: Schleimstoffe, Gerbstoffe, Stärke, ätherisches Öl, Pektin, Rohrzucker und Mineralstoffe, die Blätter und die Blüten enthalten ähnliche Wirkstoffe, aber in geringerer Dosis, fördern auch die Diurese

Eigenschaften: beruhigend und einhüllend, erweichend, reizmildernd, husten- und schleimlösend, entzündungshemmend, blutdrucksenkend, säurepuffernd und abwehrstärkend

TCM-Wirkung: neutral bis leicht kühl und schleimig, süßer Geschmack, leicht bitter. Nährt das Magen Yin, kühlt das Magen-Feuer, befeuchtet die Lunge und den Darm, kühlt das Blut, besonders in der Haut, löst Qi-Blockaden.

Tagesdosis und Anwendungsmöglichkeiten: 3 bis 10 Gramm innerlich pro Tag. Fertigarznei: Als Einzeldroge von der Firma VetTherm und flüssig im „Halswohlsaft" sowie „Darmvitalsaft" und „Magensaft" von Ewalia.

Indikation Hund: Husten, besonders trockener Reizhusten und festsitzender Schleim, Blasenentzündungen, Verbrennungen oder Entzündungen der Haut. Bei Magenproblemen besänftigt der Eibischbrei die gereizte Magenwand.

Für den Menschen zudem hilfreich bei: Ein Brei aus Eibischwurzelpulver kann als Gesichtsmaske angewendet werden, wenn Probleme mit Pickeln, Furunkeln oder Akne bestehen. Wer heiser ist, weil er zu laut auf einer Party mitgesungen hat, kann gut zum Eibisch-Tee greifen.

Geschichtliches und Wissenswertes: Eibisch hat einen aromatischen Geruch und wird deswegen von Tieren gerne genommen. Hildegard von Bingen benutze Eibisch auch um Fieber zu senken.

Nebenwirkungen: keine bekannt

Kontraindikationen: Wechselwirkungen mit anderen Medikamenten wegen des Gerbstoffgehaltes und der Schleimstoffe möglich

Wird oft kombiniert mit: Salbei, Kamille, Malve, Island Moos, Königskerze, Honig

EICHENRINDE

(Quercus robur)

Arzneibezeichnung: Quercus cortex
Pflanzenfamilie: Buchengewächse (Fagaceae)
Verwendete Teile: Rinde (Cortex)
Erntezeitpunkt: Frühling

Wirkstoffe: Gerbstoffe (sehr hoher Anteil), Flavonoide, Triterpene, Harz, Pektin

Eigenschaften: stark zusammenziehend und gewebeverdichtend, festigend, sekretionshemmend, entzündungshemmend, antimikrobiell, blutstillend. Äußerlich: juckreizlindernd, antiviral (besonders bei Herpesvieren) und leicht oberflächenanästhetisierend, trocknend

TCM-Wirkung: kühl und sehr bitter, stärkt das Hebe-Qi der Milz (Gewebe), trocknet Feuchtigkeit, stärkt FK Lunge/Dickdarm und FK Milz/Magen, klärt feuchte und toxische Hitze

Tagesdosis und Anwendungsmöglichkeiten: innerlich 1 bis 5 Gramm pro Tag, enthalten im „Durchfallpulver N" von Dr. Schaette oder im „Darmvitalsaft" von Ewalia und als Einzelkraut von Masterhorse/Masterdog. Auch die getrocknete grob gemahlene Rinde (1TL) kann mit 200 ml Wasser zum Kochen gebracht werden, kurz (5 Minuten) ziehen lassen, abgießen und warm verabreichen. Äußerlich ist die Eichenrinde als Breiumschlag oder Tinktur anzuwenden.

Indikation Hund: akuter (auch blutiger) Durchfall, offene Pyometra (Spülung). Äußerlich: als Breiumschlag, Tinktur oder als Tee-Kompresse auf entzündeten (Schleim-)Häuten, Geschwüre und zur Wundbehandlung.

Für den Menschen zudem hilfreich bei: Mandel- oder Mundschleimhautentzündung (Gurgeln), bei übermäßigem Fußschweiß (Fußbad), zum Stillen des Juckreizes bei Windpocken (Tinktur), Hämorrhoiden (Zäpfchen von Wala)

Geschichtliches und Wissenswertes: Für die Kelten war die Eiche der Totenbaum, für die Germanen und die Druiden der heilige Baum des Gottes Donar (Thor). Bei Gewitter wird

schon Kindern eingetrichtert: „Eichen sollst du weichen!“, da die Eiche den Blitz anziehen soll. Die Rinde wird seit Urzeiten zum Gerben von Fellen benutzt und die Eichelfrüchte waren oft eine wichtige Energiequelle in Hungerzeiten.

Nebenwirkungen: keine bekannt

Kontraindikationen: Wegen des hohen Gerbstoffgehaltes sind Wechselwirkungen bei gleichzeitiger Medikamenteneinnahme nicht auszuschließen.

Wird oft kombiniert mit: Brombeerblättern, Blutwurz

EISENKRAUT

(Verbena officinalis)

Arzneibezeichnung: Verbenae herba
Pflanzenfamilie: Eisenkrautgewächse (Verbenaceae)
Verwendete Teile: Kraut
Erntezeitpunkt: Von Mai bis Oktober

Wirkstoffe: Glykosid Verbenalin, Bitterstoffe, Gerbstoffe, Kieselsäure, Flavonoide, Schleimstoffe, ätherisches Öl, Beta Carotin

Eigenschaften: kräftigend, blutverbessernd, fiebersenkend, leberreinigend, steinlösend, entkrampfend und beruhigend

TCM-Wirkung: Leicht kühl, bitter und etwas scharf. Stützt das Xue, löst Qi und Xue-Stagnationen, beruhigt FK Leber und einen überreizten Shen, stärkt FK Herz und löscht Herz-Feuer, nährt Nieren- und Magen-Yin

Tagesdosis und Anwendungsmöglichkeiten: 1 TL bis 2 EL täglich über das Futter geben

Indikation Hund: Reguliert das nervöse Herz und den nervösen Magen, Schilddrüsenstörungen, Unruhe, Verdauungsstörungen, regt den Gallefluss und die Verdauung an, fördert Harnausscheidung

Für den Menschen zudem hilfreich bei: Depressionen mit Herzrhythmusstörungen, Wechseljahresbeschwerden, Ängsten und Schlaflosigkeit, Verdauungsstörungen durch überreiztes Nervensystem, PMS und Migräne, neuralgischen Schmerzen, Stressintoleranz, Reizbarkeit

Geschichtliches und Wissenswertes: Eisenkraut ist die Pflanze der Spiritualität, sie sollte vor Verrücktwerden schützen, soll aber auch das Kraut für die „Flugsalbe der Hexen" gewesen sein. So viel zum Geschichtlichen, leider wird es in der Neuzeit kaum noch eingesetzt, da es nicht erforscht wird und es keine bestätigten Wirkungen gibt. Dennoch wird sie in der Naturheilkunde und in der alternativen Tiermedizin mit großem Erfolg eingesetzt und wirkt dort besonders auf die Psyche, durch „Kühlung der Substanzen"

Nebenwirkungen: Überdosierung kann zu Übelkeit führen

Kontraindikationen: Trächtigkeit

Wird gerne kombiniert mit: Baldrian, Melisse, Herzgespann

EM

Effektive Mikroorganismen

Ursprung: flüssige Mischkultur aus Bakterienstämmen und fermentierten Pilzen, die sonst einzeln in der Natur vorkommen und Bodenkulturen, Pflanzen oder Lebewesen vor Fäulnis schützen.

Die Mikroorganismen unterstützen sich gegenseitig, arbeiten also synergetisch.

Die Mischungen sind gebrauchsfertig im Handel zu erwerben und lassen sich vielseitig einsetzen, sowohl therapeutisch als auch im Garten oder in der Landwirtschaft.

Wirkstoffe: Durch die Fermentation entstandene Enzyme, Antioxidantien und Vitalstoffe, EM gelten als Nahrungsergänzungsmittel

Eigenschaften und Indikation Tier: Regeneration der Darmflora und Abtöten von unerwünschten Bakterien, zur Wundbehandlung und bei Ekzemen, zum Besprühen des Fells bei unerwünschtem Körpergeruch (verdünnt!), bei Neigung zu Wurmbefall

Anwendung: Es gibt die Ur-Lösung zum Selbermischen oder bereits fertige Präparate, z.B. von EMIKO für bestimmte Zwecke, in hell (Reissirup) oder dunkel (Melasse). Täglich innerlich 1 bis 20 ml in das Trinkwasser oder über das Futter geben.

Nebenwirkungen: solang die Lösung gut verschlossen aufbewahrt wird, sollte es nicht zu Problemen kommen

Kontraindikationen: IBD und andere Futtermittelunverträglichkeiten (hier können möglicherweise auch Hunde auf EM allergisch reagieren)

ENGELWURZ

(Angelika archangelica)

Arzneibezeichnung: Angelicae radix
Pflanzenfamilie: Doldengewächse (Apiaceae)
Verwendete Teile: Wurzel
Erntezeit: kurz vor der Blüte im zweiten Jahr (die „echte“ Engelwurz wächst hier nicht, hierzulande gibt es die Angelica silvestris, die Waldengelwurz, sie ist milder in der Heilwirkung)

Wirkstoffe: ätherisches Öl (reichlich Terpene), Bitterstoffe, Gerbstoffe, Stärke, Pektin, Zucker, Furanocumarine, Phytoöstrogene,

Eigenschaften: magenstärkend, blähungswidrig, galletreibend, appetitfördernd, schweißtreibend, auswurffördernd, keimtötend, blutverdünnend, stärkend

TCM-Wirkung: warm und scharf, leicht süß, leicht bitter. Wirkt trocknend, öffnend, bewegend und harmonisierend. Yang- und Qi-Tonikum, bewegt Xue. Reguliert FK Leber, stärkt FK Milz und FK Lunge, beruhigt Shen.

Tagesdosis und Anwendungsmöglichkeiten: 0,5 bis 1 Gramm täglich innerlich als Pulver über das Futter geben oder die Wurzel zerkleinert mit Wasser ansetzen und nach kurzer Ziehzeit als Tee anbieten. Tinkturen der „echten" Angelika-Wurzel sind im Handel sehr gut zu bekommen.

Indikation Hund: Schwächezustände und Rekonvaleszenz, langwierige Atemwegserkrankungen, Verdauungsschwäche und häufige Durchfälle aufgrund von fehlender Verdauungswärme, nervösen Magenbeschwerden, wiederkehrende Krampfkoliken, Unruhe trotz Antriebsschwäche, Altersherz, Fruchtbarkeitsstörungen

Für den Menschen zudem hilfreich bei: Störungen im Menstruationsfluss und bei leichten depressiven Verstimmungen, chronischer Lungenschwäche und Nervenleiden sowie Burn-out. Auch innere Leere, Traurigkeit und fehlendes Urvertrauen stehen auf der Liste. Das „Herz-Bauchweh" (Roemheld-Syndrom) wird durch die Angelika sehr gut gemildert.

Geschichtliches und Wissenswertes: In den alten Tierarzneibüchern des 18. Jh. taucht die Engelwurz als wärmende und stärkende Pflanze auf, sie war Bestandteil des „Theriaks", dem Lebenskraft-Trunk, auch gegen Staupe wurde sie empfohlen. In der Volksheilkunde galt sie als Potenzmittel und Liebeszaubermittel, sie half auch damals schon gegen Lampenfieber. Hildegard von Bingen träufelte warme Angelika-Tinktur in das Ohr bei Mittelohrentzündungen und im Mittelalter nahm man sie während der Pest ein.

Nebenwirkungen: äußerlich angewendet kann sie bei starker UV-Bestrahlung zu Photo-Sensibilität (Lichtempfindlichkeit und Sonnenbrand) führen

Kontraindikationen: Trächtigkeit (regt Durchblutung der Gebärmutter an)

Wird gerne kombiniert mit: Fenchel, Kamille, Wermut, Beifuß, Anis, Süßholz

ENZIAN, GELBER

(Gentiana lutea)

Arzneibezeichnung: Gentianae radix
Pflanzenfamilie: Enziangewächse (Gentianaceae)
Verwendete Teile: Wurzel
Erntezeitpunkt: steht unter Naturschutz!

Wirkstoffe: Bitterstoffe (Anteil ist sehr hoch), Flavonoide, Phenolsäure, Inulin, Schleimstoffe, Gerbstoffe, ätherische Öle, Pektin

Eigenschaften: regt die Verdauungssäfte und Peristaltik an (Magen, Pankreas, Galle, Speichel), appetitanregend, durchblutungsfördernd, immunstärkend, gärungswidrig, schleimlösend, harntreibend

TCM-Wirkung: kalt und sehr bitter, etwas süß. Trocknend nach längerer Anwendung, adstringierend, stärkt das Milz-Qi, bewegt das Magen-Qi, klärt das Leber-Feuer, beseitigt Nässe und innere Hitze

Tagesdosis und Anwendungsmöglichkeiten: 0,2 bis maximal 1 Gramm (vorsichtig anwenden, da der Anteil der Bitterstoffe hoch ist) als Pulver oder Kapsel. Auch im „Enzian Magentonikum" von Wala ist Enzian enthalten, auch Tinkturen und Tees sind üblich.

Indikation Hund: Appetitlosigkeit und Verdauungsschwäche, Erbrechen von nicht verdauter Nahrung, Blähungen und Bauchschmerzen durch Krämpfe, Erkältungen

Für den Menschen zudem hilfreich bei: Morbus Crohn, schwacher Muskulatur und chronischen und übelriechenden Durchfällen bei Verdauungsschwäche und langsam arbeitendem Verdauungstrakt und verlangsamter Magenentleerung. Es wird empfohlen, die Enziantinktur einige Zeit im Mund zu behalten, wenn im Anschluss schwer verdauliche Nahrung zu sich genommen werden sollte. (Aus einem eher unfreiwilligem Eigenversuch – ich habe das Pulver pur in zu hoher Dosis von einem Löffel während eines Phytotherapie-Kurses gekostet – kann ich sagen: es funktioniert. Man hat Speichel und Verdauungssäfte im Überfluss. Daher bitte gering dosieren!) Auch Asthma, Bronchitis und Nasennebenhöhlenentzündungen stehen auf der Liste, weil der Enzian entkrampfend und schleimlösend wirkt.

Geschichtliches und Wissenswertes: Der Gelbe Enzian hat von unseren heimischen Heilkräutern den höchsten Bittergehalt, enthält dafür wenig Gerbstoffe und ist daher ziemlich magenverträglich. Bekannt ist der Enzianschnaps, der nach einem reichhaltigen Essen die Verdauung unterstützen soll. Auch in der Antike war der Gelbe Enzian schon im Schwedenbitter enthalten und half bei Verdauungsstörungen, Abmagerung und Erschöpfung. Hildegard von Bingen empfahl ihn zudem bei Fieber und Herzschmerzen. In neuen Studien wurde festgestellt, dass es Bitterstoffrezeptoren auch im Darm, auf der Haut und in den Schleimhäuten der Atemwege gibt und möglicherweise daher der Enzian ein so großes Wirkpotential hat. Morbus Crohn, Colitis ulcerosa und der Hautstoffwechsel werden positiv von ihm beeinflusst. Momentan gibt es Forschungen zur Wirksamkeit bei Diabetes und Arteriosklerose.

Nebenwirkungen: evtl. Kopfschmerzen

Kontraindikationen: Magen- und Dünndarmgeschwüre, chronische Übersäuerung, bei Dauereinnahme auch trockene Schleimhäute, innere Kälte

Wird gerne kombiniert mit: Tausendgüldenkraut, Wegwarte, Artischocke, Löwenzahn, Süßholz und Ingwer

FENCHEL-(SAMEN)

(Foeniculum vulgare)

Rezepturbezeichnung: Foeniculi fructus
Pflanzenfamilie: Doldengewächse (Apiaceae)
Verwendete Teile: Samen, (seltener Wurzel oder Kraut)
Erntezeitpunkt: Herbst, bei Reifung der Früchte/Samen

Wirkstoffe: ätherisches Öl, Phytoöstrogene, Flavonoide, fettes Öl und Proteine, Zucker und wenig Cumarine

Eigenschaften: entkrampfend, verdauungsfördernd, appetitanregend, beruhigend, wurmwidrig, antimikrobiell, auswurffördernd, milchbildend, magensaftanregend

TCM-Wirkung: warm, süß und scharf. Löst Qi-Stagnationen, vertreibt Nässe-Kälte, beruhigt die Mitte, stärkt das Xue, Qi-Tonikum, verhindert rebellisches Magen-Qi, stärkt das Nieren-Qi, beruhigt Shen

Tagesdosis und Anwendungsmöglichkeiten: Fenchelsamen als Tee: 1 bis 2 TL mit 250 ml kochendem Wasser überbrühen und 10 Minuten zugedeckt ziehen lassen oder als Pulver (0,5–2 Gramm) ins Futter mischen. Enthalten zudem in: „Digestiv" von PerNaturam und im „Halswohlsaft" von Ewalia, auch im „Pi Qi Xue" von VetTherm sowie als Einzelkraut erhältlich. Fenchelhonig von deutschen Imkern gibt´s im Landhandel oder im Reformhaus.

Indikation Hund: Bei Bauchweh jedweder Art, Blähungen, Krampfkoliken und schmerzhaftem Durchfall. Auch bei Halsschmerzen und Husten sowie bei gereizten oberen Atemwegen.

Für den Menschen zudem hilfreich bei: Milchmangel nach der Geburt, Libido-Mangel, chronischer Erschöpfung, Lungenschwäche, Menstruationsschmerzen, Wechseljahresproblemen durch Östrogenmangel, Verspannungsschmerzen der Muskulatur

Geschichtliches und Wissenswertes: Schon in der Antike war der Fenchel ein berühmtes Kraut, es sollte den Teufel vertreiben. In Rom wurde er von den Damen als Schlankheitstrank eingenommen, da er ja bekanntlich den Blähbauch lindert. Heute ist er in der Kinderheilkunde nicht mehr wegzudenken. Wissenschaftler haben (neu) entdeckt, dass Fenchelfasern beim Abnehmen helfen, da sie Fette im Darm binden. Auch in der Hormon-Ersatztherapie soll Fenchel zukünftig Anwendung finden.

Nebenwirkungen: keine bekannt

Kontraindikationen: Östrogenüberschuss, ungewollte Milchbildung

Wird gerne kombiniert mit: Pfefferminze, Kümmel, Anis, Schafgarbe, Kurkuma, Thymian, Honig

FICHTE

(Picea abies)

Arzneibezeichnung Fichtensprossen: Piceae turiones recentes
Pflanzenfamilie: Kieferngewächse (Pinaceae)
Verwendete Teile: junge Sprossen, Harz
Erntezeitpunkt: zeitiger Frühling

Wirkstoffe: ätherisches Öl (Borneol), Monoterpene, Terpentinöl (Harz), Flavonoide, Gerbstoffe, Ameisensäure, Vitamin C, Zucker

Eigenschaften: sekretlösend und auswurffördernd, durchblutungssteigernd und leicht antimikrobiell und entzündungshemmend, entschlackend

TCM-Wirkung: neutral bis leicht warm und scharf bitter. Regelt Schleimhautflüssigkeiten, tonisiert das Lungen- und das Nieren-Qi, leitet Schleim aus, stärkt das Wei-Qi und vertreibt Nässe-Hitze und Nässe-Kälte

Tagesdosis und Anwendungsmöglichkeiten: Im Fichtensprossenhonig (1:10 Fichtensprossen und Honig für 14 Tage ziehen lassen) zum Süßen von Hustentees oder zum Abschlecken von 1 TL Fichtensprossen-Honig. Junge Sprossen können auch über das Futter gegeben werden und sollen leicht wurmwidrig wirken. Im Oxymel (Nadelspitzen-Oxymel) werden auch Fichtensprossen verwendet, dieser wirkt schleimlösend und durchblutungsfördernd.

Indikation Hund: Bronchitis und gereizte Atemwege, als leichte Vorbeugung vor Parasitenbefall

Für den Menschen zudem hilfreich bei: Als Bestandteil des Franzbranntweins ist das ätherische Öl der Waldmedizin bei Muskelschmerzen, Rheuma und Gelenkschwellungen sowie neuralgischen Störungen hilfreich, Einreibungen oder Bäder mit Fichtennadeln und deren Ölen sind seit Jahrhunderten bekannt. Ebenso sind Inhalationen damit ein altbewährtes Erkältungsmittel, die auch bei Kopfschmerzen hilfreich sein sollen.

Geschichtliches und Wissenswertes: Waldmedizin hat eine lange Tradition und Nadelbäume wurden auch oft zum Räuchern genutzt und galten als Symbol für Ausdauer und Lebens-

Kiefer, ebenfalls ein wertvoller Baum der Waldmedizin.

Spaziergänge im Wald sind besonders gesund für Körper und Geist, für Hund und Mensch gleichermaßen. Die Terpene in der Luft wirken blutdrucksenkend, entzündungshemmend und zellbeschützend, der Wald an sich, die Luft und der Blick in die Baumkronen, stimmungsaufhellend. Wenn Hund dann noch buddeln und schnüffeln darf, ist auch die Laune der Vierbeiner großartig.

kraft und sollten über schwere Zeiten hinweghelfen und bei der Bewältigung von Schicksalen unterstützen. Für Hildegard von Bingen war die Fichte das Sinnbild innerer Kraft. Die Zirbelkiefer und die Weißtanne gehören mit zu den „Medizinbäumen" des Waldes, ihre ätherischen Öle und Harze haben starke Heilkraft. Sie stärken das Immunsystem und befreien die Atemwege, gleichen die Psyche aus und beruhigen den Blutdruck. Oft finden ihre ätherischen Öle Verwendung.

Nebenwirkungen: keine bekannt (ätherisches Öl nur verdünnt verwenden, da es sonst Asthma und Krämpfe verschlimmern kann!)

Kontraindikationen: keine bekannt

Wird gerne kombiniert mit: Thymian, Honig, Spitzwegerich

FLOCKENBLUME

(Centaurea jacea)

Arzneibezeichnung: Centaureae flos
Pflanzenfamilie: Korbblütler (Asteraceae)
Verwendete Teile: Blüten
Erntezeitpunkt: Juni bis September

Wirkstoff: Flavonoide, Gerbstoffe, Bitterstoffe

Eigenschaften: magensaftanregend, durchfallstoppend, harntreibend, entzündungshemmend, beruhigend, abschwellend, fiebersenkend

Nebenwirkungen: keine bekannt

Kontraindikationen: Korbblütler-Allergie und Magensäureüberschuss

Wird gerne kombiniert mit: Salbei, Brombeerblättern, Eichenrinde

TCM-Wirkung: neutral bis warm, bitter. Qi bewegend, absenkend, die Mitte regulierend, Leber besänftigend

Tagesdosis und Anwendungsmöglichkeiten: getrocknete Blätter als Teemischung über das Futter geben oder als getränkte Kompresse bei Augenleiden

Indikation Hund: Durchfall durch Keimbelastung des Futters, Hals- oder Zahnfleischentzündung, träge Verdauung, Lidrandentzündung und geschwollene gereizte Augen durch Staubbelastung.

Für den Menschen zudem hilfreich bei: s.o.

Geschichtliches und Wissenswertes: Früher wurde die Flockenblume gegen Krätze eingesetzt.

FLOHSAMEN, INDISCHER

(Plantago indica)

Arzneibezeichnung: Psyllii semen
Pflanzenfamilie: Wegerichgewächse (Plantaginaceae)
Verwendete Teile: Samen
Erntezeitpunkt: Juli bis September

Wirkstoffe: Schleim- und Quellstoffe

Eigenschaften: abführend oder stopfend, schleimhautschützend, blutfett- und blutzuckersenkend, antientzündlich, peristaltikanregend und leicht entschlackend

TCM-Wirkung: die Mitte regulierend, Qi-Stasen lösend, flüssigkeitsregulierend

Tagesdosis und Anwendungsmöglichkeiten: 1:10 mit Wasser mischen und quellen lassen und anschließend auf reichlich Wasserzufuhr achten. Bei Durchfall wird die Menge des Wassers etwas geringer dosiert, damit das überschüssige Wasser im Darm gebunden werden kann. Bei Verstopfung werden die Flohsamen nicht lange vorgequellt, damit sich erst im Darm durch Volumenzunahme die Peristaltik erhöht und eine Vermischung zu erhöhter Stuhlfrequenz führen kann. Die Mischung darf bis zu dreimal täglich verabreicht werden und kann bis zu einer Woche brauchen, bis die erwünschte Wirkung (geregelter Verdauungsvorgang) eintritt. Als Einzelmittel bei der Firma VetTherm und in Reformhäusern zu beziehen. 0,5 bis 3 Gramm pro Gabe.

Indikation Hund: Durchfall und überschüssige Flüssigkeit, IBD und andere entzündliche Darmerkrankungen, verlangsamte Darmpassage, chronische Verstopfung, zum Ausleiten von schlechten Darmbakterien und Sandablagerungen (durch übermäßiges Erde- und Sandfressen), bei Gallensäuren-Überschuss

Für den Menschen zudem hilfreich bei: Reizdarm, wenn bei Hämorrhoiden oder zum Ende der Schwangerschaft der Stuhl weicher sein sollte, Divertikulitis und erhöhtem Cholesterinwert

Geschichtliches und Wissenswertes: Es heißt Flohsamen, weil die Samen wie Flöhe aus der Kapsel springen

Nebenwirkungen: Bei achtsamer Einnahme sind keine Nebenwirkungen zu erwarten

Kontraindikationen: Darmverschluss, Stenosen, gleichzeitige Einnahme von Herzmedikamenten und Antidiabetika, unklare rektale Blutungen

Wird gerne kombiniert mit: Leinsamen

FRAUENMANTEL

(Alchemilla vulgaris)

Arznneibezeichnung: Alchemillae herba
Pflanzenfamilie: Rosengewäche (Rosaceae)
Verwendete Teile: Blätter und blühendes Kraut
Erntezeitpunkt: zur Blüte von Mai bis Juli

Wirkstoffe: Gerbstoffe, Bitterstoffe, Salicylsäure, Lecithin, Flavonoide (Quercetin), Karotinoide, Phytoöstrogene, Phytogestagene, ätherisches Öl

Eigenschaften: zusammenziehend, entzündungshemmend, keimhemmend, gleicht Hormone aus, harntreibend, blutreinigend, milchbildend, menstruationsfördernd, schmerzlindernd, lymph- und blutreinigend

TCM-Wirkung: neutral bis kühl und etwas bitter. Stärkt das Hebe-Qi der Milz (Organe), reguliert und stärkt Leber-Xue und Leber-Yin, beruhigt den Geist (Shen und Hun), löst Qi-Stagnationen und Xue-Stasen, stärkt alle Funktionskreise, besonders Leber und Milz

Tagesdosis und Anwendungsmöglichkeiten: 0,5 bis 3 Gramm als Einzelkraut über das Futter oder als Tee verabreichen, im Fertigprodukt „Natalen" von PerNaturam

Indikation Hund: Hormon- und Fruchtbarkeitsstörungen, Neigung zu Fehlgeburten, Auszehrung nach mehreren Geburten, Unterleibsentzündungen, Blutarmut

Für den Menschen zudem hilfreich bei: Wechseljahresbeschwerden und besonders PMS mit Wassereinlagerung und depressiver Verstimmung, Weißfluss, fehlender Milchbildung, Gebärmuttervorfall, Sitzbädern bei Unterleibsentzündungen. Der Tee soll, kurz vor der Geburt getrunken, diese erleichtern und anschließend bei der Rückbildung nach der Geburt helfen.

Geschichtliches und Wissenswertes: Die Blätter sollen an eine Gebärmutter erinnern. Frauenmantel war schon den Germanen als Heilkraut für die Frauen heilig. Die Tropfen, die sich oft an den Rändern des Blattes sammeln, haben die Kelten an Diamanten erinnert und sollten die Frauen schön machen und ihnen nach der Geburt ihre Jungfräulichkeit und Haut-Straffheit zurückgeben.

Nebenwirkungen: keine bekannt, außer den üblichen Wechselwirkungen durch Gerbstoffe mit anderen Medikamenten

Kontraindikationen: keine bekannt

Wird gerne kombiniert mit: Schafgarbe

GÄNSEBLÜMCHEN

(Bellis perennis)

Arzneibezeichnung: Bellidis flos/herba
Pflanzenfamilie: Korbblütler (Asteraceae)
Verwendete Teile: Blüten
Erntezeitpunkt: von Frühling bis Spätherbst, allerdings besitzt das Gänseblümchen im Sommer an meisten Kraft und Heilwirkung

Wirkstoffe: Saponine, ätherisches Öl, Bitterstoffe, Gerbstoffe, Schleimstoffe, Flavonoide, Vitamin C

Eigenschaften: entzündungshemmend, zusammenziehend, schmerz- und juckreizlindernd, wundheilend, harntreibend, auswurffördernd, auflösend und abschwellend, schmerzlindernd

TCM-Wirkung: neutral bis kühl, bitter, etwas süß, leicht sauer. Leitet toxische Blut-Hitze aus, beseitigt Schleim, bewegt das Leber-Qi und löst Qi-Blockaden oder Xue-Stasen. Wirkt auf FK Lunge und Leber

Tagesdosis und Anwendungsmöglichkeiten: Die frische Blüte zerkleinern und als Breiumschlag/Kompresse über die schmerzende Stelle legen oder im Frühling als Stoffwechsel-Booster über das Futter reichen (1 TL bis 1 gehäufter EL). Sinnvoll sind auch Aufgüsse, die man zum Badewasser zufügen kann, ein Auszugs-Öl oder eine Tinktur für die betroffenen Hautstellen.

Indikation Hund: trockene und feuchte Ekzeme, die auch mit Juckreiz einhergehen können. Schorf, Insektenstiche und juckende Narben. Auch bei Prellungen, Zerrungen und Stauchungen sowie Hämatomen ist es hilfreich. Zudem wirkt das Gänseblümchen leicht entgiftend und vitalisierend, lindert den Harnsäuregehalt im Urin, soll auch Gewebeschwellungen (z.B. Brustknoten) beruhigen, abschwellen und auflösen können. Zusammen mit Spitzwegerich und Honig ergibt es einen tollen Hustensirup.

Für den Menschen zudem hilfreich bei: Mastitis, Milchschorf, Geschwüren und Akne sowie bei chronisch verschleimtem Husten. Im Salat eine sehr gesunde und entschlackende Dekoration zum Mitessen.

Geschichtliches und Wissenswertes: „Er liebt mich, er liebt mich nicht …“ Das Gänseblümchen, auch Maßliebchen oder Tausendschön genannt, ist ein Symbol für Frühling, Fruchtbarkeit und Liebe. Die teilweise leicht rosafarbenen Blätter sollen an das zarte Erröten von Verliebten erinnern. Das Gänseblümchen wird besonders in der Kinderheilkunde erfolgreich eingesetzt. Es ist ein sehr widerstandsfähiges Blümchen, scheint so zart, ist aber sehr zäh und richtet sich nach Tritten und Zertrampeln schnell wieder auf. Es passt sich mit „Kleinwüchsigkeit“ sogar der Rasenmäher-Höhe an und blüht trotzdem unbeirrt und wächst immer wieder neu. Das nenne ich mal widerstandsfähig und resilient. Eine wunderschöne Signatur der Heilkraft dieser kleinen Pflanze, die auch der Seele bei Traumata helfen soll, sich wieder im Leben zurechtzufinden.

Nebenwirkungen: keine bekannt

Kontraindikation: Korbblütler-Allergie

Wird gerne kombiniert mit: Beinwell, Arnika, Ringelblume

GÄNSEFINGERKRAUT

(Potentilla anserina)

Arzneibezeichnung: Anserinae herba
Pflanzenfamilie: Rosengewächse (Rosaceae)
Verwendete Teile: Blüten und Blätter
Erntezeitpunkt: von Mai bis September

Wirkstoffe: Gerbstoffe, Flavonoide (u.a. Quercetin), Tormentol, Cumarine, Tannine, Triterpene, Phytosterole

Eigenschaften: zusammenziehend, krampflösend, wundheilend, stopfend, antibakteriell

TCM-Wirkung: kühl und bitter, etwas säuerlich. Hebt das Milz-Qi, leitet feuchte Nässe aus und wirkt besonders auf Magen und Darm ein, bewegt Qi und Xue.

Tagesdosis und Anwendungsmöglichkeiten: 0,5–4 Gramm innerlich als Tee oder als fertige Tinktur

Indikation Hund: (blutiger) Durchfall, krampfartige Bauchschmerzen, Blähungen, Darmentzündung, Zahnfleischbluten und lockere Zähne, Krampfanfälle

Für den Menschen zudem hilfreich bei: Menstruationsschmerzen und Reizdarm, Migräne und Kopfschmerzen

Geschichtliches und Wissenswertes: Hildegard von Bingen kochte das Gänsefingerkraut in Milch aus und war ihr Allheilmittel bei Bauchkrämpfen und zum Schutz vor schlimmen Krankheiten: bei Regen ziehen sich die Blätter über die Blüten, um diese zu beschützen. Forschungen haben die krampflösende und antibakterielle und antivirale Wirkung bestätigt.

Nebenwirkungen: bei Überdosierung kann es zu Magenschmerzen kommen

Kontraindikation: keine bekannt, außer die typischen Wechselwirkungen durch den Gerbstoffgehalt

Wird gerne kombiniert mit: Kamille, Beifuß, Eisenkraut, Fenchel, Melisse, Frauenmantel

GELBWURZ

(Curcuma longa)

Arzneibezeichnung: Curcumae rhizoma
Pflanzenfamilie: Ingwergewächse (Zingiberaceae)
Verwendete Teile: Wurzel
Erntezeitpunkt: Kurkuma bevorzugt ein feucht-heißes Klima (Waldgebiete in Indien) und wächst in unserem Breitengrad eher nicht,

im Haus oder Gewächshaus ist es dennoch möglich, die Pflanze zu kultivieren. Die Wurzel wird zwischen Dezember und März geerntet.

Wirkstoffe: Scharfstoffe (Curcuminoide), ätherische Öle, Polysaccharide

Eigenschaften: galletreibend, leberprotektiv, entzündungshemmend, antiviral, krebsvorbeugend, antibakteriell, stoffwechselanregend, blutfettsenkend, appetitanregend, karminativ (entblähend), immunmodulierend, leicht antiparasitär, schmerzlindernd

TCM-Wirkung: neutral bis warm und bitter scharf. Bewegt das Leber-Qi, nährt das Leber-Yin, stärkt die Mitte, beseitigt Nässe-Hitze, löst Qi-Stagnationen und Schleim auf, beruhigt den Geist und löst Zorn (überschießendes Leber-Yang) auf, bewegt das Herz-Qi und das Xue.

Tagesdosis und Anwendungsmöglichkeiten: Pulver bis zu 100 mg pro kg Körpergewicht. Entweder als Pulver pur oder als Kapsel über das Futter geben, am besten wirksam in Kombination mit schwarzem Pfeffer und Öl (die Wirkstoffe lösen sich besser in Öl als in Wasser). Enthalten in Fertigmischungen oder auch als Einzeldroge: „Bio-Curcuma-Myrrhe-Öl" und im „Pankrema" von PerNaturam oder als Pulver pur von VetTherm. Für Menschen empfehle ich aus eigener Erfahrung die Mischung Waldhonig mit Kurkumapulver (ein kleines Marmeladenglas mit 2 bis 3 EL Kurkuma) als Immun-Booster und Anti-Entzündungs-Kick bei beginnenden Erkältungen oder Halsschmerzen, davon täglich mehrere Teelöffel einnehmen.

Indikation Hund: Verdauungsstörungen und entzündliche Darmkrankheiten, Futterverwertungsschwierigkeiten, Atemwegserkrankungen, Appetitmangel, Obstipation, Galleflussstörungen, Blähungen, Leberschwäche, Hautkrankheiten, Arthritis, Muskelsteifigkeit (besonders von den Rippen aufwärts bis in die Vorderbeine), Bauchspeicheldrüsenentzündung

Für den Menschen zudem zusätzlich hilfreich bei: Menstruationsschmerzen, innerer Kälte und nervösem Herzflattern, Winterdepression, Reizdarm, zu hohen Blutfett- und Cholesterinwerten, Schüttelfrost, Diabetes Typ 2, kurweise Kurkuma eingenommen soll vor Darmkrebs, Leukämie, Prostata und anderen tumorösen Geschehen schützen, sowie Herzinfarkt, Schlaganfall und Arteriosklerose vorbeugen

Geschichtliches und Wissenswertes: Als Currypulver ist Kurkuma als Gewürz schon lange bekannt, ebenso als färbendes Mittel für Textilien.

Nebenwirkungen: selten Magenbrennen (Überdosierung)

Kontraindikationen: Gallensteine, innere Hitze oder Trockenheit

Wird gerne kombiniert mit: Honig, Fenchel, Kamille, Schafgarbe, Minze, Wermut, Süßholz, Ingwer

GIERSCH

(Aegopodium podagraria)

Pflanzenfamilie: Doldenblütler (Apiaceae)
Verwendete Teile: junge Blätter, Blüten und Samen
Erntezeitpunkt: Von März bis Oktober, aber im Frühjahr ist seine Heilkraft stärker

Wirkstoffe: Ätherische Öle, Eiweiß, Vitamin C, Carotin, Calcium, Magnesium, Phosphor, Silizium

Eigenschaften: stoffwechselanregend, vitalisierend, leicht zusammenziehend, blutreinigend, harnsäureregulierend

TCM-Wirkung: kühl und sauer, etwas bitter. Stärkt den FK Leber, bewegt das Qi und stärkt das Xue

Tagesdosis und Anwendungsmöglichkeiten: 1 TL bis 2 EL frische zerhackte Blätter über das Futter geben. Bitte achten Sie auf die Qualität des Ernte-Standortes.

Indikation Hund: entschlackende Frühjahrskur, schlechte Nierenwerte, Rekonvaleszenz, Anämie, schwaches Herz

Für den Menschen zudem hilfreich bei: Gicht, Ischiasnerv-Reizung, Antriebsmangel, steife Muskulatur

Geschichtliches und Wissenswertes: „Podagra" bedeutet „Gicht" und der Giersch war schon im Mittelalter als das „Zipperleinskraut" bekannt. Die jungen Triebe schmecken wie Karotten und Petersilie gleichzeitig. Im Garten ist er kaum auszurotten. Besser, man schließt Frieden mit ihm und „entsorgt ihn im Kochtopf (Napf)", sagt Wolf-Dieter Storl.

Nebenwirkungen: keine bekannt

Kontraindikationen: keine bekannt

Wird gerne kombiniert mit: Brennnessel, Löwenzahn, Birke, Gänseblümchen, Gundermann, Vogelmiere

GINKGO

(Ginkgo biloba)

Arzneibezeichnung: Ginkgo bilobae folium
Pflanzenfamilie: Ginkgogewächse (Ginkgoaceae)
Verwendete Teile: Blätter
Erntezeitpunkt: Im Sommer, kurz bevor der Gelbfärbung

Wirkstoffe: Flavonoglykoside, Bioflavone, Bilobalid, Ginkgolsäuren, Polyphenole

Eigenschaften: verbessert die Blutzirkulation und senkt die Blutviskosität. gefäßabdichtend, hemmt die Thrombozytenaggregation (Verklumpen), antioxidativ, schützt die Nervenzellen, konzentrationsfördernd, regt die Durchblutung im Gehirn an, fördert Sauerstoff- und Glukoseaufnahme, verstärkt Dopamin-Wirkung

TCM-Wirkung: neutral und bitter, leicht süß. Bewegt und stützt das Xue, schützt die Gefäße, tonisiert Herz-Qi, hilft Shen

Tagesdosis und Anwendungsmöglichkeiten: 40 mg pro 10 kg Körpermasse, Ergänzungsfuttermittel: Ewalia „Bewegungssaft", „Herz-Kreislaufsaft" und „Seniorsaft" sowie im „Kolsal Herbal", „Epi Dog" und im „Zellschutz Anti-Stress" von PerNaturam

Indikation Hund: periphere Durchblutungsstörungen (auch bis in die kleinsten Gefäße) und generelle Altersschwäche, Vestibular-Syndrom, kardiovaskuläre Gefäßerkrankungen,

kognitive Dysfunktion (Demenz und Konzentrationsstörungen), Durchblutungsstörungen der Netzhaut

Für den Menschen zudem hilfreich bei: Tinnitus, Schwindel, Stimmungslabilität durch ein nervöses Herz, soll Schlaganfall und Herzinfarkt vorbeugen

Geschichtliches und Wissenswertes: Der japanische Ginkgo-Baum ist einer der widerstandsfähigsten und ältesten Bäume überhaupt, er hält Smog, Hitze, Pilzen und Viren stand und überlebt als einer der wenigen Pflanzen sogar die New Yorker Innenstadt oder Atombomben (Hiroschima), auch Goethe ehrte ihn einst mit einem Gedicht.

Nebenwirkungen: Kopfschmerzen, Schwindel, Übelkeit oder allergische Hautreaktionen sind möglich, aber sehr selten, wenn richtig dosiert

Kontraindikationen: krankhaft erhöhte Blutungsneigung und vor Operationen, da Ginkgo blutverdünnend wirkt.

Wird gerne kombiniert mit: Knoblauch, Curcuma, Brennnessel, Ingwer, CBD-Produkten

GINSENG

(Panax ginseng)

Arzneibezeichnung: Ginseng radix
Pflanzenfamilie: Araliengewächse (Araliaceae)
Verwendete Teile: Wurzel
Erntezeitpunkt: Herbst

Wirkstoffe: Triterpene (Saponine), ätherisches Öl, Phytoöstrogene und Phytotestosteron, Bitterstoffe, Polysaccharide

Eigenschaften: immunmodellierend (ausgleichend), stoffwechselaktivierend, generell aktivierend und stärkend, antioxidativ und muskelkräftigend, rekonvaleszierend, wirkt corticoid (cortisonähnlich).

TCM-Wirkung: leicht warm und süß, etwas bitter. Qi, Xue sowie Yin- und Yang-Tonikum, stärkt die Essenz und die Körperflüssigkeiten, reguliert das Wei-Qi

Tagesdosis und Anwendungsmöglichkeiten: Einzelpräparte sind in der Tiermedizin selten, Fertigprärate: „Senior-Fit-Saft“ und „Immunvitalsaft“ von Ewalia und im „Kolsal Herbal“ und „Regenerat“ sowie im „Zellschutz Anti-Stress“ und „Epi-Dog“ von PerNaturam.

Indikation Hund: Schwächezustände und chronische Leiden, die an den Kräften zehren, Fruchtbarkeitsstörungen, Leistungseinbußen

Für den Menschen zudem hilfreich bei: Ginseng zählt zu den Adaptogenen (stresstoleranzerhöhend), die Wurzel hilft bei Anpassungsstörungen, Konzentrationsstörungen, Nervenschwäche, Libido-Mangel, Potenzschwäche, Burn-out und Depressionen. In den Wechseljahren kann sie ausgleichend auf den Hormonhaushalt wirken, darf aber nicht bei Östrogendominanz eingesetzt werden. Sie hilft auch bei Schlaflosigkeit und Nervosität.

Geschichtliches und Wissenswertes: Die Wurzel soll an eine Menschengestalt erinnern und veranschaulicht so die stärkende Gesamtwirkung auf das Leben, ihre Bezeichnung heißt frei übersetzt: „alles heilt mit der Menschenwurzel“, sie wurde schon vor 5000 Jahren entdeckt.

Die Ginseng-Wurzel hat Ähnlichkeit mit der **Taiga-Wurzel (Sibirischer Ginseng)**, sie ist fester Bestandteil der traditionellen chinesischen Medizin und sehr wertvoll und kostbar.

Nebenwirkungen: selten Hormonschwankungen, Durchfall und Bluthochdruck

Kontraindikationen: Östrogendominanz

Wird gerne kombiniert mit: Reishi und Cordyceps (Vitalpilze), Rosenwurz, Ashwaghanda, Jiaogulan

Die geschnittene und getrocknete Taiga-Wurzel.

GOLDRUTE, ECHTE

(Solidago virgaurea)

Arzneibezeichnung: Solidaginis herba
Pflanzenfamilie: Korbblütler (Asteraceae)
Verwendete Teile: obere blühende Teile der Pflanze
Erntezeitpunkt: August bis Oktober

Wirkstoffe: Saponine, Gerbstoffe, Bitterstoffe, Phenylglykoside, ätherisches Öl, Flavonoide (Rutin), Natrium

Eigenschaften: harntreibend und durchspülend, schleimlösend, wundheilend, entzündungshemmend, entkrampfend, schmerzlindernd

TCM-Wirkung: kühl und bitter. Beseitigt Nässe Hitze und Schleim, besonders aus dem Unteren Erwärmer, löst Qi-Stagnationen, stärkt das Nieren-Yin

Tagesdosis und Anwendungsmöglichkeiten: 300 mg pro kg Körpergewicht. Fertigpräparat: „Leber-Nieren-Saft" von Ewalia oder als gehacktes Einzelkraut der Firma Vettherm. Nur als Kur anwenden, nicht als Dauergabe geeignet. Wenn man regelmäßig Tees zur Durchspülung anwenden möchte, empfiehlt es sich, die harntreibenden Pflanzen abzuwechseln (Brennnessel, Birke, Schachtelhalm etc.), um den Gewöhnungseffekt zu verhindern.

Indikation Hund: Entzündung der ableitenden Harnwege, Blasensteine, Nierengrieß, rheumatische Beschwerden, Prostataerkrankungen und Hauterkrankungen, wie Ekzeme und Dermatitiden

Für den Menschen zudem hilfreich bei: Gicht, Reizblase, Neurodermitis

Geschichtliches und Wissenswertes: Bereits die Germanen nutzten diese Pflanze bei Hauterkrankungen bzw. schlecht heilenden Wunden. Es gibt derzeit Forschungen, ob sich die Goldrute zur Amalgamausleitung eignet.

Nebenwirkungen: keine bekannt

Kontraindikationen: Korbblütler-Allergie und Niereninsuffizienz, Ödeme durch Herzschwäche

Wird gerne kombiniert mit: Brennnessel, Sägepalme, Birkenblätter, Löwenzahn, Hauhechel

GRÜNLIPP-MUSCHEL

(Perna canaliculus)

Ursprung: Miesmuschelart
Verwendete Teile: Muschelfleisch (pulverisiert)

Wirkstoffe: Omega-3-Fettsäuren, Vitamin B 12, viele Mineralien und Spurenelemente, GAG´s (Glucosaminglykane)

Eigenschaften: Essentiell für die Knorpelbildung und gesundes Wachstum von Gelenken, entzündungshemmend, zellerneuernd

TCM-Wirkung: kalt und salzig, unterstützt das Nieren-Yin, beruhigt, klärt Hitze

Tagesdosis und Anwendungsmöglichkeiten: 0,5 bis 1,5 Gramm täglich, entweder als Pulver (z.B. von VetTherm) oder als pelletiertes Ergänzungsmittel. Enthalten in folgenden Fertigprodukten: „Perna Junior", „Adult" und „Senior" von PerNaturam oder als Einzelprodukt von Lunderland oder AniCanis.

Indikation Hund: vom wachsenden Junghund bis zum Senior unterstützt die Grünlippmuschel das gesunde Wachstum von Knochen, Bandscheiben und Gelenken, lindert Entzündungen bei akuter Arthritis, Fehlstellungen und Abnutzungserscheinungen. Bei Spondylosen, Rheuma, Bandscheibenvorfällen und Arthrosen lindert sie den degenerativen Prozess und hilft dagegen sogar prophylaktisch.

Für den Menschen zudem hilfreich bei: s.o.

Geschichtliches und Wissenswertes: Diese Muschel stammt aus Neuseeland und wird dort in großen Aquakulturen gezüchtet.

Der Wirkeintritt dauert bis zu 4 Wochen, daher ist eine längerfristige Einnahme anzuraten, auch Kuren von 10 Wochen 3-mal jährlich wirken prophylaktisch.

Neue, vielversprechende Forschungen beschäftigen sich mit der Wirksamkeit bei Asthma, bezüglich Zellerneuerung, doch noch ist nichts eingehend bestätigt.

Nebenwirkungen: wenn auf gute Qualität geachtet wird, ist mit keinen Nebenwirkungen zu

rechnen, bei Überdosierung können Blähungen, Magenschmerzen oder Übelkeit auftreten. Bei Kälte-Neigung unbedingt mit wärmenden Kräutern ergänzen (Anis, Kurkuma).

Kontraindikation: keine bekannt

Wird gerne kombiniert mit: Chondroitin(-sulfat) – ist ebenfalls ein Gelenknährstoff und Bestandteil von Gelenkknorpeln, der über die Nahrung zugeführt werden sollte, besonders bei Problemen mit den Bandscheiben und mit **Hyaloronsäure** – ebenfalls ein Füll-Bestandteil des Bindegewebes und der Synovia (Gelenkschmiere) mit vielen GAG´s, hält das Gewebe beweglich und strafft zudem die Haut.

Auch Hagebutte, Teufelskralle, Weihrauch, Mädesüß, Weidenrinde, Lecithin mit Kieselgur (von PerNaturam, für starke Sehnen, Bänder, gesunde Haut und Haare) und Algenkalk sind gute Ergänzungen.

GUNDERMANN

(Glechoma hederacea)

Arzneibezeichnung: Glechomae herba
Pflanzenfamilie: Lippenblütler (Lamiaceae)
Verwendete Teile: das ganze Kraut
Erntezeitpunkt: Frühling

Wirkstoffe: Ätherisches Öl, Flavonoide, Terpenoide, Bitterstoffe, Gerbstoffe, Saponine

Eigenschaften: schleimlösend, steinlösend, wundheilend, keimhemmend, entzündungshemmend, entgiftend, stopfend, appetitanregend, harnsäurelösend

TCM-Wirkung: warm, bitter und leicht sauer. Vertreibt Feuchte aus Lunge, Dickdarm und dem unteren Erwärmer und aktiviert das Wei-Qi und löst Stagnationen.

Tagesdosis und Anwendungsmöglichkeiten: Das frische Kraut im Frühjahr als gehacktes Kraut (1 TL bis 1EL) mit heißem Wasser übergießen und 10 Minunten ziehen lassen, warm über das Futter geben oder eine Tinktur mit mind. 40 % Alkohol ansetzen und tropfenweise verabreichen.

Indikation Hund: stinkender und schleimiger Durchfall, schleimiger bis eitriger Husten, Appetitlosigkeit, Fettverdauungsstörungen, eitrige Pickel und Abszesse

Für den Menschen zudem hilfreich bei: Sinusitis (Nasennebenhöhlenvereiterung)

Geschichtliches und Wissenswertes: Der Gundermann oder auch Gundelrebe genannt ist eine alte germanische Zauberpflanze und heißt im Volksmund: „Herr des Eiters", da die Bezeichnung „Gund" Eiter bzw. giftige Körpersäfte bedeutet, er solle auch „die Milz öffnen" und damit die Lymphe in Bewegung bringen und Trübsal vernichten. Büchsenmacher verwendeten ihn traditionell zur Bleiausschwemmung, auch heute wird er in der Naturheilkunde zum Ausleiten von Giften und Schwermetallen im Frühjahr genutzt.

Nebenwirkungen: keine bekannt

Kontraindikationen: keine bekannt

Wird gerne kombiniert mit: Löwenzahn, Brennnessel, Vogelmiere, Sauerampfer, Giersch

HAFER, GRÜN

(Avena sativa)

Arzneibezeichnung: Avenae fructus, (Körner) Avenae stramentum (Halme und Blätter)
Pflanzenfamilie: Süßgräser (Poaceae)
Erntezeitpunkt: Frühsommer und Sommer
Verwendete Teile: Früchte/Körner und grüne Halme

Wirkstoffe: Eiweiß, Kohlenhydrate, Phytoöstrogene, Kieselsäure, Linolsäure, Flavonoide, fettes Öl, B-Vitamine, Mineralien

Eigenschaften: mild sedativ, schlaffördernd, stressabbauend, leicht diuretisch, cholesterinsenkend, nährend

TCM-Wirkung: neutral (Halm und Blätter, warm (Korn/Frucht) und leicht süß. Qi-Tonikum, Shen beruhigend, nährt das Nieren-Qi und stärkt Milz und Magen, nährt das Herz-Xue

Tagesdosis und Anwendungsmöglichkeiten: Als Haferkleie zum Futter oder pur geben, gerne warm. Es gibt auch die Möglichkeit, grünen Hafer-Tee herzustellen, der über den Tag verteilt in das Trinkwasser gegeben wird.

Indikation Hund: Unruhe, schlechte Stresstoleranz, Herzschwäche, Angst

Für den Menschen zudem hilfreich bei: ADHS, Herzflattern mit Unruhe, Schlaflosigkeit in der Menopause, Trägheit tagsüber, Anorexie, Muskelschwäche

Geschichtliches und Wissenswertes: Ein Haferbad mit Honig galt schon früh als beruhigendes Schönheitsbad, das entsäuernd, kühlend und juckreizstillend war, in schlechten Zeiten galt Hafer als Kraft-Mahlzeit für schwache und kränkliche Kinder.

Nebenwirkungen: Östrogendominanz

Kontraindikation: Durch enthaltenes Gluten bei Zöliakie nicht geeignet.

Wird gerne kombiniert mit: Lavendel, Melisse, Hopfen, Passionsblume

HAGEBUTTE

(Rosa canina)

Arzneibezeichnung: Rosae pseudofructus (Hagebuttenschale) cum fructibus (gesamte Hagebutte)
Pflanzenfamilie: Rosengewächse (Rosaceae)
Verwendete Teile: Früchte
Erntezeitpunkt: September bis Dezember

Wirkstoffe: Vitamin C (auch B und K), Carotinoide, Pektine, Apfelsäure, Gerbstoffe, Triterpene, Flavonoide

Eigenschaften: entzündungshemmend, harntreibend, abführend, leicht schmerzlindernd und blutreinigend, stärkt das Immunsystem

TCM-Wirkung: kühl und süßlich, etwas sauer, etwas bitter. Stärkt das Wei-Qi, kühlt toxische Hitze, lindert Bi-Syndrome, stärkt das Nieren-Yin, nährt das Xue

Tagesdosis und Anwendungsmöglichkeiten: Als Pulver in einer Tagesdosis von 1,5–5 Gramm von vielen Firmen erhältlich, z.B. von PerNaturam als reines Hagebuttenpulver, aber auch in vielen anderen Ergänzungsfuttermitteln wie z.B.: „Komplement Basis“, „Junior“, „Natal“ und „Sensitiv“, im „30er Kräutergarten“, „Bauerngarten rot“, „WermExil“, „Roter Pointer“, „Zellschutz Anti-Stress“ und im „Regenerat“ sowie in den Mischungen für einen gesunden Bewegungsapparat „Perna Junior, Adult und Senior“. Hagebuttenschalen können auch in ein Oxymel gegeben werden.

Indikation Hund: Abwehrschwäche, Arthritis und andere akute Knochenprobleme, Harnwegsentzündungen, Wundheilungsstörungen mit Eiterneigung, Blutungsneigung, Magenfeuer, Mandelentzündung, Gereiztheit

Für den Menschen zudem hilfreich bei: starker und schmerzhafter Menstruation, schlechte Spermaqualität, Fibromyalgie.

Geschichtliches und Wissenswertes: Sie wird auch Hundsrose genannt und ist oft Bestandteil von Früchtetees und Marmeladen, wichtig ist die Entfernung der haarigen Kerne im Inneren, die auf der Haut für Juckreiz sorgen können. Getrocknet sind die Früchte lange haltbar, bleiben jedoch auch im Winter häufig an den Sträuchern fest und können so in der kalten Jahreszeit, wenn das Immunsystem sowieso Unterstützung braucht, frisch geerntet werden.

Nebenwirkungen: keine bekannt

Kontraindikationen: keine bekannt

Wird gerne kombiniert mit: Brombeeren, Blaubeeren, Spirulina, Grünlippmuschel und Seealgen

HANFSAMEN, HANFÖLE UND CBD-ÖL

Arzneibezeichnung: Cannabis semen (Samen) und Cannabis oleum (Hanföl)
Pflanzenfamilie: Hanfgewächse (Cannabaceae)
Verwendete Teile: Samen (Nüsse) und das Press-Öl daraus

Wirkstoffe: THC frei, da Pflanzensorten gewählt werden, ohne den berauschenden Zusatzstoff. Reich an Omega-3- und Omega-6-Fettsäuren, Linolsäure, Ballaststoffe (Samen), Eiweiß, Vitamine A, B, D und E, etwas Phytoöstrogene

Eigenschaften: Hanfsamen: nährend und kräftigend, entzündungshemmend, Nerven regenerierend, Blutfluss verbessernd, Blutfette senkend, wundheilungsfördernd, Haut verbessernd. **Hanf-Öle:** Juckreiz lindernd, beugt Ekzemen vor, entzündungshemmend, befeuchtet trockene Haut, macht glänzendes Fell. **CBD-Öl-Tropfen:** beruhigend, angstlösend, antidepressiv, neuroprotektiv, muskelentspannend, schlaffördernd, spasmolytisch, wirken gegen Herpes-Viren, entzündungshemmend, schmerzlindernd

TCM-Wirkung: neutral bis kühlend, süß. Yin Tonikum und den Geist beruhigend, lindert Bi-Syndrome und Qi-Stagnationen. Nährt das Herz, die Lunge und die Nieren, kühlt und nährt das Xue

Tagesdosis und Anwendungsmöglichkeiten: Hanfsamen: 2,5–10 Gramm, frisch gemörsert über das Futter geben, Bio-Hanfsamen ungeschält aus dem Reformhaus. **Hanf-Öl:** ½ TL bis 2 EL über das Futter, Produkt von PerNaturam zum Beispiel, **CBD-Öl:** 4 bis 5 % und 1 bis 4 Tropfen täglich über das Futter, von CBD „Vital Vet“ oder aus der Apotheke

Indikation Hund: Hanfsamen: schlechte Muskulatur, Abmagerung, Schwäche, Konditionsverlust, Eiweißmangel, Blutarmut, schlechte Haut und dauernder Haarverlust, Fruchtbarkeitsstörungen, schlechte Blutfettwerte (Triglycerine), Nervenkrankheiten.

Hanf-Öl: Juckreiz und Ekzeme, schlechte Wundheilung, ständiges Haaren, chronische oder allergische Hauterkrankungen, Herzgefäßerkrankungen

CBD-Öl: Ängstlichkeit, Unruhe, Nervenschmerzen, Arthrose-Schmerzen, Krebsschmerzen, Krämpfe

Für den Menschen zudem hilfreich bei:
Hanfsamen: Für Sportler ein Muss, da (fast) besser als jeder Eiweißshake, gute Begleitung bei einer Diät, da die Blutfette gesenkt werden und Eiweiß die Muskulatur stärkt, außerdem empfehlenswert bei allen Hautkrankheiten und Immunschwäche **CBD-Öl:** Depression, Panikattacken, Gedanken-Karussell, Multipler Sklerose, Asthma, Muskelspasmen und allgemeiner Angespanntheit, Migräne, Schilddrüsenentzündungen (Hashimoto-Schub) sowie Schlafstörungen und chronischen Schmerzen, auch begleitend bei Krebstherapien. (In der Humanmedizin kann auch zehnprozentiges CBD genutzt werden, bitte in der Apotheke bestellen!)

Nebenwirkungen: Bei Überdosierung kann es zu Schläfrigkeit, verminderter Muskelkraft oder Herzrasen mit starker Unruhe kommen (CBD-Öle).

Kontraindikation: Herzerkrankungen (bitte Rücksprache mit dem Tierarzt). Beim Menschen außerdem schwere Depressionen mit Suizid-Gefahr

HAUHECHEL

(Ononis spinosa)

Arzneibezeichnung: Ononidis radix, floris
Pflanzenfamilie: Schmetterlingsblütler (Fabaceae)
Verwendete Teile: Wurzel, selten ganzes Kraut
Erntezeitpunkt: Wurzel von September bis Oktober

Wirkstoffe: (Iso-)Flavonoide, Triterpene, etwas ätherische Öle, wenig Phytoöstrogene (Isoflavone), Gerbstoffe

Eigenschaften: harntreibend und durchspülend, ohne die Nieren zu reizen, blutreinigend, steinlösend, entzündungshemmend

TCM-Wirkung: kühl und leicht bitter, hilft den Nieren und der Lunge, stärkt das Herz, löst Qi- und Xue-Stagnationen

Tagesdosis und Anwendungsmöglichkeiten: 1–5 Gramm täglich (oder als Tee) über das Futter geben. Nur als Kur und nicht zur Dauergabe geeignet.

Indikation Hund: Blasenentzündung, Nieren- und Blasengries, zur Nierenentlastung

Für den Menschen zudem hilfreich bei: s.o.

Geschichtliches und Wissenswertes: Das Wort „Onos" heißt im Griechischen „Esel". Möglicherweise hat die Pflanze daher ihren Namen, da sie einen leichten „Eselgeruch" verströmt oder weil oft Esel dabei beobachtet wurden, wie sie im Frühjahr mit Vorliebe junge Triebe des Hauhechels gefressen haben.

Nebenwirkungen: keine bekannt

Kontraindikation: Herzkrankheiten mit Ödem-Neigung

Wird gerne kombiniert mit: Goldrute, Katzenbart, Brennnessel, Liebstöckel, Petersilie oder Birke

HEIDELBEERE

(Vaccinium myrtillus)

Arzneibezeichnung: Myrtillii folium, fructus
Pflanzenfamilie: Heidekrautgewächse (Ericaceae)
Verwendete Teile: Blätter und Früchte
Erntezeitpunkt: Sommer, ab Juli

Wirkstoffe: Blatt: Gerbstoffe, Astragalin, organische Säuren, **Frucht:** Flavonoide, Triterpene, Glykoside, Vitamine (besonders: C und B2, B5), Gerbstoffe, Fruchtzucker

Eigenschaften: Blatt: stopfend, zusammenziehend, antiseptisch. **Frucht frisch**: verdauungsanregend, entzündungshemmend, blutreinigend und nährend, Gefäße schützend, Herz stärkend, antioxidativ. **Frucht getrocknet**: stopfend, zusammenziehend, entzündungshemmend, Schleimhaut schützend und das Gedächtnis verbessernd

TCM-Wirkung: Blatt: neutral und bitter, leitet Nässe-Hitze aus Dünn- und Dickdarm, hebt das Qi, löst Stagnationen, ebenso die **getrocknete Heidelbeere**, die zudem trocknend ist. **Frische Heidelbeere:** kühl und süßsauer, etwas bitter. Klärt Bluthitze, befeuchtet den Darm, reguliert und nährt Leber-Xue, bewegt Qi, leitet Nässe aus.

Salbei, Rosmarin, Lavendel, Oregano, Melisse, Heidelbeeren und Thymian, alles frisch aus meinem Garten. Eine kleine Hausapotheke, frisch, leicht kultivierbar und riecht oder schmeckt zudem fantastisch.

Tagesdosis und Anwendungsmöglichkeiten: **Blatt:** 0,5–2 Gramm als Tee oder gehackte Kräuter unter das Futter geben, Produkt als Einzelkraut von VetTherm, ebenso die **getrockneten Früchte**, die auch unter das Futter gemischt werden. Die **frische Frucht** kann regelmäßig, 3- bis 4-mal die Woche in kleinen Portionen (2 bis 15 Beeren) als Leckerchen gegeben werden.

Indikation Hund: getrocknete Frucht und Blätter: bei akuter Diarrhoe, auch entzündliches Geschehen, Brechreiz, Fäulnisbakterien, die zu einer Gastroenteritis führen. **Frische Beeren/Früchte:** Verstopfung, rezidiver Wurmbefall (vorbeugend), gerötete Haut und Augen, Unruhe, Durchblutungsstörungen, Müdigkeit

Für den Menschen zudem hilfreich bei: getrocknete Beeren und Blätter: Morbus Crohn, Reizdarm, Entzündungen der Schleimhäute (Tee-Kompresse), **frische Beeren:** Antriebslosigkeit, Nachtblindheit, trockene Augen, Lichtempfindlichkeit, übermäßiges Schwitzen

Geschichtliches und Wissenswertes: Die Studienlage gibt inzwischen her, dass die Heidelbeere wirksam gegen Venenstauungen, Venenentzündungen, Herz-Kreislauferkrankungen, Demenz, Alzheimer, Krebs und chronische Darmentzündungen ist, ebenfalls verbessert sie die Insulinempfindlichkeit. Zu verdanken ist das dem blauen Farbstoff (Anthocyane).

Nebenwirkungen und Kontraindikationen: frische Heidelbeeren verursachen in größeren Mengen Durchfall, trockene Früchte verursachen in größeren Mengen Verstopfung.

HEILERDE; HEILMOOR, KOHLE UND ZEOLITHE

Wirkstoffe: Heilerde (Tonerde): Dolomit, Quarz, Kieselsäure, Tonminerale, Silikate, Feldspat, Kalk, viele Mineralien und Spurenelemente. **Zeolith:** Vulkanischen Ursprungs, ein Siliziummineral mit anderer grober Oberfläche. **Moor**: flüssige Phyto-Mikromineralien und Huminsäuren sowie Mineralien und Spurenelemente. **Medizinische Kohle** ist eine Aktivkohle, die meist aus Nussschalen hergestellt wird.

Eigenschaften: Heilerde: bindet Wasser und Magensäure, liefert Mineralien und Spurenelemente, entzündungshemmend. **Zeolith:** durch die gröbere Oberfläche stärker entgiftend, hemmt Keimbildung und Gase, entzündungshemmend. **Moor:** wirkt ähnlich wie eine Darmsanierung, liefert wichtige Mineralien und Spurenelemente. **Kohle**: schleust Gifte sehr sicher und schnell aus dem Magen-Darmtrakt, wirkt stark stopfend.

Tagesdosis und Anwendungsmöglichkeiten: Heilerde: ½ TL bis 2 TL pro Tag über das Futter geben, kann leicht angefeuchtet werden. Nur im Akutfall, nicht länger als 7 Tage am Stück. „Luvos Heilerde fein gegen Sodbrennen“ ist bei Magenproblemen angezeigt, die Kapselform eignet sich bei Darmproblemen. **Zeolith**: Dosierung und Anwendung wie Heilerde, die Firma Waldkraft bietet dieses Produkt an. **Moor**: 1 ml pro 1 kg Körpergewicht, Produktempfehlung: Sonnenmoor. Als Kur nicht länger als 4 bis 6 Wochen verabreichen, auch im „KoProStop“ von PerNaturam enthalten (gegen Kotfressen und bei gestörter Darmflora) **Kohle:** 1 Gramm (!) pro 1 kg Körpergewicht, zähflüssig (in wenig Wasser auflösen) über das Futter geben. Vorsicht: Stark stopfend, bei Vergiftungsverdacht in Kombination mit Abführmitteln verabreichen.

Indikation Hund: Heilerde: Sodbrennen (exzessives Grasfressen, Schmatzen, dauerndes Belecken von Gegenständen oder Erde), Durchfall, versuchsweise bei Kotfressen. **Zeolith:** Zur Entgiftung, Bindung von eigens im Darm gebildeten Giftstoffen, bei entzündlichem Darmgeschehen, wie IBD oder Nahrungsmittelunverträglichkeiten. **Moor:** Darmsanierung bei zu Durchfall neigenden Hunden, Immunschwäche und Hautproblemen. **Kohle:** Vergiftungsverdacht, Aufnahme von giftigen Substanzen

Nebenwirkungen: Überdosierung: Verstopfung bis Darmverschluss, bei zu langwieriger Einnahme kann es zu Nährstoffverlusten kommen, da die Heilerden auch wichtige Stoffe aus dem Körper schleusen. Daher nie mit Medikamenten oder anderen Nahrungsergänzungen geben.

Kontraindikationen: Darmverschluss, Verstopfung

HERZGESPANN

(Leonurus cardiaca)

Arzneibezeichnung: Leonuri cardiaceae herba
Pflanzenfamilie: Lippenblütler (Lamiaceae)
Verwendete Teile: das blühende Kraut
Erntezeitpunkt: obere Teile während der Blüte von Juli bis August

Wirkstoffe: Bitterstoffe, Flavonoide (Rutin), Glykoside, Gerbstoffe, Di- und Triterpene, ätherisches Öl

Eigenschaften: senkt die Herzschlagfrequenz, schwach blutdrucksenkend, beruhigend, angstlösend, entkrampfend, leicht entzündungshemmend

TCM-Wirkung: neutral, bitter und sauer, leicht scharf. Bewegt Qi und Xue, tonisiert das Herz- und Nieren-Qi, beruhigt Shen, nährt das Yin des Herzens und kühlt dadurch das Herzfeuer.

Tagesdosis und Anwendungsmöglichkeiten: Als Krautdroge und Teezubereitung (20–30 mg pro kg Körpergewicht) oder als Tinktur (ca. 1 Tropfen pro kg Körpergewicht) aus der Apotheke

Indikation Hund: nervöse Herzbeschwerden, Herzrasen, Schilddrüsenüberfunktion, unkontrollierbare Angst (versuchsweise als Zugabe zum Hundetraining)

Für den Menschen zudem hilfreich bei: Panikattacken, nervösem „Schilddrüsenherz“ (Beklemmungen, Hysterie, Herzflattern) und Kropf, Asthma, Bluthochdruck, Wechseljahresbeschwerden, ADHS, Schlaflosigkeit mit Herzklopfen und Unruhe, muskulären Verspannungen im Rücken durch Daueranspannung

Geschichtliches und Wissenswertes: „Gespann“ ist eine mittelalterliche Bezeichnung für „Krampf“ und die Vorsilbe „Leo“ bedeutet „Löwe“ und zielt auf die Ähnlichkeit der Pflanze mit einem Löwenschwanz ab.

Nebenwirkungen: keine bekannt (darf nicht überdosiert werden!)

Kontraindikationen: Trächtigkeit, da uterusbewegend)

Wird gerne kombiniert mit: Melisse, Hopfen, Baldrian, Lavendel, Mistel, Weißdorn und Wolfstrapp

HIMBEERE UND HIMBEERBLÄTTER

Arzneibezeichnung: Rubi idaei folium/fructus
Pflanzenfamilie: Rosengewächse (Rosaceae)
Verwendete Teile: Blätter und Früchte
Erntezeitpunkt: Sommermonate

Wirkstoffe: Blatt: Gerbstoffe, Kalzium, Eisen, Vitamin B, C, Karotin, Phytoöstrogene, **Frucht:** Gerbstoffe, Vitamin C, Kalium, Eisen, Magnesium, Pektin, Flavonoide (Rutin)

Eigenschaften: Blatt: zusammenziehend und trotzdem entkrampfend (je nach Wirkungsort), stopfend, entzündungshemmend, milchbildend. **Frucht:** entzündungshemmend, zellschützend, Immunsystem stärkend, blutreinigend, unterstützt Blutbildung, gefäßschützend. Die getrockneten Früchte haben eine ähnliche Wirkung.

TCM-Wirkung: Blatt: neutral bis kühl, bitter, leicht sauer. Stützen das Hebe-Qi der Milz, stärken den FK Lunge/Dickdarm, leiten toxische Nässe-Hitze aus. **Frucht:** kühl und sauer, leicht süß. Nähren und schützen das Xue, leiten Hitze aus, nähren das Nieren-, Leber- und Herz-Yin. Die getrocknete Frucht wirkt thermisch neutral.

Tagesdosis und Anwendungsmöglichkeiten: Blätter als Tee oder gehackt (0,5 bis 2 Gramm/Tag) unter das Futter geben. Früchte: 2 bis 10 Früchte, 3- bis 4-mal die Woche. Die Blätter und auch die getrockneten Früchte gibt es als Einzelprodukt von der Firma VetTherm und im Produkt „Natalen" von PerNaturam.

Indikation Hund: Blatt: wie alle gerbstoffhaltigen Blätter bei Durchfall und nässenden Hautausschlägen, Himbeerblätter helfen jedoch zusätzlich hervorragend zur Geburtsvorbereitung und in der Zeit nach der Geburt, da sie den Geburtsvorgang erleichtern und nachher die Milchbildung und Gebärmutterrückbildung unterstützen sollen. Sie wirken zudem durchblutungsfördernd, entzündungshemmend und entkrampfend. **Früchte:** Blutarmut, Hautekzeme und Juckreiz, Sehschwäche, Verstopfung, Blasenentzündung, Schleimhautentzündungen.

Für den Menschen zudem hilfreich bei: Venenentzündung, Hämorrhoiden (Sitzbad aus Blätter-Tee), Wechseljahresbeschwerden, Beckenbodensenkung, begleitend in der Krebstherapie

Geschichtliches und Wissenswertes: Schon seit der Steinzeit ist die Himbeere ein bekanntes Heilmittel, besonders in der Frauenheilkunde.

Im Buch „Der Krebs mag keine Himbeeren" von Dr. med. Richard Béliveau wird auf die krebshemmende Wirkung der Himbeere eingegangen.

Nebenwirkungen: keine. Große Mengen frischer Früchte können jedoch Bauchweh oder Durchfall verursachen, die Blätter sollten wegen der Gerbstoffe nicht zusammen mit anderen Medikamenten genommen werden.

Kontraindikation: Die Blätter sollten nur im letzten Drittel der Trächtigkeit eingenommen werden (phytoöstrogenartige und durchblutungsfördernde Wirkung), dafür dann aber regelmäßig, um den Geburtsvorgang zu erleichtern.

Wird gerne kombiniert mit: Frauenmantel und Schafgarbe

HIRTENTÄSCHEL

(Capsella bursa-pastoris)

Arzneibezeichnung: Bursae pastoris herba
Pflanzenfamilie: Kreuzblütengewächs (Brassicaceae)
Verwendete Teile: das ganze Kraut
Erntezeitpunkt: in der Blüte von Mai bis Juni

Wirkstoffe: Flavonoidglykoside (Rutin), hoher Gehalt an Aminosäuren und Eiweißen, Vitamin C, Triterpene, Gerbstoffe, Kalzium und Kalium, Eisen, Senfölglykoside

Eigenschaften: lokal blutstillend und gefäßzusammenziehend, gebärmutterkontrahierend, beruhigend

TCM-Wirkung: kühl, bitter und leicht scharf, etwas salzig. Trocknet, bewegt und kontrolliert Xue, klärt Feuer, kräftigt das Hebe-Qi, festigt Nieren-Qi, stärkt das Herz-Yin und beruhigt die Leber

Tagesdosis und Anwendungsmöglichkeiten: Das frische Kraut (1 TL) oder getrocknet und gemahlen (1/2 bis ein gestrichener TL) als Einzelkraut oder Tee über das Futter geben, lokal auch äußerlich als Kompresse anzuwenden.

Indikation Hund: lokale Blutungen nach Zahnextraktion oder oberflächlichen Verletzungen, die wenig, aber stetig bluten, Darmentzündungen, Hornhauttrübung, Glaukom

Für den Menschen zudem hilfreich bei: Zwischenblutungen, zur Wehen-Anregung, nach der Geburt zur Rückbildung und Stillen der Blutung, starker und schmerzhafter Menstruation (unbedingt ärztlich abklären lassen!), Myomen, Scheidenpilz, vorzeitigem Samenerguss, Hämorrhoiden, Kolitis, Nasenbluten, blutenden Geschwüren der Haut, nachlassender Sehfähigkeit.

Geschichtliches und Wissenswertes: Die Schötchen der Pflanze sollen einer Hirtentasche ähneln, daher ihr Name: „bursa“ heißt Tasche und „pastor“ Hirte.

Der Hirtentäschel beinhaltet ein Protein, welches dem Oxytocin sehr ähnelt. Es stillt die Blutungen nach der Geburt und fördert den Milchfluss und die Bindung zwischen Mutter und Kind. Auch bekannt als „Kuschelhormon“.

Nebenwirkungen: keine

Kontraindikationen: Trächtigkeit

Wird gerne kombiniert mit: Schafgarbe, Eichenrinde, Majoran

HOLUNDER

(Sambucus nigra)

Arzneibezeichnung: Sambuci flos, folium, cortex, fructus
Pflanzenfamilie: Moschuskrautgewächs (Adoxaceae)
Verwendete Teile: Blüten, (Blätter, Rinde) und Beerenfrüchte (gekocht)
Erntezeitpunkt: In der Blüte von Mai bis Juli

Wirkstoffe: Blüten: Flavonoide, ätherisches Öl, Triterpene, Gerbstoffe, Schleimstoffe. **Beeren:** viel Anthocyane und andere Flavonoide, Beta-Carotine, ätherische Öle, Zucker, Fruchtsäuren Vitamine (A, B und C), Folsäure, Gerbstoffe, Kalzium, Kalium

Eigenschaften: Blüten: schweißtreibend, fiebersenkend, entgiftend (über Schweißdrüsen – beim Hund eher schwierig natürlich), stärkt die Abwehrkräfte, entzündungshemmend, schleimlösend. **Beeren:** schweißtreibend, antiviral, regenerieren die Zellen, antiallergisch, beruhigend, entwässernd, krebswidrig, stärken die Sehkraft. Zusammen eine Wunderwaffe gegen jede Form von Grippe und deren Begleiterscheinungen.

TCM-Wirkung: beide: kühl und leicht scharf, bitter und etwas süß, die Beere auch leicht sauer. Stärken das Wei-Qi, die FK Lunge und Niere, unterstützen die Bildung des Xue, öffnen die Oberfläche, bewegen Qi, leiten Flüssigkeiten ab und aus, kühlen Blut-Hitze und vertreiben Wind

Tagesdosis und Anwendungsbeispiele: Holunderblütentee oder Sirup kann dem Hund löffelweise verabreicht werden, der haltbar gemachte Sirup hat besonders im Winter vorteilhafte Auswirkungen auf das Immunsystem. Für die Herstellung sollte allerdings etwas weniger Zucker eingesetzt werden, als wir für uns verwenden würden. **Für die Beeren gilt: Nur gekocht verabreichen, rohe Holunderbeeren sind giftig für Hunde.** Getrocknet sind diese dennoch im Handel für Hunde, hier bitte maximal 5–10 Beeren gehackt (besser einmal abgekocht, auch wenn das Vitamin C dadurch etwas gemindert wird) in das Futter geben. Der Vitamin-C-Gehalt ist großartig, leider enthalten die Beeren auch das „giftige" Blausäure Glykosid Sambucyanin.

Indikation Hund: Immunschwäche, virale Infekte, Erkältungen, auch mit Schleimansammlung, Hitze in der Haut (Entzündungen), Neigung zu Steinbildung in der Blase

Für den Menschen zudem hilfreich bei: Unruhe, Windpocken, Masern, Nervenschmerzen. Beerensirup zusätzlich: Anämie

Geschichtliches und Wissenswertes: Der „Holler", geweiht der germanischen Göttin „Holla", war bekannt als Schutzpatron des Hauses. Man pflanzte ihn selten selber, feierte es aber ausgelassen, wenn sich dieser von selbst am Haus ansiedelte. Jeder zog sogar stets den Hut vor ihm, wusste man doch um seine enorme Heilkraft gegen Fieber und Schwäche. In neuen Studien zeigte sich die großartige Wirkung gegen Influenzaviren und auch Herpes-Viren. Ähnlich den Heidelbeeren besitzt der Holunder auch reichlich Anthocyane (blauer Farbstoffe – Flavonoide) und wirkt ähnlich heilsam bei Herz-Kreislauf-Erkrankungen, Entzündungen, Krebs und Augenleiden.

Die seltener verwendete Rinde wirkt stark harntreibend und zusammenziehend, die Blätter eher blutreinigend.

Nebenwirkungen: keine bekannt, sofern gekocht verabreicht

Kontraindikationen: keine bekannt

Wird gerne kombiniert mit: Ingwer, Kurkuma, Ampfer, Lindenblüte, Weide, Eisenkraut

HONIG (MEL), PROPOLIS UND MANUKA HONIG

Honigsorten:

1. Den normalen, aber kaltgeschleuderten oder rohen Honig, bevorzugt aus Deutschland (deutscher Imkerbund e.V.), gibt es in einer Vielzahl von Sorten, hier ein paar Beispiele:

- *Rapshonig* (hell, mild, enthält wenig Säuren, reizlindernd)
- *Akazienhonig* (hier in Deutschland eher von Robinien) (goldfarben, klar und flüssig, normal süß)
- *Heidehonig* (dunkel, aromatisch, fest, „heimischer Manuka-Honig, da antibakteriell und antibiotische Wirkung)
- *Linde- und Lindenblütenhonig* (goldgelb, würzig, antiseptisch und beruhigend)
- *Waldhonig* (Tanne, Fichte) dunkel, aromatisch, eher flüssig, enthält viele Mineralien und Enzyme und ätherische Öle, wundheilend, auswurffördernd, hoher glykämischer Index)
- *Fenchelhonig* (Rarität – flüssig, aromatisch, dunkel)
- *Obstblüte, ähnlich wie Frühtracht oder Wildblumenhonig, auch Sommerblütenhonig* (flüssig, von hell bis dunkelgoldgelb, aromatisch, cremig)
- *Löwenzahnhonig* (goldfarben und cremig, stoffwechselanregend)
- *Thymian-, Rosmarin- und Salbeihonig* (dunkler, flüssig, sehr aromatisch, ätherische Öle und wirkt antibakteriell)

Für Hunde geeignet sind die eher etwas flüssigeren, dunklen Sorten, da hier weniger Glukose (Traubenzucker), aber mehr Fruktose (Fruchtzucker) und oft ätherische Öle enthalten sind. Zudem lassen sich Medikamente, Pulver und Kräutermischungen besser in flüssige Sorten einrühren. Hier denke ich besonders an den Kurkuma-Honig, den ich zum Beispiel gerne mit Akazienhonig herstelle.

Tagesdosis und Anwendungsmöglichkeiten: Honig kann zur Vorbeugung von Krankheiten 2- bis 3-mal wöchentlich gegeben werden, entweder als Superbelohnung direkt vom Löffel oder über das Futter (1 TL reicht). Auch als „Durchfallstopp" zusammen mit Heilerde und geriebenem Apfel und einer Messerspitze Kurkuma. Äußerlich auch zum Auftragen auf die Haut geeignet. Zweiter wichtiger Bestandteil des **Oxymel** (siehe hinten im Buch unter „Immun-Booster").

Wirkstoffe: Zucker (Schwankungen im Verhältnis Traubenzucker und Fruchtzucker), Enzyme, ätherische Öle, Mineralien, Spurenelemente, Aminosäuren, Vitamine, Flavonoide

Eigenschaften: wirkt antibiotikaähnlich: antibakteriell, antimykotisch (pilzwidrig), antiviral, wundheilungsfördernd, beruhigend, Immunsystemstärkend, da anregend auf die Bildung der weißen Blutkörperchen (Leukozyten), erhöht das gute Cholesterin (HDL) und senkt das schlechte (LDL), vermindert Blutfette (Triglyceride), stimuliert die Funktion der Eierstöcke, kräftigt die Ausdauer, verbessert den Hautzustand.

TCM-Wirkung: neutral und süß, tonisiert Qi und Xue, nährt das Yin, stärkt Wei-Qi, leitet Hitze und Toxine aus, beruhigt den Geist, nährt alle Säfte

Indikation Hund und Mensch: Schwäche, Muskelschwund und Kurzatmigkeit, schlechte Wundheilung, Entzündungen aller Art, besonders der Haut und Schleimhäute wie Abszesse, Geschwüre, Ekzeme, schwache Mitte (Verdauungsstörungen, die mit schlechter Verwertung einhergehen), Obstipation, Durchfall

2. Propolis: Harz bzw. Kittharz wird von den Bienen zum Versiegeln von Rissen oder zur Verkleidung der Wände im Bienenstock hergestellt. Es wird meistens in Kapselform angeboten (flüssige Varianten gibt es auch) und zum Futter gegeben.

„Propolis" bedeutet: Verteidigung der Stadt. Es wirkt gegen jegliche Feinde, wie Bakterien, Viren, Pilze und anderes Schädliche. Es wird innerlich eingenommen oder in Salben und Tinkturen angewendet, zum Beispiel: PerNaturam „Kräuter-Balsam Salbe“ oder „Bio-Koriander-Propolis-Öl“ sowie von Anibio „Propoliskapseln“.

3. Manuka-Honig: Der König unter den Honig-Sorten, mit Ursprung Neuseeland oder Australien. Er wird aus dem Blütennektar des Manukastrauches gewonnen, dieser ähnelt dem Teebaum. Manuka-Honig sagt man nach, dass er besonders wirksam gegen Bakterien wäre, auch gegen multiresistente (Krankenhaus-) Keime. Besonders wirksamer und hoher Bestandteil: Methylglyoxal (MGO).

Mit Öl verdünnt und leicht erwärmt wird in vielen Büchern tropfenweise das Eingeben bei Mittelohrentzündungen empfohlen oder zum Einreiben bei Entzündungen des äußeren Gehörgangs genutzt.

Nebenwirkungen: keine, sofern nicht überdosiert. Roher Honig sollte nicht Kleinkindern oder Hunden unter einem Jahr verabreicht werden, wegen der möglichen Gefahr von Clostridien Befall (Botulismus).

Kontraindikationen: Allergien gegen Blüten und andere Bestandteile, aus denen der Honig hergestellt wird.

(Es wird diskutiert, ob nicht der Honig zur Desensibilisierung geeignet ist, da zum Beispiel täglich ein Teelöffel Löwenzahnhonig eingenommen, die Allergie gegen Korbblütler „löschen“ soll. Ich starte gerade den Selbstversuch und werde auf meinen Kanälen berichten.)

HOPFEN

(Humulus lupulus)

Arzneibezeichnung: Lupuli strobulus
Pflanzenfamilie: Hanfgewächse (Cannabaceae)
Verwendete Teile: weibliche Zapfen und Triebspitzen
Erntezeitpunkt: August bis September

Wirkstoffe: Bitterstoffe (Harze, Lupulon und Humulon), ätherisches Öl, Gerbstoffe, Flavonoide, Mineralstoffe, Phytoöstrogene

Eigenschaften: sedierend, muskelentspannend, schlaffördernd, verdauungsanregend, dämpft sexuelle (männliche) Erregung

TCM-Wirkung: kühl und bitter-scharf. Klärt Hitze, beruhigt den Geist, nährt das Nieren- und Herz-Yin, wirkt Leber-Qi-Stagnation entgegen und reguliert die Herz-Nieren-Achse.

Tagesdosis und Anwendungsmöglichkeiten: 0,5–2 Gramm täglich über das Futter geben.

Auch in Teezubereitungen gerne angenommen. Fertigarzneien: Ewalia „Nervensaft" und als Einzelkraut bei VetTherm.

Indikation Hund: Unruhe, Nervosität, nächtliches Umherlaufen, Ängste und geringe Stresstoleranz, Appetitlosigkeit, zu starker Sexualtrieb

Für den Menschen zudem hilfreich bei: Wechseljahresbeschwerden, Burn-out-Syndrom und damit verbundenen Ängsten und Schlafstörungen, Überforderung und Nervosität, Melancholie, Appetitlosigkeit und nervösen Magenbeschwerden, Herzflattern

Geschichtliches und Wissenswertes: In der Forschung hat man kürzlich festgestellt, dass der Hopfen auch rheumatoide Arthritis lindert und die Metastasenbildung vieler Krebsformen in jeder Stufe hemmen kann.

Die östrogenhaltige Wirkung ist nicht zu unterschätzen. Daher ist bei Hormonschwankungen und Dysbalancen darauf zu achten. Der Hopfen im Bier hat auch bei Männern oft einige Nebenwirkungen, wie Bierbauch, Wachstum der Brüste und nachlassende Libido. Auch Frauen können durch viel Biergenuss zu Zyklusproblemen und Hormonschwankungen, wie auch Zwischenblutungen neigen. Achtung Brustkrebs! Die Dosis macht das Gift!

Nebenwirkungen: Hormonwirkung beachten! Beim Pflücken von frischem Hopfen kann es zu allergischen Reaktionen kommen.

Kontraindikation: siehe oben. Außerdem kann Hopfen Depressionen verstärken.

Wird gerne kombiniert mit: Melisse, Lavendel, Passionsblume, Johanniskraut, Baldrian, grünem Hafer

INGWER

(Zingiber officinale)

Arzneibezeichnung: Zingiberis rhizoma
Pflanzenfamilie: Ingwergewächse (Zingiberaceae)
Verwendete Teile: Wurzel
Erntezeitpunkt: Herbst (Pflanze sollte ca. 8 Monate alt sein)

Wirkstoffe: ätherische Öle (reichlich!), Scharfstoffe (u.a. Gingerol), Bitterstoffe, Schleimstoffe

Eigenschaften: verdauungsfördernd, appetitanregend, regt die Peristaltik im Magen-Darm-Trakt an, Gallefluss steigernd, stärkend und die Abwehrkräfte mobilisierend, brechreizlindernd, entzündungshemmend, erwärmend, antibakteriell, schleimlösend, leicht antiparasitär und schmerzlindernd

TCM-Wirkung: warm bis heiß und scharf, etwas bitter. Befreit die Oberfläche, stärkt das Yang, vertreibt Wind und Kälte, lindert Bi-Syndrome, stärkt die Lunge, die Milz und die Niere

Tagesdosis und Anwendungsmöglichkeiten: so wenig wie möglich, vorsichtig herantesten! Bis zu einer ½ Messerspitze als Pulver oder eine sehr dünne Scheibe frischen Ingwers über das Futter geben, nicht über einen längeren Zeitraum als 10–14 Tage verabreichen. Als trockene gehackte Wurzel und in der Mischung „Shen Yang Xu" bei VetTherm erhältlich.

Indikation Hund: chronische Gelenkschmerzen und Steifigkeit, arthrotische Veränderungen, schwache Verdauung und Blähungen, rezidivierender Wurmbefall, Reiseübelkeit, Kälteneigung mit Durchfall, Bauchkrämpfe, zu Beginn einer Erkältung, pathogener Befall von Helicobacter pylori

Für den Menschen zudem hilfreich bei: Reisekrankheit und ungewohntem Essen, Blähbauch, Schwindel, Kälteabneigung, Magensaftmangel und träger Verdauung, Halsschmerzen

und Frösteln. Eine Tasse Ingwertee vor dem Essen fördert den Appetit, eine Tasse nach dem Essen hilft der Verdauung, auch bei Schwangerschaftserbrechen oder Übelkeit durch Chemotherapien hilfreich. (Krebshemmende Wirkung von Ingwer vermutet, aber nicht bestätigt. Ebenso fehlen kräftigende Aussagen bezüglich Diabetes und grauem Star.)

Geschichtliches und Wissenswertes: In Indien ist der Ingwer schon lange als Arzneipflanze beliebt und über die ayurvedische Medizin hier bei uns bekannt geworden. Die Wurzel hatte es allerdings schon im späten Mittelalter über den Seeweg zu uns geschafft.

Nebenwirkungen: bei längerer oder zu hoch dosierter Einnahme kann es zu Magenschleimhautreizungen kommen.

Kontraindikationen: Gallensteine oder Sodbrennen

Wird gerne kombiniert mit: Weihrauch, Enzian, Wermut, Oregano

ISLAND MOOS

(Cetraria islandica)

Arzneibezeichnung: Lichen islandicus
Pflanzenfamilie: Flechtengewächse (Parmeliaceae)
Verwendete Teile: die ganze Pflanze
Erntzeitpunkt: darf nicht gesammelt werden, geschützte Art

Wirkstoffe: Schleimstoffe, Bittersäuren, Usnin, Vitamin A und B, Jod

Eigenschaften: hustenreizstillend, besonders lindernd bei trockenem Husten, entzündungshemmend, antibakteriell, leicht immunmodulierend

TCM-Wirkung: leicht kühl, schleimig bitter, leicht süß. Yin-Tonikum, bildet Xue, befeuchtet, leitet Hitze aus, stärkt FK Lunge

Tagesdosis und Anwendungsmöglichkeiten: 0,5 bis 2 Gramm zerkleinertes Kraut mit heißem Wasser übergießen und 10 Minuten ziehen lassen. Als Einzelkraut und in der Mischung „Fei Yin Xu" bei der Firma VetTherm erhältlich.

Indikation Hund: trockener Reizhusten, trockene Schleimhäute, chronische Lungenleiden mit Schleimhautschäden, versacktem festsitzendem Schleim, der nicht über die trockene Schleimhaut abtransportiert werden kann. Auch als Magenschutz bei Hitze und Entzündungen der Magenschleimhaut einsetzbar.

Für den Menschen zudem hilfreich bei: Umschläge sollen bei Akne und bei Neurodermitis helfen.

Geschichtliches und Wissenswertes: Island Moos ist gar kein Moos, sondern eine Flechte und ist auf der ganzen Welt verbreitet und dennoch selten zu finden.

Nebenwirkungen: nicht bekannt

Kontraindikation: Flüssigkeitsansammlungen und viel löslicher Schleim in der Lunge

Wird gerne kombiniert mit: Malve, MSM, Ulmenrinde (Magen)

JOHANNISKRAUT

(Hypericum perforatum)

Arzneibezeichnung: Hyperici herba, oleum
Pflanzenfamilie: Johanniskrautgewächse (Hypericaceae)
Verwendete Teile: Blüten, junge Blätter und Knospen (oberes Drittel des Krautes)
Erntezeitpunkt: von Juni bis August (bei Sonnenschein ernten!)

Wirkstoffe: Hypericin und Hyperforin 2–4 % (Wirkstoffklasse vieler Antidepressiva und Krebstherapeutika), Flavonoide (Rutin u. a.), Gerbstoffe, ätherisches Öl

Eigenschaften: stimmungsaufhellend und leicht antidepressiv, angstlösend, herzstärkend, antibakteriell, antiviral, zusammenziehend, wundheilungsfördernd, entkrampfend und muskelentspannend, mild schmerzlindernd (besonders bei Nerven-Leiden), Gallefluss anregend. Es steigert die Melatonin-Ausschüttung (Einschlaf-Hormon).

TCM-Wirkung: neutral bis warm und bitter, etwas süß. Herz- und Nieren-Yin nährend und Shen erhellend, Xue bewegend, Leber-Xue bildend und Qi stärkend, Stagnationen lösend. Wirkt besonders auf den FK Herz und leitet Schleim aus, der das Herz verlegt.

Tagesdosis und Anwendungsmöglichkeiten: 0,5–1 Gramm des getrockneten Krautes oder 3–5 Tropfen einer Tinktur. Das frische Kraut inklusive Blüten kann gehackt und in Öl angesetzt werden und als Haut-Öl (Rot-Öl) genutzt oder in Salben gemischt werden.

Indikation Hund: Johanniskraut wird in der Tiertherapie oft bei Verhaltensstörungen, wie Tics, Zwangshandlungen, wie Rutenbeißen oder Übersprunghandlungen, Anpassungsstörungen, Konzentrationsproblemen, geringer Stresstoleranz oder bei durchlittenen und nicht überwundenen Traumata, bei Aggressionsstörungen und Trauer begleitend eingesetzt. Das Haut-Öl hilft bei schlecht heilenden Wunden, Quetschungen, Nervenschmerzen und Narbenstörungen.

Für den Menschen zudem hilfreich bei: Leichten bis mittleren Depressionen und Ängsten jeglicher Art, Schlafstörungen, Albträumen, neuralgischen Schmerzen, Kopfschmerzen und Migräne durch Stress, PMS, Nachtschweiß, nervöser Erschöpfung mit Herzflattern, Reizbarkeit, Osteoporose (begleitend), Libido-Mangel

Geschichtliches und Wissenswertes: Wenn man die frischen Blüten zwischen den Fingern zerreibt, dann färben sich die Finger rot. Dieser rote Saft ist die Wunderwaffe dieser Pflanze, er ist die typische Signatur der Pflanze, wirkt sie doch stark auf Herz und Blut. Die gelbe Blüte wird assoziiert mit der Leber, daraus ergibt sich die Symbolik der klassischen Heilkunde, auch die traditionell chinesische Medizin findet sich hier wieder: In der Leber sitzt der Mut, im

Eine Johanniskraut-Salbe, selbst hergestellt aus einem kalten Öl-Auszug (Rot-Öl), lindert Nervenschmerzen aller Art, auch nach verletzungsbedingten Nervenirritationen und schmerzenden Narben.

Herzen der Frohsinn. Das Johanniskraut soll angeblich die Freuden des Sommers und der Sonne speichern und dieses über den Saft an den Menschen und das Tier weitergeben.

Am Johannitag (23. Juni), dem Tag der Sonnenwende, steht die Sonne am höchsten und auch die Wirkung der Pflanze soll dann am stärksten sein. Das Johanniskraut wird auch Lichtspeicher genannt.

Bekannt ist das Johanniskraut auch als das **„Arnika der Nerven“.**

Nebenwirkungen: Bei höherer Dosierung kann es zu Photo-Sensibilität kommen, daher bei Gebrauch der Pflanze starke Sonneneinstrahlung meiden. Auch Verstopfung und lebendige und bewegende Träume in der Nacht sind möglich, aber eher selten.

Kontraindikationen: Wechselwirkungen mit Antiepileptika, Blutverdünnern, Zytostatika und Sedativa können auftreten.

Wird gerne kombiniert mit: Baldrian (verbessert die Wirkung!), Melisse, grünem Hafer, Hopfen, CBD-Öl, Passionsblume, Lavendel

KAMILLE, ECHTE

(Matricaria recutita)

Arzneibezeichnung: Matricariae flos
Pflanzenfamilie: Korbblütler (Asteraceae)
Verwendete Teile: Blütenköpfe und Kraut
Erntezeitpunkt: in der Vollblüte (meistens im Hochsommer)

Wirkstoffe: ätherische Öle (u.a. Chamazulen, Bisabolol), Flavonoide, Bitterstoffe, Schleimstoffe, Cumarine

Eigenschaften: entzündungshemmend, krampflösend, blähungswidrig, beruhigend, magenstärkend, wundheilend, schmerzlindernd, menstruationsregulierend, ulcusprotektiv (schützt vor Geschwürbildung und Schleimhautschäden).

TCM-Wirkung: neutral bis leicht warm, auch kühlend beschrieben, süß und leicht bitter. Löst Xue- und Leber-Qi-Stagnationen, besänftigt rebellisches Qi, senkt Magen-Qi, beruhigt den Geist, leitet Wind ab und toxische Hitze aus.

Tagesdosis und Anwendungsmöglichkeiten: 1–5 Gramm, als warmer Tee besonders wirksam, aber auch getrocknet über dem Futter hilfreich. Ebenso die Kamillen-Tinktur oder für die äußerliche Anwendung in Salben und Haut-Ölen enthalten. Fertigarzneien: Als Einzelkraut von VetTherm, im „Magensaft“ und „Darmvitalsaft“ von Ewalia, im „WermExil „von PerNaturam. Auch im „Stullmisan vet.“-Pulver ist es enthalten. Äußerliche Anwendung: „Pfotenpflege Balsam“ von Ewalia.

Indikation Hund: entzündliche Magen- und Darmerkrankungen, Krämpfe, Magengeschwüre (hemmt Pepsin im Magen), Darmpilzerkrankungen (Candida), Unruhe und Stressempfindlichkeit

Für den Menschen zudem hilfreich bei: PMS, Menstruationskrämpfen, Bauchweh mit Blähungen, Schlafstörungen. Sitzbäder bei Blasenentzündung und Unterleibserkrankungen. Bekannt ist auch die „Rollkur" bei Magenschmerzen: eine große Tasse starker Kamillentee morgens auf nüchternen Magen trinken und dann 5 Minuten auf dem Rücken liegen, dann 5 Minuten auf der linken Seite und anschließend 5 Minuten auf der rechten Seite liegen (hier ist der Magenausgang). So wird die Magenschleimhaut auf allen Seiten rundum mit dem heilsamen Kamillentee „getränkt". Mindestens eine Woche lang, dazu über den Tag verteilt mindestens 2–3 weitere Tassen Kamillentee trinken und das Magengeschwür soll Ruhe geben.

Geschichtliches und Wissenswertes: Der botanische Name „Matricaria" stammt von Mater ab, der lateinischen Bezeichnung für Mutter. Daran lässt sich die Bedeutung der Pflanze in der Gynäkologie und Kinderheilkunde erkennen. Neue Studien haben die cortisonähnliche Wirkung bestätigt, die ohne die klassischen Nebenwirkungen von synthetischem Cortison wunderbar Entzündungen hemmen kann.

Die Kamille hat einige Unterarten, doch nur sie hat einen gefüllten Blütenstand, bei den anderen, nicht wirksamen Sorten, ist dieser hohl. Ebenfalls wichtig für die Unterscheidung der Kamillensorten: Die echte Kamille ist trotz der Zugehörigkeit zu den Korbblütlern nur wenig Allergie auslösend, die Hundskamille und andere Unterarten haben großes allergisches Potential.

Nebenwirkungen: Allergische Reaktion möglich, aber eher schwach, wenn die echte Kamille verwendet wird.

Kontraindikation: Korbblütler-Allergie, Anwendung am Auge

Wird gerne kombiniert mit: Melisse, Schafgarbe, Gänsefingerkraut

KAPUZINER-KRESSE, GROSSE

(Tropaeolum majus)

Arzneibezeichnung: Tropaeoli maji herba
Pflanzenfamilie: Kapuzinerkressengewächs (Tropaeolaceae)
Verwendete Teile: Blätter und Blüten
Erntezeitpunkt: während der Blüte vom Frühsommer bis in den Herbst

Wirkstoffe: Senfölglykoside (schwächer als Penicillin, aber trotzdem sehr wirksam durch Inaktivierung/Synthesehemmung verschiedener Toxine), Flavonoide (Quercetin) und Anthocyane, Vitamin C, Karotinoide (in den Blüten), Vitamin B, Schwefel, Eisen, Magnesium.

Eigenschaften: keimhemmend (Viren, Bakterien und Pilze), immunsteigernd, harndesinfizierend, durchblutungsfördernd, schleimlösend, anregend

TCM-Wirkung: sehr warm und sehr scharf, etwas bitter. Leitet toxische Hitze aus und gleichzeitig beseitigt es eingedrungene Wind-Hitze und -Kälte, inklusive Nässe. Bewegt stark Xue und Qi, tonisiert das Wei-Qi und öffnet die Oberfläche, stärkt das Yang.

Tagesdosis und Anwendungsmöglichkeiten: 0,5–1 Gramm. Die Frischpflanze ist zu bevorzugen und ist deutlich wirksamer, sie lässt sich aber gut trocknen und haltbar machen. Möglichst mit dem Futter verabreichen, so wirkt sie nicht zu scharf.

Indikation Hund: Harnwegsinfektionen, Entzündungen der Atemwege, Nasennebenhöhlen und Mandeln, Darmentzündungen und Pilzerkrankungen (Salmonellen, Viren etc.)

Für den Menschen zudem hilfreich bei: Zu Beginn eines Infektes eine kleine Wunderwaffe, da die Kapuzinerkresse wie ein Umstimmungsmittel wirkt und Blut sowie Abwehrkräfte bildet. Sie schmeckt übrigens toll im Salat und auf dem Brot.

Geschichtliches und Wissenswertes: Die Blätter haben einen Lotus-Effekt, das Wasser und der Dreck perlt einfach ab.

Es hat sich gezeigt, dass bei der Verwendung von Kapuzinerkresse keine Resistenzen zu erwarten sind. Die pflanzliche antibiotische Wirkung ist hervorragend. Auch bei Grippeviren wirkt sie antiviral.

Nebenwirkungen: Schleimhautreizungen bei Überdosierung und Anwendung von über 10 Tagen.

Kontraindikationen: Magen- und Darm-Geschwüre, Nierenerkrankungen

Wird gerne kombiniert mit: Meerrettich, Oregano, Zistrose

KARDE, WILDE

(Dipsacus sylvestris)

Arzneibezeichnung: Dispaci radix
Pflanzenfamilie: Kardengewächse (Dipsacaceae)
Verwendete Teile: Wurzel
Erntezeitpunkt: Oktober bis zum nächsten Frühjahr (im zweiten Jahr)

Wirkstoffe: Inulin, Saponine, Glykoside, Bitterstoffe, Tannin, Mineralstoffe

Eigenschaften: schweißtreibend, harntreibend, magenwirksam, keimtötend und entgiftend, sie soll zudem blutreinigend sein.

TCM-Wirkung: kühl und bitter, eliminiert Hitze, Nässe, Wind und auch Kälte, stärkt das Wei-Qi, leitet Toxine aus und stärkt das Xue.

Tagesdosis und Anwendungsmöglichkeiten: Als Tinktur im Handel erhältlich: „Bio Kardenwurzel Voll Tinktur" von Kardenwelt (auch Kapseln), Phoenix der Lebenskraft „Kardentinktur" und von PerNaturam im „Artemis". Dosierung laut Anweisung. Die Wurzel kann auch mit Alkohol angesetzt werden, dazu die gehackte Wurzel in einem Schraubglas mit Wodka oder Korn übergießen, 3 Wochen stehen lassen und absieben.

Indikation Hund: Borreliose-Infektion (nicht wissenschaftlich bestätigt, aber in der Erfahrungsmedizin oft beobachtet, Wolf-Dieter Storl hat ein interessantes Buch zu diesem Thema geschrieben) und Erreger, die den Harntrakt und Magen oder Darm befallen. Äußerlich (verdünnte Kompressen) bei infizierten Hautwunden oder bei Gelenksentzündungen.

Für den Menschen zudem hilfreich bei: Migräne, Akne

Geschichtliches und Wissenswertes: Hildegard von Bingen empfahl die Kardenwurzel bei versehentlicher Einnahme von Giften, in der modernen Kräutermedizin führt die wertvolle Wurzel leider oft noch ein Schattendasein, allerdings wird sie durch die gute Wirksamkeit gegen Borrelien immer bekannter. Interessant ist auch die Signatur der Pflanze: Ihre Blüte wandert wie die Wanderröte auf der Haut und die ganze Blüte ähnelt vom Aussehen her einer Zecke, die in der Haut steckt.

Nebenwirkungen: selten wurden Hautausschläge und Unruhe beobachtet

Kontraindikationen: nicht bekannt

Wird gerne kombiniert mit: Beifuß und Wermut

KAROTTEN UND MORO-SUPPE

Wirkstoffe: Carotinoide (Provitamin A), ätherisches Öl mit Terpenen, Vitamin B und C, Pektin, Kalzium, Eisen, Zink

Eigenschaften: roh und geraspelt wird ihr wurmabtreibende Wirkung nachgesagt, bevorzugt wird sie mit etwas Öl kombiniert, um dabei die fettlöslichen Vitamine aufnehmen zu können. Diese herausragende Wirkung besitzt die lang gekochte Karotte: sie stoppt zuverlässig Durchfall.

TCM-Wirkung: roh: neutral und süß, gekocht: warm und sehr süß. Leitet toxische Hitze und Nässe aus, beruhigt, nährt das Xue, tonisiert das Qi

Indikation, Anwendung und Herstellen der Möhren-Suppe (Moro´sches Rezept):

1 kg Karotten schälen und pürieren (so kommen die Oligosaccharide am besten an die Darmwand), mit 2 Liter Wasser übergießen und in 1 bis 1 ½ Stunden zu einer konzentrierten Suppe runterreduzieren, evtl. durch ein Sieb drücken und eine gute Prise Salz (nur, wenn keine Nierenerkrankung vorhanden ist) hinzufügen. Die Suppe kann auch auf Vorrat einge-

kocht und anschließend eingefroren werden. Ein kleiner Hund erhält 100 ml, ein großer bis zu 400 ml täglich. Der Durchfall sollte so gelindert werden können, auch Giardien haben laut Erfahrungen keine Chance, sich weiter an die Darmwand anheften zu können. Die verlorenen Elektrolyte und Mineralien werden zusätzlich ergänzt.

Geschichtliches und Wissenswertes: Der Heidelberger Arzt und Direktor der Kinderklinik Dr. E. Moro entwickelte 1908 dieses Rezept und rettete damit vielen Kindern das Leben, die Sterberate der Kleinkinder durch Diarrhoe war in der Zeit immens hoch. Nach der Entwicklung des Antibiotikums nahm die Verwendung ab, heute wird sie in der Tierheilkunde und der Hausapotheke für Menschen wieder üblich und erfolgreich eingesetzt.

Nebenwirkungen: bei Überdosierung Obstipation möglich

Kontraindikation: Allergie gegen Karotten (gar nicht so selten)

Im Sommer auf Wiesen und Wegesrändern reichlich vertreten ist die

„WILDE MÖHRE"

Daucus carota, Doldenblütler

Sie enthält ebenso ätherische Öle, Flavonoide, Pektin, reichlich Mineralien, besonders Kalium, Carotinoide, Vitamin B und C und stärkt den Darm, die Sehkraft und wirkt harntreibend. Besonders wirksam ist sie innerlich angewendet gegen Hautjucken und Ekzeme.

Verwendet werden die Wurzel und jungen Blätter dieser Pflanze, die nicht mit der Hundspetersilie oder dem Schierling verwechselt werden darf. Ihr Geruch ist unverkennbar.

KLEBRIGES LABKRAUT (KLETTE)

(Galium aparine) und

LAB-KRAUT

(Galium verum)

Arzneibezeichnung: Galii veri (aparine) herba
Pflanzenfamilie: Rötegewächse (Rubiaceae)
Verwendete Teile: ganzes Kraut
Erntezeitpunkt: von Mai bis September

Wirkstoffe: Gerbstoffe, Kieselsäure, ätherisches Öl, Zitronensäure, Glykoside (Aucubin), Flavonoide, Saponine, Cumarine, Anthrachinone (Spuren), im frischen Kraut auch ein Enzym, das dem Lab ähnlich ist, welches die Milch gerinnen lässt)

Eigenschaften: krampflösend, wundheilend, harntreibend, hautreinigend, drüsenanregend, beruhigend (Nerven und Haut), steinlösend, antikarzinogen (es gibt Hinweise darauf, aber noch nicht bestätigt), schleimlösend, blutreinigend

TCM-Wirkung: kühl, bitter, etwas süß, etwas sauer. Es löst Qi- und Xue-Stagnationen und -Stasen, stützt und stärkt das Xue, beseitigt feuchte Hitze, nährt das Leber- und Lungen-Yin, beseitigt Schleim und Wind.

Tagesdosis und Anwendungsmöglichkeiten: Das frische oder das getrocknete Kraut wird oft als Einzeldroge im Tee, mehrmals täglich getrunken, kann aber auch in Kräutermischungen anteilig wirken.

Indikation Hund: Erkrankungen der ableitenden Harnwege, schlechte Nierenwerte, Neigung zu Blasengries und Steinen, Lymphstau, unreine, rötliche und juckende Haut, Unruhe (besonders nachts), wiederkehrende Milchdrüsenentzündungen oder Verhärtungen

Für den Menschen zudem hilfreich bei: Akne, Psoriasis, Hautkrebs und Brustkrebs (Studien laufen, es gibt aber bereits viele Hinweise auf die Wirksamkeit), Krampfadern und als Entschlackungskur

Geschichtliches und Wissenswertes: Berühmter in der Naturheilkunde ist das echte gelbe Labkraut, die unscheinbar weiß blühende und klebrige Verwandte ist aber viel weiter verbreitet und in der Wirkung nahezu identisch. Es gibt eine weitere Klette in der Heilpflanzenkunde:

GROßE KLETTE

(Articum lappa)

Sie gehört zu den Asteraceae und von ihr wird meist nur die Wurzel verwendet. Sie hat dennoch ähnliche Wirkweisen, behandelt werden mit ihr zudem noch einige Viren-Arten, wie Masern, Pfeiffersches Drüsenfieber oder sie wird zusätzlich zur HIV-Therapie eingesetzt. Sie fördert zudem die Östrogenproduktion im Körper und lindert auch eitrige Hautentzündungen (TCM: lindert Wind-Hitze, beruhigt Leber-Yang und stärkt den FK Lunge)

Nebenwirkungen: keine bekannt

Kontraindikationen: keine bekannt

Wird gerne kombiniert mit: Goldrute, Brennnessel, Stiefmütterchen, Taubnessel

KNOBLAUCHRAUKE

(Alliaria petiolata)

Arzneibezeichnung: Alliariae herba/flos
Pflanzenfamilie: Kreuzblütler (Brassicaceae)
Verwendete Teile: Blätter und Blütenknospen (Frischpflanze), seltener Wurzel
Erntezeitpunkt: Frühling

Wirkstoffe: Senföle, Saponin, ätherische Öle, Karotin, Mineralstoffe, Spurenelemente, Vitamine, Kieselsäure

Eigenschaften: blutreinigend, desinfizierend, schleimlösend, wundheilend, vitalisierend

TCM-Wirkung: kühl, scharf und sauer. Stärkt das Wei-Qi, stärkt das Xue, leitet Schleim und Nässe aus, nährt das Leber-Yin.

Tagesdosis und Anwendungsmöglichkeiten: Das frische Kraut wird gehackt über das Futter gegeben (1 TL bis 1 gehäufter EL), es wächst zeitig im Frühjahr bis in den Sommer hinein und ist eine gute Frühjahrskur.

Indikation Hund: Vitalisierende und blutreinigende Kur im Frühjahr durch die vielen Vitalstoffe und stoffwechselanregende und entgiftende Wirkung.

Für den Menschen zudem hilfreich bei: Im Salat schmeckt sie köstlich. Bitte bedenken Sie, dass an den Wegesrändern Hunde gern auf die Pflanzen urinieren, da diese so besonders riechen. Pflanzen wählen, die an unerreichbaren Stellen wachsen.

Geschichtliches und Wissenswertes: Obwohl die Pflanze stark nach Knoblauch schmeckt, kann sie bedenkenlos den Hunden gegeben werden.

RICHTIGER KNOBLAUCH

Allium sativum

Er findet oft Verwendung, muss allerdings mit Vorsicht gefüttert werden, da das Allicin, eine schwefelhaltige Aminosäure, bei einer Dosierung von 5 Gramm Knoblauch pro kg Körpergewicht zu schweren Vergiftungen und Anämie führt. Das ist allerdings schon eine ziemlich große Menge, die vermutlich auch kein Hund fressen wird. Getrocknet ist die Wirksamkeit geringer, aber nicht ungiftiger. In kleinen Dosen, die zunächst eingeschlichen werden sollten, hat der Knoblauch gute Wirkung auf die Gefäßelastizität, wirkt antibakteriell, antimykotisch und verdauungsanregend und soll Lästlinge, wie Zecken und Würmer, fernhalten. Knoblauch enthält zudem Phytoöstrogene und reguliert das Cortisol. (**TCM-Wirkung**: heiß und scharf, löst Stagnationen auf, wandelt Schleim um, tonisiert das Lungen-Qi.)

BÄRLAUCH

Allium ursinum

Von diese Pflanze werden die Blätter verwendet. Sie haben ähnliche, wenn auch etwas mildere Wirkstoffe.(Vorsicht vor Verwechslung mit Aronstab oder Maiglöckchen!)

Nebenwirkungen: keine bekannt

Kontraindikationen: keine bekannt

Wird gerne kombiniert mit: Giersch, Vogelmiere, Gundermann und anderen Frühlingskräutern

KÖNIGSKERZE

(Verbascum densiflorum)

Arzneibezeichnung: Verbasci flos
Pflanzenfamilie: Braunwurzgewächs (Scrophulariaceae)
Verwendete Teile: Blüten und Blätter
Erntezeitpunkt: vormittags im Juli und August

Wirkstoffe: Schleimstoffe, ätherisches Öl, Flavonoide (Quercetin), Iridoidglykoside (Aucubin), Karotinoide, Triterpensaponine, Phytoöstrogene, Invertzucker, Kalium

Eigenschaften: schleimlösend, beruhigend bei trockenem Husten, auswurffördernd, antibakteriell, entzündungshemmend, schweißtreibend und mild fiebersenkend, krampflösend, harntreibend, blutreinigend.

TCM-Wirkung: neutral bis leicht kühl, bitter (Kraut), leicht bitter, leicht süß (Blüten), nährt das Lungen-Yin (befeuchtet), beseitigt Wind-Hitze und Schleim, bewegt das Leber-Qi, tonisiert das Milz-Qi

Tagesdosis und Anwendungsmöglichkeiten: 4–6 Gramm, als Tee über das Futter oder als Trank oder Tinktur anbieten. Äußerlich als Öl-Auszug bei Insektenstichen und gereizter Haut.

Indikation Hund: (trockener) Husten, festsitzender Schleim, Heiserkeit, Halsentzündungen, chronische Bronchitis, Kehlkopfkatarrh

Für den Menschen zudem hilfreich bei: Stimmverlust und Stimmbandentzündungen, Windeldermatitis, Sitzbad bei Analjuckreiz und bei Hämorrhoiden

Geschichtliches und Wissenswertes: Laut Hildegard von Bingen soll die Königskerze auch bei „traurigem Herz" oder beginnender Schwerhörigkeit helfen. Es soll eine „Raucher-Mischung" geben, die Königskerze und Lungenkraut beinhaltet.

Nebenwirkungen: keine bekannt

Kontraindikationen: keine bekannt

Wird gerne kombiniert mit: Island Moos, Lungenkraut, Ackerschachtelhalm und Spitzwegerich, evtl. auch Salbei und Engelwurz (Angelika-Wurzel)

KOKOS-ÖL/FETT

Verwendete Teile: das aus dem Fruchtfleisch der Kokosnuss gewonnene Öl, welches bei ca. 25 Grad Celsius flüssig wird und mittelkettige Fettsäuren beinhaltet.

Wirkstoffe: Omega-3-Fettsäuren, Aminosäuren, Mineralstoffe, Vitamine

TCM-Wirkung: neutral bis warm, leicht süß. Stärkt die Milz, befeuchtet und nährt das Yin.

Tagesdosis und Anwendungsmöglichkeiten: 1 TL bis 1 El über das Futter, auch als Öl-Ersatz bei Barf-Rationen verwendbar. Auf Bio-Qualität achten und natives Öl wählen. Äußerlich 2–3-mal die Woche auf betroffene Hautstellen auftragen. Es gibt auch Kokosmehl von AniCanis, welches über das Futter gegeben werden kann.

Indikation Hund: Als sinnvolle Nahrungsergänzung (Omega-3-Fettsäuren – DHA, Immunsystem anregend, Gehirnleistung stärkend, Haut- und Haar-Bild verbessernd) oder äußerlich als Hautpflegemittel oder als Zeckenschutz (nicht erwiesen). Laut Dr. Jutta Ziegler („Rohkäppchen und der zahnlose Wolf“) ist Kokos-Öl kein Problem bei Bauchspeicheldrüsen-insuffizienten Hunden, da es anders verstoffwechselt wird, dennoch sollte man hier vorsichtig mit Fetten umgehen. Innerlich soll es helfen, Würmer fernzuhalten.

Nebenwirkungen: Bei passender Dosierung keine Nebenwirkung zu erwarten (fettiges Fell bei äußerlicher Anwendung)

Kontraindikationen: Allergie auf Kokos-Öl

KOLOSTRUM

(Ziegenkolostrum)

Herkunft: Von der Biestmilch (gefriergetrocknet oder als Flüssigextrakt) der Ziegen oder Rinder aus biologischer Haltung; Nahrungsergänzungsmittel

Wirkstoffe: Enthält neben dem entfetteten Biestmilch-Konzentrat eine Fülle an Antikörpern (Immunglobuline), Vitaminen, essentiellen Aminosäuren

Eigenschaften: Immunabwehr-Booster, Stärkung der Lebenskraft, wundheilungsfördernd, fördert eine gesunde Entwicklung

TCM-Wirkung: neutral bis warm, süß. Tonisiert Jing und Wei-Qi

Tagesdosis und Anwendungsmöglichkeiten: In Kapselform oder als Flüssigextrakt von PerNaturam im Handel, auch im Kombiprodukt „Kolsal Herbal" enthalten.

Indikation Hund: Mangelnde Muttermilch für die Welpen, nach langer Krankheit in der Rekonvaleszenz, nach Operationen, Leistungsabfall, Immunabwehrschwäche

Nebenwirkungen: keine bekannt

Kontraindikation: Laktoseintoleranz

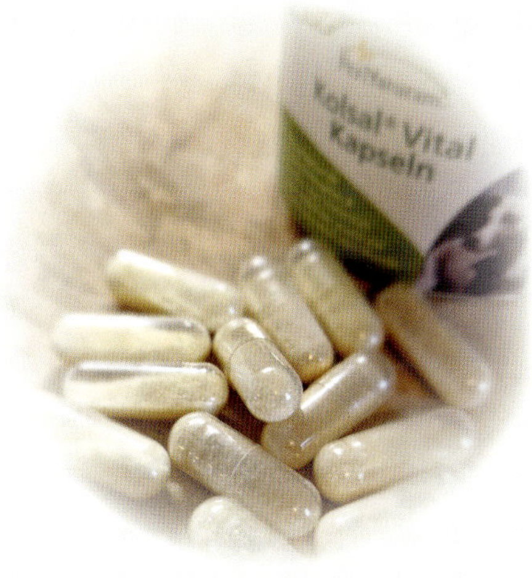

KORIANDER

(Coriandrum sativum)

Arzneibezeichnung: Coriandri herba/semen
Pflanzenfamilie: Doldenblütler (Apiaceae)
Verwendete Teile: Samen (Öl) und Blätter
Erntezeitpunkt: Mai bis Oktober (im Haus ganzjährig)

Wirkstoffe: Ätherisches Öl, fettes Öl mit ungesättigten Fettsäuren, Cumarine, Gerbstoffe, Eiweiße

Eigenschaften: bindet Schwermetalle (Quecksilbereinlagerungen) und leitet sie aus Nerven und Gehirn aus (lt. Ursel Bühring, Lehrbuch für Heilpflanzenkunde), verdauungsfördernd, entkrampfend, antibakteriell (Koriandersalbe soll bei Super-Infektionen hilfreich sein, ebenso bei Hautpilz und Ekzemen, die Tinktur innerlich und äußerlich bei MRSA)

TCM-Wirkung: neutral und etwas bitter, leitet Toxine und Schleim aus, reguliert Qi

Tagesdosis und Anwendungsmöglichkeiten: Als Tinktur in der Apotheke erhältlich, 2–5 Tropfen täglich mit dem Futter oder als frisches Kraut 1 TL gehackt in das Futter geben. Salben und Tinkturen sind leicht selber herzustellen.

Indikation Hund: Entgiftungsstörungen und Unverträglichkeit/Nebenwirkungen nach Impfungen, Magen-Darm-Krämpfe und bakterielle Infektionen, Hautpilze und schlecht heilende Wunden.

Für den Menschen zudem hilfreich bei: Amalgam-Ausleitung und andere Schwermetallbelastungen (Anwendungsanleitung je nach „Gift" bitte befolgen), Candida-Belastung, Neuralgien, Migräne, unreine Haut, erhöhter Blutzucker.

Geschichtliches und Wissenswertes: Schon im Altertum war Koriandersamen neben Kümmel, Anis und Fenchel bereits bekannt und wurde als Brotgewürz (Israel) oder sogar im Liebestrank (Ägypten) genutzt.

Nebenwirkungen: keine bekannt

Kontraindikationen: zu niedriger Blutdruck

Wird gerne kombiniert mit: Kümmel, Fenchel oder Chlorella und MSM

KÜMMEL

(Carum carvi)

Arzneibezeichnung: Carvi fructus
Pflanzenfamilie: Doldengewächse (Apiaceae)
Verwendete Teile: Samen
Erntezeitpunkt: Juli bis August (reife Samen)

Wirkstoffe: ätherisches Öl (bis 7 % u.a. Carvon), fettes Öl, Eiweiß, Gerbstoffe, Flavonoide (Quercetin), Zucker, Kaffeesäure, etwas Cumarin und etwas Harze

Eigenschaften: entkrampfend und blähungstreibend (stärkstes Karminativa), verdauungsfördernd, appetitanregend, durchblutungsfördernd, keimhemmend, auswurffördernd, milchbildend

TCM-Wirkung: warm, scharf und leicht süß. Reguliert rebellisches Qi, bewegt Qi und stärkt die Mitte, beseitigt Nässe und Wind, stärkt das Lungen- und Milz-Qi, leitet Qi nach unten, bewegt Leber-Blut

Tagesdosis und Anwendungsmöglichkeiten: 0,5–2 Gramm über das Futter geben, als Einzelkraut erhältlich bei VetTherm und im „GanQi Yujie", sowie Pi Qi Xu", im „Purifica" und im „Digestiv" von PerNaturam. Kümmel-Öl enthalten in:" ColoSan" von Dr. Schaette.

Indikation Hund: Blähungen und Bauchschmerzen, schlechte Verdauung, Milchmangel, Darm-Pilz, chronisch verschleimte Atemwege

Für den Menschen zudem hilfreich bei: Als Einreibung (Kümmel-Öl) bei Säuglingen mit Nabelkoliken, innerlich bei Candida-Infektionen, Appetitverlust, krampfhaftem Hustenreiz, Menstruationsschmerzen, schlechtem Mundgeruch, Roemheld-Syndrom

Geschichtliches und Wissenswertes: Kümmel ist ein alt bekanntes Heilmittel unseres Kulturkreises und aufgrund seiner darmgesundheitsfördernden Wirkung ein altes Stärkungsmittel.

Nebenwirkungen: keine bekannt, bei Überdosierung kann es zu Schleimhautreizungen kommen (ätherisches Öl)

Kontraindikationen: Trächtigkeit und junge Tiere

Wird gerne kombiniert mit: Anis, Fenchel, Koriander

KÜRBISKERNE

(Curcubita pepo)

Arzneibezeichnung: Curcubitae semen
Pflanzenfamilie: Kürbisgewächse (Curcubitaceae)
Verwendete Teile: Samen (Kürbisfleisch ist eher Nahrungsbestandteil, welcher die Mitte stärkt)

Wirkstoffe: fettes Öl, Carotinoide, Lecithin, Mineralstoffe, Spurenelemente, Kohlenhydrate, Proteine, Phytoöstrogene

Eigenschaften: entwässernd, blasenkräftigend, antioxidativ, keimhemmend, antiandrogen (hemmen die hormonelle Vergrößerung der Prostata), wirken leicht wurmtreibend

TCM-Wirkung: warm und süß. Stärken das Nieren- und Blasen-Qi, leiten Nässe ab und wandeln Schleim, stärken die Mitte und den Darm und das Hebe-Qi der Milz, ebenso das Xue.

Tagesdosis und Anwendungsmöglichkeiten: Häufig als Extrakt oder Pulver in Kräutermischungen enthalten, auch als Kapseln erhältlich. 0,5–1 Gramm pro Tag. Im Fertigpräparat von PerNaturam „Roter Pointer“ zugesetzt. Kürbissamen selber sollten frisch gemörsert verfüttert werden (bis zu 20 Gramm), aber nicht täglich.

Indikation Hund: Prostatavergrößerung, Inkontinenz, immer wiederkehrende Wurminfektionen

Zusätzlich für den Menschen hilfreich bei: Bekannt durch das Präparat „Granufink“, hilfreich bei Reizblase und Harnverhalten und nächtlichem Harndrang

Geschichtliches und Wissenswertes: Erst im 16. Jh. aus Amerika zu uns gekommen, gewann der Kürbis schnell an Beliebtheit. In der Küche oder als Heilmittel wurde er als Stärkungsmittel der Muskulatur, bei Hautentzündungen und Furunkeln oder bei Durchfall und Schwäche eingesetzt. Die Heilwirkung der Kerne auf die Blase wurde auch schnell erkannt.

Nebenwirkungen: keine bekannt

Kontraindikationen: Keine bekannt

Wird gerne kombiniert mit: Pappel, Sägepalme, Katzenbart, Goldrute, Birke

LAVENDEL

(Lavendula officinalis)

Arzneibezeichnung: Lavendulae flos
Pflanzenfamilie: Lippenblütler (Lamiaceae)
Verwendete Teile: Blüten
Erntezeitpunkt: Juni bis Juli (ein Teil der Blüten darf bereits verblüht sein)

Wirkstoffe: ätherisches Öl, Kaffeesäure, Rosmarinsäure, Flavonoide, Gerbstoffe, Cumarine

Eigenschaften: beruhigend, angstlösend, entspannend und entkrampfend, äußerlich kreislaufanregend, juckreizlindernd, schmerzlindernd und durchblutungsfördernd, antibakteriell, leicht galletreibend und lindert Bauchschmerzen, hält Insekten und andere Lästlinge fern.

TCM-Wirkungen: kühl bis leicht warm (es gibt verschiedene Arten und Anwendungen), leicht scharf, etwas bitter. Tonisiert und beweg das Herz- und Leber-Qi, beruhigt Shen, beseitigt Leere-Hitze aus Herz und Leber und inneren Wind.

Tagesdosis und Anwendungsmöglichkeiten: 1–5 Gramm über das Futter geben, in Tees mischen, als Einzelkraut von der Firma VetTherm, im „Nervensaft“ von Ewalia. Leicht herzustellen ist das Lavendel-Öl, man benötigt zwei Handvoll Lavendelblüten in Mandel- oder Oliven-Öl und stellt diese Mischung (Lavendelblüten müssen bedeckt sein) für 3 bis 4 Wochen an einen dunklen Ort, dann absieben und in dunkle Flaschen füllen.

Indikation Hund: Unruhe, Nächtliches Umherwandern, Nervosität, Konzentrationsstörungen durch geringe Stresstoleranz, Ängste

und panisches Verhalten. Äußerlich als milder Zecken- und Flohschutz oder bei Sonnenbrand, Juckreiz und Verbrennungen.

Für den Menschen zudem hilfreich: Lavendel-Öl zum Einreiben oder als Badezusatz: Kopfschmerzen, Migräne, Nervenschmerzen, Rheuma, Verstauchungen, Verspannungen und Krämpfen. Lavendel-Tee hilft beim Einschlafen, bei Ängsten, Bluthochdruck und Nervosität. Für Menschen empfehle ich gern das Schmerz-Öl von Wala (Aconitum mit Lavendel). Auch bekannt seit Jahrhunderten: Das Lavendelkissen, welches im Kleiderschrank Motten fernhält und am Bett zu einem ruhigen Schlaf führen soll.

Geschichtliches und Wissenswertes: „Lavandula" kommt von „Lavare" und bedeutet Baden, schon in der Antike wurde der Lavendel dem Badewasser zugesetzt und war Parfum, Seelenbalsam und Desinfektion gleichermaßen. In neuen Studien wurde die Wirksamkeit gegen Pilze (Candida albicans) und Bakterien (Escherichia coli und Staphylococcus aureus) bewiesen.

Nebenwirkungen: Manche Menschen bekommen angeblich Kopfschmerzen von Lavendel, das mag an einer Unverträglichkeit der Cumarin-Verbindungen liegen.

Kontraindikationen: keine bekannt

Wird gerne kombiniert mit: Melisse, Minze, Hopfen und Passionsblume

LEIN

(Linum usitatissimum)

Arzneibezeichnung: Lini semen
Pflanzenfamilie: Leingewächse (Linaceae)
Verwendete Teile: Samen
Erntezeitpunkt: Juli bis August

Wirkstoffe: Schleimstoffe (12–19 %), Ballaststoffe (Lignane), fettes Öl (mit Omega-3-Fettsäuren), Eiweiß, Mineralstoffe, Vitamine B und E), kleine Menge an Flavonoiden und Triterpenen, cyanogene Glykoside (Blausäure) und Phytoöstrogene

Eigenschaften: reizmildernd, leicht abführend, schleimhautschützend, leicht säurepuffernd, leicht entzündungshemmend, blutfettsenkend, Peristaltik anregend, wirkt phytoöstrogenartig und leicht blutverdünnend

TCM-Wirkung: neutral, süß und leicht bitter. Wirkt befeuchtend und Qi regulierend, leitet toxische Hitze aus, nährt das Lungen-Yin, stützt das Wei-Qi und bewegt das Leber-Qi. Löst Xue-Stagnationen und Stasen.

Tagesdosis und Anwendungsmöglichkeiten: Als Lein-Öl in vielen Küchen im Gebrauch ist auch der therapeutische Nutzen nicht unwesentlich – tropfenweise bis 1,5 TL über das Futter, besonders bei Barf-Rationen, sind wertvoll. Auf die rasche Verderblichkeit achten! Leinsamen können roh, aber immer frisch geschrotet (Mörser) von 5–10 Gramm verabreicht werden. (Goldlein enthält weniger Blausäuren, weniger Schleimstoffe und weniger Omega 3, mehr Omega-6-Fettsäuren, quellt aber dafür auch mehr auf). Es gibt verschiedene Darreichungsvarianten:

Indikation Hund:

Verstopfung: geschroteter Leinsamen in Verbindung mit viel Wasser, damit das Aufquellen die Peristaltik anregen kann und die Darmschleimhaut „schmiert“. Goldlein ist hier vorzuziehen.

Durchfall: geschroteter Leinsamen mit wenig Wasser über das Futter, zusammen mit geriebenem Apfel oder geraspelten Möhren, damit das überflüssige Wasser gebunden werden kann.

Magenschleimhautentzündung und Sodbrennen: geschroteter Leinsamen in einer Tasse mit warmem Wasser aufquellen lassen und mit Hüttenkäse vermischen und über das Futter geben.

Lokale und schmerzhafte Hautentzündungen: Breiumschlag (auch heiß – Vorsicht!) – beschleunigt den Reifeprozess von Geschwüren und sorgt für eine Abschwellung oder einen Sekret-Abfluss

Leinsamen helfen bei: Verstopfung, Durchfall und entzündlichen Darmerkrankungen (Enteritis), Magengeschwüren (Ulcus) und Magenschleimhautentzündungen (Gastritis), Autoimmunerkrankungen, da entzündungshemmend und Immunsystem regulierend, trockener Haut und schlechtem Fell (beschleunigt die Produktion von Haut und Horn), chronischen Hautentzündungen (Dermatitis)

Für den Menschen zudem hilfreich bei: Reizdarm, Herz- und Gefäßerkrankungen, durch hormonelle Wirkung auch versuchsweise bei Prostatahypertrophie, Brustkrebs (nur in Absprache mit dem Arzt, äußerlich geht immer), Haarausfall, Unfruchtbarkeit

Geschichtliches und Wissenswertes: In vielen Studien wurde die Hemmung auf das Tumorwachstum bei Darm-, Brust-, Lymph-, Hirn- und Magenkrebs sowie Leukämie festgestellt.

Früher wurde die Leinpflanze als Faser für Leinenstoffe angebaut und genutzt, die Baumwollkulturen haben sie dann irgendwann verdrängt.

Nebenwirkungen: Wechselwirkungen mit anderen Medikamenten durch das Quellen und Abführen denkbar, die Aufnahme kann auch verzögert werden, gelegentlich auch Blähungen möglich.

Kontraindikationen: Darmverschluss, Stenosen (Verengung) im Verdauungstrakt

Wird gerne kombiniert mit: Malve, Flohsamen, Kümmel

LIEBSTÖCKEL

(Levisticum officinale)

Arzneibezeichnung: Levistici radix
Pflanzenfamilie: Doldengewächse (Apiaceae)
Verwendete Teile: Wurzel, manchmal auch die Samen (Das Kraut findet als Gewürz in der Küche Verwendung und hat eine schwächere Wirkung.)
Erntezeitpunkt: Die Wurzel wird im September geerntet

Wirkstoffe: ätherisches Öl, Cumarine, Ligustilid, Harze, Gerbstoffe, Invertzucker, Apfelsäure, Eisen, Phytosterole

Eigenschaften: harntreibend, krampflösend, blähungstreibend, appetitanregend, auswurffördernd, hormonwirksam (östrogenähnlich, ebenso das Kraut)

TCM-Wirkung: warm, süß, scharf und leicht bitter. Stärkt das Milz-Qi, unterstützt das Nieren-Yang, leitet Schleim ab, löst Qi-Stagnationen und bewegt Qi, vertreibt Nässe-Hitze und Schleim-Kälte. Wirkt besonders auf FK Milz, Niere und Lunge.

Tagesdosis und Anwendungsmöglichkeiten: frisch, getrocknet und pulverisiert über das Futter, kann also aus dem Garten in den Napf oder als getrocknetes Konzentrat über das Futter gegeben werden (frisches Kraut ebenfalls bis zu einem EL, getrocknet 1 TL)

Indikation Hund: Verdauungsschwäche und Appetitmangel, Nieren- oder Blasengrieß, schlechte Nierenwerte, Blähungen

Für den Menschen zudem hilfreich bei: Menstruationsschmerzen, Zyklusstörungen (Anregung der Blutung), Gicht, Rheuma

Geschichtliches und Wissenswertes: Aus der Wurzel wurde einst ganz traditionell und zu Hochzeiten ein Liebestrank gekocht (daher der Name). Heute wird es auch umgangssprachlich „Maggikraut" genannt, da es in der Suppenwürzmischung von Julius Maggi (Anfang des 19. Jahrhunderts) enthalten war und der Geruch industriell in einer flüssigen Konzentrat-Mischung nachgeahmt wurde.

Nebenwirkungen: Lichtempfindlichkeit möglich

Kontraindikationen: Nicht bei Ödemen durch Herz- und Nierenerkrankungen und während der Trächtigkeit verwenden.

LINDE

(Tilia cordata (Winterlinde)/platyphyllos (Sommerlinde))

Arzneibezeichnung: Tiliae flos, folium
Pflanzenfamilie: Malvengewächse (Malvaceae)
Verwendete Teile: Blüten mit Blättern
Erntezeitpunkt: in der Blüte im Juni oder Juli

Wirkstoffe: ätherische Öle, Flavonoide (Quercetin und Rutosid), Schleimstoffe (bis 10 %), Gerbstoffe, Vitamin C und E, Phenylcarbonsäuren

Eigenschaften: schweißtreibend, fiebersenkend, reizmildernd, hustenlindernd, krampflösend, schlaffördernd, blutverdünnend, harntreibend, beruhigend, antiviral

TCM-Wirkung: kühl, leicht süß, scharf, etwas bitter. Öffnet die Oberfläche, trocknet, besänftigt inneren Wind, leitet (toxische) Hitze aus, beruhigt Shen, bewegt das Leber-Qi und senkt aufsteigendes Leber-Yang, stärkt das Wei-Qi und den Magen und kühlt das Xue.

Tagesdosis und Anwendungsmöglichkeiten: 1 bis 5 Gramm Lindenblüten als Tee anbieten oder in einer Teemischung mit anderen passenden Kräutern anbieten. Als Einzelkraut bei VetTherm erhältlich.

Indikation Hund: Viruserkrankung, Erkältung mit Husten, Magenbeschwerden durch Unruhe, Nervenentzündungen (Ischias, Fazialis o.a.)

Für den Menschen zudem hilfreich bei: Rheuma und Gicht als Diuretikum, Nervosität und Kopfschmerzen, trockenem Reizhusten, Tinnitus

Geschichtliches und Wissenswertes: Hildegard von Bingen empfahl Lindenblütentee bei Herzschmerzen aller Art und Traurigkeit, auch mit Druck auf der Brust. Das Interessante daran ist die Verbindung zur traditionell chinesischen Medizin: Die Lunge ist der Sitz der Trauer, das Herz der Sitz des Geistes (Shen) und der empfundenen Liebe und Freude und auch das Gefühl des Verlustes der jeweiligen Emotionen. Lindenblüten wirken auf beide Organe nicht nur auf körperlicher, sondern auch auf emotionaler Ebene ein, indem sie beruhigen, Traurigkeit lösen und so das Thema des Funktionskreises Lunge – Annehmen und Loslassen – behandeln. Lindenblüten gehören nicht klassisch zu den Adaptogenen (psychisch

wirksame Pflanzen), haben aber wie die Melisse auch einen hohen Stellenwert in der psychosomatischen Kräuterheilkunde.

Unter einem Lindenbaum wurde früher das Gericht gehalten und Urteile ausgesprochen und Linderung versprochen. Aus diesem Grund und weil die Blüten des Baumes so lindernd wirkten, kam der Baum zu seinem Namen.

Nebenwirkungen: keine bekannt

Kontraindikationen: keine bekannt

Wird gerne kombiniert mit: Holunderblüten

LÖWENZAHN

(Taraxacum officinale)

Arzneibezeichnung: Taraxaci radix / herba / flos
Pflanzenfamilie: Korbblütler (Asteraceae)
Verwendete Teile: Wurzel und Kraut, die Blüten werden nur frisch verarbeitet
Erntezeitpunkt: Die Wurzel und die Blätter vor der Blüte im zeitigen Frühjahr ernten (Bitterstoffgehalt am höchsten)

Wirkstoffe: Bitterstoffe, Triterpene (Wurzel), Flavonoide (Quercetin, Apigenin, Luteolin), Inulin, Mineralien, besonders Kalium (Kraut), Eiweiß, Saponine, Kieselsäure, Cichoriensäure

Eigenschaften: galletreibend, stoffwechselanregend, verdauungsfördernd, appetitanregend, harntreibend, antirheumatisch, leberstärkend, entkrampfend, antimikrobiell und entzündungshemmend

TCM-Wirkung: kalt (getrocknet), kühl (frische Pflanze), bitter und süß. Leber- und Nieren-Yin-Tonikum und das Leber-Qi bewegend, klärt Leber-Feuer, trocknet und leitet Nässe-Hitze, sowie Schleim aus. Qi-Tonikum und Wind ableitend, erweicht Stasen und löst Qi-Stagnationen

Tagesdosis und Anwendungsmöglichkeiten: 0,5 bis 2 Gramm zerkleinerte Wurzel oder gehacktes Kraut (Firma VetTherm) oder als „Löwenzahn Presssaft“ (Firma PerNaturam) über das Futter geben. Löwenzahnknospen ergeben mit Honig und Apfelessig einen Frühjahrs- und Stoffwechsel-Oxymel. Die Tinktur lässt sich

leicht selber herstellen, die Blätter schmecken hervorragend im Salat und sind sehr bekömmlich, auch Hunde fressen ihn gerne in der Ration mit.

Indikation Hund: Schlechte Leber- und Nierenwerte, Nieren- und Blasengries, chronische Blasenentzündungen, Appetitmangel, Verdauungsstörungen (Fettverdauungsschwäche), Stoffwechselprobleme und allergisch bedingte Hautleiden mit Juckreiz, das frische zerkleinerte Kraut inklusive Pflanzensaft soll zudem Warzenwachstum hemmen können. Auch bei Anämie soll es unterstützend wirken.

Für den Menschen zudem hilfreich bei: Galleflussstörungen, Völlegefühl, Fettverdauungsstörungen, Kopfschmerzen nach dem Essen, Blutandrang im Kopf, Rheuma und Arthrose (spült Gelenke)

Geschichtliches und Wissenswertes: Als Kinderpflanze bekannt ist die Pusteblume, die Wünsche erfüllen soll. In der Wissenschaft ist der Löwenzahn auf die Heilwirkung bei Krebs untersucht worden: viele Studien bestätigen die Wirksamkeit (apoptosefördernd – Selbstzerstörung der Tumorzellen) bei Brust-, Prostata-, Leber- und Pankreaskrebs sowie Leukämie.

Löwenzahn ist auch bekannt unter **„Ginseng des Westens“**, da er die Niere und die Leber sowie das Blut stärkt, reinigt und Kraft spendet.

Nebenwirkungen: wegen der Bitterstoffe kann es zu Magenbeschwerden kommen

Kontraindikationen: Korbblütler-Allergie und Kontaktallergie durch den Milchsaft

Wird gerne kombiniert mit: Mariendistel, Artischocke, Pfefferminze, Enzian, Tausendgüldenkraut

MÄDESÜß

(Filipendula ulmaria)

Arzneibezeichnung: Spireae flos, herba, radix oder neu: Filipendulae ulmariae flos, herba, radix
Pflanzenfamilie: Rosengewächse (Rosaceae)
Verwendete Teile: Blüten und Blätter
Erntezeitpunkt: Blüten und obere Blätter von Juni bis August, wächst aber nur in sehr feuchten Gärten. Meist siedelt es sich lieber selber an Bachläufen an.

Wirkstoffe: ätherische Öle, Phenylglykoside (Salicylaldehyd), Flavonoide, Gerbstoffe, Schleimstoffe, Mineralien, Vitamin C

Eigenschaften: entzündungshemmend, schmerzlindernd (besonders die Blüten), fiebersenkend, zusammenziehend, wundheilungsfördernd, juckreizstillend, blutverdünnend und blutnährend

TCM-Wirkung: kühl, bitter und süß. Bildet und bewegt Xue, klärt Hitze und Wind, reguliert rebellisches Qi, leitet ab. Stärkt das Magen-Yin.

Tagesdosis und Anwendungsmöglichkeiten: 0,5–2 Gramm als Pulver, gehacktes Kraut oder aufgebrüht als Tee über das Futter geben. Fertigarznei: „Perna Senior“ und „Perna Adult“, „Rennergie“ und „Hämophyll“ von PerNaturam.

Indikation Hund: Schmerzen in der Muskulatur oder im Bewegungsapparat generell, Magenschmerzen, Hautentzündungen, Nervenentzündungen, beginnende Erkältungen mit Fieber, schützt den Magen bei durch Helicobacter Pylorus ausgelösten Geschwüren und regeneriert die Schleimhaut

Für den Menschen zudem hilfreich: Grippe mit Gliederschmerzen, Kopfschmerzen und Migräne, Zahnschmerzen und Ischialgie

Geschichtliches und Wissenswertes: Aus dem Mädesüß wurde einst das Aspirin (alter Name: Spirea und die Vorsilbe „a" ergibt „von der Spirea") gewonnen. Das Salicylaldehyd wird in der Leber in Salicylsäure umgewandelt und inzwischen synthetisch hergestellt. Auf den Magen schlägt das Mädesüß im Gegensatz zur Aspirin nicht, sondern wirkt sogar entzündungshemmend bei Schleimhautreizungen. Der Name Mädesüß hat nichts mit Mädchen zu tun, sondern mit „Met" – Honig, „so süß wie Honig".

Nebenwirkungen: keine bekannt

Kontraindikationen: bei einer Aspirin-Unverträglichkeit darf auch kein Mädesüß eingenommen werden.

Wird gerne kombiniert mit: Weidenrinde, Holunderblüten, Lindenblüten

MALVE, WILDE

(Malva sylvestris)

Arzneibezeichnung: Malvae flos, folium
Pflanzenfamilie: Malvengewächse (Malvaceae)
Verwendete Teile: Blüten und Blätter
Erntezeitpunkt: Juni bis August

Wirkstoffe: Schleimstoffe (bis 12 %), Anthocyane, wenig Gerbstoffe, Vitamin C

Eigenschaften: hustenreizlindernd, beruhigend auf die gereizte oder entzündete Schleimhaut

TCM-Wirkung: Kühl und etwas süß, etwas bitter. Yin-Tonikum, löscht Hitze und befeuchtet Lunge, Magen und Darm

Tagesdosis und Anwendungsmöglichkeiten: 0,5–2 Gramm, am besten als Kaltauszug, kann mit Honig gesüßt werden, wirkt dann zusätzlich antiseptisch. Es gibt auch Malven-Sirup oder Malvensaft frei verkäuflich.

Indikation Hund: trockener Husten, Reizhusten, Heiserkeit, entzündete Magenschleimhaut, Sodbrennen, Obstipation und Darmentzündungen

Für den Menschen zudem hilfreich bei: s.o.

Nebenwirkungen: Durch die Schleimstoffe kann die Wirkung anderer Medikamente eingeschränkt werden.

Kontraindikation: keine bekannt

Wird gerne kombiniert mit: Ulmenrinde, Spitzwegerich, Island Moos, Königskerze, Eibisch

MARIENDISTEL

(Silybum marianum/Carduus marianus)

Arzneibezeichnung: Silybi mariani fructus/ Cardui mariani fructus
Pflanzenfamilie: Korbblütler (Asteraceae)
Verwendete Teile: Samen und eher selten junge Blätter
Erntezeitpunkt: August bis September

Wirkstoff: Silymarin und andere Flavonoide, fettes Öl mit Linolsäure, Triterpene, Bitterstoffe, Schleimstoffe, Vitamin E (Tocopherol), Histamin

Eigenschaften: krampflösend, galletreibend, leberzellschützend, entgiftend und regenerierend, antioxidativ (freie Radikale abfangend), ableitend, stoffwechselanregend und blutreinigend

TCM-Wirkung: kühl bis warm (individuelle Wirkweise der Pflanze), bitter, etwas scharf. Leber-Yin-Tonikum, Leber-Qi bewegend, Stagnationen auflösend, stärkt Milz- und Magen-Qi, Hebe-Qi und Xue. Beseitigt Nässe-Hitze aus Galle, Darm und Haut

Tagesdosis und Anwendungsmöglichkeiten: 0,5–3 Gramm über das Futter geben, als Einzelkraut von der Firma VetTherm erhältlich, in Kräutermischungen wie „Hepatika" von PerNaturam und in den Säften „Rio Grande" und „Leber-Nieren-Saft" von Ewalia und vielen anderen enthalten. Gemörserte Samen mit kochendem Wasser überbrühen, 10 Minuten ziehen lassen und dann abseihen.

Indikation Hund: Schlechte Leberwerte, Leberentzündungen und Leberzelldegeneration, langsamer Stoffwechsel und Verstopfung, stinkende Durchfälle nach fettreichen Mahlzeiten, Krampfanfälle, Muskelverspannungen und Steifigkeit, geringe Stresstoleranz mit Aggressionsreaktionen, Allergieneigung, gerötete Augen, Juckreiz, Schilddrüsenunterfunktion, Koliken und Blähungen

Für den Menschen zudem hilfreich bei: Fettleber, Leberzirrhose, Gelbsucht, Hepatitis, Cholesterinerhöhung, unreiner Haut, auch mit Juckreiz, Kopfschmerzen oder Migräne, Prämenstruellem Syndrom mit Schmerzen und Blähbauch, träger Fettverdauung, unterstützend bei Diäten; zum Ausleiten von Schwermetallen oder anderen Begleitstoffen/Giften, wie zum Beispiel begleitend zur Chemotherapie oder nach Lebensmittelvergiftungen.

Da der Schmerz der Leber sich besonders in der Müdigkeit zeigt, kann die Mariendistel auch als leistungssteigernd gelten.

Geschichtliches und Wissenswertes: Die Mariendistel ist wie kein anderes Kraut in der Lage, das vielseitigste Organ, die Leber, zu unterstützen, zu regenerieren und zu heilen. Die Leber ist Stoffwechselorgan, Kraftwerk, Labor und Speicher sowie Bombenentschärfer (Giftnotruf sowie Müll-Trenner und -entsorger) gleichermaßen, die Mariendistel dazu der Hauptassistent, wenn es um Erneuerung und Entgiftung geht. Neue Forschungen lassen vermuten, dass auch die Mariendistelsamen Stoffe enthalten, die antikarzinogen und damit auch Krebs heilend wirken und dies beschreibt sehr gut die Eigenschaft als Radikalfänger.

Nebenwirkungen: selten Kopfschmerzen, wenn die Entgiftung zu stark angestoßen wird

Kontraindikationen: Korbblütler-Allergie

Wird gerne kombiniert mit: Kurkuma (Gelbwurz), Chlorella und Spirulina, Vitamin-B-Komplex, Minze, Artischocke, Löwenzahn, Fenchel, Schafgarbe, Ringelblume

MEERRETTICH

(Armoracia rusticana)

Arzneibezeichnung: Armoraciae rusticanaeradix
Pflanzenfamilie: Kreuzblütler (Brassicaceae)
Verwendete Teile: Wurzel
Erntezeitpunkt: September bis Februar

Wirkstoffe: Senfölglykoside, Myrosinase (Enzym), Ascorbinsäure (Vitamin C), ätherisches Öl, Enzyme, schwefelhaltige Aminosäuren, Kieselsäure, Mineralien

Eigenschaften: stark antimikrobiell, antiviral, immunsteigernd, verdauungsfördernd, appetitanregend, leicht analgetisch

TCM-Wirkung: heiß und sehr scharf. Wandelt Schleim im FK Lunge und leitet ihn ab, Yang-Tonikum, bewegt Qi, Xue und Yin Je, tonisiert Wei-Qi, wärmt den Nieren FK, besänftigt bei Bi-Syndromen

Tagesdosis und Anwendungsmöglichkeiten: 2–6 Gramm frisch geraspelte Wurzel über das Futter, nur als Kur, nicht länger als ein paar Tage dazugeben. Im Oxymel ist es ein sehr gutes pflanzliches Antibiotikum. Für Menschen eignet sich eine Kompresse im Nacken aufgelegt, mit fein geraspeltem Meerrettich bei Nasennebenhöhlenentzündung.

Indikation Hund: Katarrhe der Atemwege oder bei Entzündungen der unteren Harnwege, als Wurm-Prophylaxe empfohlen (aber nicht nachgewiesen)

Für den Menschen zudem hilfreich bei: Äußerlich als Umschläge bei Muskelschmerzen, Rheuma, Verspannungen, da sehr durchblutungsfördernd

Geschichtliches und Wissenswertes: In der Tierheilkunde gibt es seit 1785 (Deigendesch) Aufzeichnungen über die Verwendung von Meerrettich in der Tiermedizin. Einst war er das meist eingesetzte Husten-Arzneimittel bei Mensch und Tier.

Nebenwirkungen: Bei empfindlichen Schleimhäuten oder zu lang andauernder Anwendung kann es zu Schleimhautreizungen kommen.

Kontraindikationen: Magen- oder Darmgeschwüre

Wird gerne kombiniert mit: Honig

MELISSE

(Melissa officinalis)

Arzneibezeichnung: Melissae folium
Pflanzenfamilie: Lippenblütler (Lamiaceae)
Verwendete Teile: Kraut
Erntezeitpunkt: vor der Blüte im April oder Mai

Wirkstoffe: ätherisches Öl, Flavonoide, Bitter- und Gerbstoffe, Kalium, Harz, Vitamine, Schleimstoffe

Eigenschaften: entkrampfend, blähungswidrig, beruhigend, mild schmerzlindernd, antiviral, Galle anregend

TCM-Wirkung: leicht kühl, bitter, etwas scharf. Nährt das Herz-Yin, beruhigt den Geist, bewegt Leber-Qi und kühlt aufsteigendes Leber-Yang, klärt Magen-Feuer, vertreibt Wind (auch inneren Wind und Wind-Hitze)

Tagesdosis und Anwendungsmöglichkeiten: 1–5 Gramm, gerne frisch, als Tee oder getrocknet über das Futter geben. Als Einzelkraut oder in der Mischung „GanYang Shangkang" bei der Firma VetTherm zu bekommen oder z.B. im „Nervensaft" von Ewalia. Als Tinktur bei Lippen-Herpes geeignet.

Indikation Hund: Unruhe und Schlaflosigkeit, Herzbeschwerden, Kreislaufschwäche, nervöser Magen mit Erbrechen bei Stress oder Bauchweh und Reizbarkeit

Für den Menschen zudem hilfreich bei: nervösem Herzflattern, Herpes-Infektionen, Rosacea, Reizmagen, Einschlafstörungen und Gedanken-Karussell, geringer Stresstoleranz oder Reizüberflutung, Lampenfieber und Prüfungsangst, Erschöpfungssyndrom, Melancholie, Wechseljahresbeschwerden, Kopfschmerzen, Migräne und Nackenverspannungen, Nervenschmerzen und Muskelzittern (Tics). Laut der Northumbria University soll die Melisse die Denkleistung erhöhen. Im 16. Jahrhundert galt Melisse als „Geistesbeschleuniger".

Geschichtliches und Wissenswertes: „Trink´ erst mal ´nen Tee.", hat Oma immer gesagt, wenn es stressig war oder emotional hoch herging. Stets meinte sie damit einen Melissen-Tee. Dieses Kraut zählt ebenso zu den Adaptogenen in der Pflanzenheilkunde, da sie psychosomatisch wirkt. „Klosterfrau Melissengeist" ist ein alt bekanntes Tonikum für Geist und Körper, indem reichlich Melissen-Extrakt enthalten ist.

Nebenwirkungen: keine bekannt

Kontraindikationen: keine bekannt

Wird gerne kombiniert mit: Passionsblume, Minze, Hopfen, Johanniskraut, Lavendel, Kamille, Lindenblüten, Baldrian

MINZE

(Mentha piperita), auch „Pfefferminze"

Arzneibezeichnung: Menthae piperitae folium
Pflanzenfamilie: Lippenblütler (lamiaceae)
Verwendete Teile: Blätter (manchmal Blüten)
Erntezeitpunkt: ab Juli in der Blüte

Wirkstoffe: ätherische Öle (Menthol und andere), Triterpene, Flavonoide, Karotinoide, Bitter- und Gerbstoffe

Eigenschaften: krampflösend, säfteanregend (besonders Magensäure), beschleunigt die Magenentleerung, schmerzlindernd (besonders äußerliche Anwendung), brechreizlindernd, gärungswidrig, antiseptisch und antiviral

TCM-Wirkung: kühl und scharf. Reguliert das Leber-Qi, beseitigt Wind-Hitze, besonders im Magen, der Lunge, Kopf und im Darm, löscht Feuer, beruhigt den Geist

Tagesdosis und Anwendungsmöglichkeiten: 1–5 Gramm frisches Kraut über das Futter, als Tee oder getrocknetes Kraut über das Futter geben. Im „GanQi YuJie" von VetTherm enthalten sowie im „Nervensaft", „Senior Fit-Saft" und im „Darmvitalsaft" von Ewalia. In der Human-Heilkunde als Tinktur oder Öl auch äußerlich anwendbar.

Indikation Hund: krampfartige Bauchschmerzen, Blähungen und Blähbauch, Übelkeit, verdorbener Magen

Für den Menschen zudem hilfreich bei: Schluckauf, Migräne, Dyspepsie, Gallenleiden, Prämenstruellem Syndrom und Regelschmerzen, Magendruck und Völlegefühl

Geschichtliches und Wissenswertes: Es gibt unzählige Minz-Arten, da sie sich gerne kreuzen und die Vielfalt auch im Gartenfachhandel sehr beliebt ist. Als Minz-Öl auch zur Massage von Stirn und Nackenmuskulatur verwendet, um Kopfschmerzen und Verspannungen zu lindern. Innerlich wird das Minz-Öl bei Magenbittern und in Arzneien gegen Gastritis und Völlegefühl genutzt.

Nebenwirkungen: Magenschmerzen bei längerer Anwendung

Kontraindikation: Gallensteine und Magenübersäuerung (Sodbrennen)

Wird gerne kombiniert mit: Melisse, Löwenzahn und Artischocke

MISTEL

(Viscum album)

Arzneibezeichnung: Visci herba
Pflanzenfamilie: Riemenblumengewächse (Loranthaceae)
Verwendete Teile: Blätter und dünne Stiele
Erntezeitpunkt: März und April oder Oktober, aber für Eigenmedikation nicht empfohlen!

Wirkstoffe: Mistellectine, Viscin, Quercetin, Harze, Polysaccharide, Flavonoide, Lignane, Triterpene, Aminosäuren, Urolsäure, Amine, fette Öle, ätherisches Öl

Eigenschaften: blutzuckersenkend, blutdrucksenkend, krampflösend, immunmodulierend, antitumoral

TCM-Wirkung: neutral, leicht bitter, leicht süß. Stärkt das Herz- und Nieren-Yin und beruhigt den Geist, reguliert und bewegt das Leber-Qi, löst Xue-Stasen, leitet inneren Wind aus, löscht Leere-Hitze im Inneren, tonisiert das Wei-Qi.

Tagesdosis und Anwendungsmöglichkeiten: Vorsicht: Giftig! Nur beim Tierarzt via Injektionen oder als homöopathische Variante, z.B. in der Potenz D6. Nur begleitend in der Therapie einsetzen.

Indikation Hund: Gesäuge-Tumore der Hündin, Herz-Arhythmie, Störungen der Blutverteilung, Zuckungen, Epilepsie

Für den Menschen zudem hilfreich bei: Neuralgien, Tremor, Schlaganfall, nervösen Herzstörungen

Geschichtliches und Wissenswertes: Seit einiger Zeit gibt es viele Forschungen zum Thema „Misteltherapie" in der Krebs- und Palliativmedizin, doch schon Plinius oder gar Druiden hielten die Mistel für heilig und heilbringend.

Ähnlich: Die Rinde der

„KATZENKRALLE" (CATS CLAW),

(Uncaria tomentosa)

Dosis für Hunde sind 0,2–1,5 Gramm pro Tag, es gibt viele Produkte auf dem Markt (z.B. von Aniforte), sie wirkt stark entzündungshemmend, regt Stoffwechselprozesse an, steigert das Immunsystem (regt die Bildung der weißen Blutkörperchen an). Hier fehlen noch bestätigende Studien, aber in der Tierheilkunde sind schon gute Erfolge in der Krebstherapie verzeichnet worden.

Nebenwirkungen: nach Injektionen können Rötungen an der Einstichstelle auftreten, selten Schüttelfrost und Fieber

Kontraindikationen: Autoimmunerkrankungen, Trächtigkeit

Wird gerne kombiniert mit: Vitalpilzen

MÖNCHSPFEFFER – KEUSCHLAMM

(Agnus castus)

Arzneibezeichnung: Agni casti fructus
Pflanzenfamilie: Eisenkrautgewächse (Verbenaceae)
Verwendete Teile: Samen
Erntezeitpunkt: Oktober

Wirkstoffe: Iridoidglykoside, ätherisches Öl, Flavonoide, Triterpene, Diterpene, Phenolcarbonsäure, Polyphenole und Progesterone (pflanzlicher Art, keine bioidentischen Hormone)

Eigenschaften: hormonregulierend, zyklusregulierend (Senkung des Prolaktinspiegels, dadurch Reglung des Verhältnisses von Östrogen und Progesteron), beruhigend, schlafförderned, anaphrodisierend beim männlichen Geschlecht, Libido steigernd beim weiblichen Geschlecht

TCM-Wirkung: Warm, scharf und bitter. Tonisiert das Nieren- und Leber-Qi, wärmt bei Leere-Kälte, harmonisiert den Dreifach-Erwärmer, beseitigt Schleim, trocknet, reguliert Xue, besänftigt Shen

Tagesdosis und Anwendungsmöglichkeit: 0,1–1 Gramm Trockenextrakt, die als Einzeldroge langsam gesteigert und die Reaktion darauf beobachtet werden sollte, auch in vielen Fertigarzneien enthalten, z.B. im „Rio Grande Saft“ von Ewalia oder im „Phythormon“ von PerNaturam.

Indikation Hund: Hypersexualität beim Rüden, Prostatitis, Hormonschwäche bei der Hündin, Morbus Cushing

Für den Menschen zudem hilfreich bei: Prämenstruellem Syndrom, Zwischenblutungen, schmerzenden Brüsten, Progesteron-Mangel, Östrogen-Überschuss, klimakterischen Beschwerden, wie Wassereinlagerungen, Stimmungsschwankungen, Konzentrationsstörungen, Verstopfung und Gewichtszunahme durch Hormonstörungen

Geschichtliches und Wissenswertes: In der Antike wurde der Mönchspfeffer als Anaphrodisiakum verwendet, in Klöstern haben Mönche ihn eingenommen, um das Zölibat besser einhalten zu können. In der Neuzeit wenden Frauen Mönchspfefferextrakte nach

dem Absetzen der Pille an, um den Zyklus wieder zu regulieren oder um das Prämenstruelle Syndrom zu lindern.

Nebenwirkungen: gelegentlich Juckreiz und Ausschlag, öfter Kopfschmerzen, wenn zu hoch dosiert.

Kontraindikation: Wechselwirkungen mit anderen Dopamin-Rezeptor-Antagonisten möglich, hormonell bedingte Krebs-Arten

Wird gerne kombiniert mit: Eisenkraut oder Salbei (bremst Laktation), versuchsweise Frauenmantel oder Schafgarbe

MSM

(Methlysulfonylmethan) und Schwefelblüte

Organischer Schwefel, der natürlich im Körper vorkommt und für Stoffwechsel und andere Vorgänge im Körper unverzichtbar ist.

Schwefel ist Bestandteil von Aminosäuren wie zum Beispiel Methionin, Cystein oder Taurin, die für Knorpelaufbau und Bildung von Muskulatur vonnöten sind. Schwefel ist weiterhin für gesunde Haut, Haare und Horn (Krallen) wichtig, kann aber auch giftige Schwermetalle an sich binden und aus dem Körper schleusen und es wirkt als Antioxidans und fängt freie Radikale.

Es wird entweder pur als Pulver oder in Kapselform eingenommen, ist aber auch in vielen Präparaten für gesunde Haut oder Knochen enthalten.

Dosierung für den Hund: 1 Gramm pro 10 kg Körpergewicht

Eigenschaften: entzündungshemmend, schmerzlindernd, entgiftend, antiallergisch, stoffwechselunterstützend, bindegewebs- und knorpelnährend, immunregulierend, schleimhautregenerierend

TCM-Wirkung: kühl und bitter. Stärkt und reguliert das Wei-Qi, Yin-Tonikum, bewegt Qi und löst Qi-Blockaden bei Bi-Syndromen, nährt das Nieren- und Leber-Qi, leitet Schleim und Hitze-Toxine aus, besänftigt (inneren) Wind

Indikation Hund: Autoimmunerkrankungen (jeder Art, besonders aber der Haut), Allergieneigung, unreine Haut und Haarausfall, Hautekzeme (Leck-Ekzeme) und Hot Spots, Arthrose-Schmerzen, Stoffwechselträgheit, Schilddrüsenunterfunktion, Darmpilze und rezidiver Parasitenbefall (vorbeugend)

Für den Menschen zudem hilfreich bei: Diabetes, Fatigue-Syndrom, Darmentzündungen durch Nahrungs-Unverträglichkeiten, Gicht, Rheuma, Müdigkeit, Akne und unreine Haut, Juckreiz, Kopfschmerzen (wiederkehrende Spannungskopfschmerzen), Muskelkaterneigung und Sehnenschmerzen

Wissenswertes: Schwefel (MSM) sollte über einen Zeitraum von 8–12 Wochen eingenommen werden, darauf sollte mindestens eine Pause von 6–8 Wochen folgen. Die **Schwefelblüte** als Pulver (auch das ist reiner Schwefel) kann als Bad oder Paste verwendet werden. Schwefel soll Milben fernhalten. Die Paste wird außerdem auf befallenen Stellen aufgetragen, um Juckreiz und Entzündungen zu lindern.

Nebenwirkungen: Durch die Entgiftungsfunktion kann es zu Beginn der Einnahme zu Kopfschmerzen kommen oder möglicherweise Durchfall verursachen, welches sich nach Reduzierung der Dosis für 1–2 Wochen aber wieder regulieren sollte.

Kontraindikationen: Trächtigkeit und Laktation, da durch die Entgiftung unerwünschte Stoffe im Körper zirkulieren können. Auch wirkt es blutverdünnend, daher bei Herzerkrankungen nur in Absprache mit dem Tierarzt verabreichen.
Ansonsten gilt MSM als sehr sicheres Nahrungsergänzungsmittel.

Ähnlich ist **DMSO (Dimethylsulfoxid)**, eine Vorstufe von MSM, welches seltener innerlich, meist eher als flüssige „Arznei“ angewendet, um schmerzende und entzündete Gelenke und Körperpartien einzureiben.

MSM wird gerne kombiniert mit: Chondroitin, Glucosamin, Seealgen, Chlorella, Hagebuttenpulver und Vitamin C (verbessert die Aufnahme von MSM)

MYRRHE

(Commiphora myrrha)

Arzneibezeichnung: Myrrhae commiphorae molmol/opopanax
Pflanzenfamilie: Balsambaumgewächs (Burseraceae)
Verwendete Teile: das Harz

Wirkstoffe: ätherisches Öl, Harz (Commiphorsäure), Gummi, Triterpene

Eigenschaften: zusammenziehend, antibakteriell, fungizid, entzündungshemmend, trocknend, schmerzlindernd, wundheilungsfördernd und desinfizierend

TCM-Wirkung: neutral bis warm, bitter, scharf. Qi-Tonikum, wirkt auf FK Lunge und Milz, leitet Schleim aus und reguliert Xue, vertreibt Nässe und toxische Hitze

Tagesdosis und Anwendungsmöglichkeiten: Myrrhe wird meist als Tinktur verdünnt verwendet, innerlich 2- bis 3-mal täglich 2–5 Tropfen und äußerlich. Anwendungsfertige Tinkturen: Maros oder Thüringer, für Tiere von PerNaturam: „Bio-Curcuma-Myrrhe-Öl" und „Myrrhe-Propolis-Tropfen" oder in der „Kräuter-Balsam"-Salbe von PerNaturam

Indikation Hund: Schleimhautentzündungen oder -verletzungen im Maul und Zahnfleisch (dadurch schlechter Maulgeruch), aber auch Ohrentzündungen (innen und außen) und Hals- oder Mandelentzündungen, Hautverletzungen auch mit Schwellungen und Hautpilze, Darmpilze und Schleimhautschädigungen (Ulzerationen) durch Entzündungen oder Parasitenbefall, Hautentzündung nach Insektenstich

Für den Menschen zudem hilfreich bei: Mundsoor, Zahnfleischbluten, Vaginalmykosen, Arteriosklerose.

Geschichtliches und Wissenswertes: Neben Weihrauch wird auch häufig Myrrhe zur Räucherung genutzt, um die Seele zu beruhigen und die Umgebung zu reinigen.

Die Drei Heiligen aus dem Morgenland hatten neben Gold und Weihrauch auch die wertvolle Myrrhe als kostbares Geschenk dabei.

Nebenwirkungen: Erhöhung des Pulsschlages, Obstipation

Kontraindikation: Blutfülle, Trächtigkeit (innerlich)

Wird gerne kombiniert mit: Weihrauch, Curcuma und Salbei

NACHTKERZE

(Oenothera biennis)

Arzneibezeichnung: Oenotherae biennis oleum (Öl)
Pflanzenfamilie: Nachtkerzengewächs (Onagraceae)
Verwendete Teile: Wurzel, Blätter und Samen
Erntezeitpunkt: Sommer und Herbst (Samen in der Vollreife)

Wirkstoffe: fettes Öl mit hohem Anteil an ungesättigten Fettsäuren (Linol- und Linolensäure), Vitamin E und Eiweiße

Eigenschaften: beruhigend, hautwirksam und hautbildend, wundheilend, entzündungshemmend, juckreizstillend, immunmodulierend und stoffwechselanregend und cholesterinsenkend, hormonregulierend

TCM-Wirkung: kühl bis neutral und leicht süß, leicht bitter. Nährt das Yin des FK Lunge/Dickdarm, reguliert das Wei-Qi, bewegt Qi und stützt Xue, beseitigt Wind und regt die Mitte an

Tagesdosis und Anwendungsmöglichkeiten: Gebräuchlich sind Kapseln mit Nachtkerzen-Öl, z.B. in Einzelprodukt von PerNaturam, 1–5 Kapseln pro Tag, aber auch als verdünntes Haut-Öl mit z.B. Jojoba-Öl (1:10) für die äußerliche Anwendung

Indikation Hund: Hautekzeme- und Entzündungen, Juckreiz und Allergien, Dermatosen, Hautpilze, Hot Spots, Haarausfall, fettiges oder stumpfes Haar, Probleme mit dem Fellwechsel, Schuppen, schlechte Wundheilung, Diabetes, Leber- und Nierenstörungen, die sich über das Hautbild bemerkbar machen.

Für den Menschen zudem hilfreich bei: Neurodermitis, Akne, unreinem Hautbild, PMS, klimakterischen Beschwerden, Unruhe, Konzentrationsstörungen (auch bei Kindern), Autoimmunkrankheiten, aber auch Asthma und Herz-Kreislauferkrankungen

Geschichtliches und Wissenswertes: Die Nachtkerze hat ihren Namen bekommen, weil sich ihre gelben Blüten erst in der Dämmerung zur Nacht hin öffnen, sie soll eine halbe Stunde nach Sonnenuntergang einen Duft verteilen, der an Vanillepudding erinnert.

Nebenwirkungen: bei innerer Anwendung können Übelkeit, Hautjucken oder Kopfschmerzen vorkommen

Kontraindikationen: Trächtigkeit

Wird gerne kombiniert mit: Hanf-Öl, Schwarzkümmel-Öl

OPC-TRAUBEN-KERNEXTRAKT

(Oligomere Proanthocyanide)

Pflanzenfamilie: OPC wird aus Traubenkernen oder der Rinde bestimmter Kiefernarten gewonnen
Verwendete Teile: Pulver der Kerne oder Rinde

Wirkstoffe: Anthocyane (Flavonoide mit dem Antioxidans Reservatol, besonderer sekundärer Pflanzenstoff – Polyphenol)

Eigenschaften: zellregenerierend und protektiv, da es Haut, Schleimhaut, Haare, Bindegewebe und Gefäße vor Schäden schützt, lindert daher Alterungsprozesse innen und außen, wirkt befeuchtend und auffüllend, schützt Nervenzellen, auch im Gehirn, nährt und versorgt die Netzhaut, blutdrucksenkend, blutverdünnend, gefäßerweiternd, entzündungshemmend

TCM-Wirkung: neutral bis warm, bitter, leicht süß. Yin-Tonikum, nährt die Essenz, schützt den FK Lunge/Dickdarm und Herz/Dünndarm und tonisiert das Wei-Qi und das Hebe-Qi, besänftigt Shen und wärmt und stützt die Milz, reguliert und stützt Xue.

Tagesdosis und Anwendungsmöglichkeiten: 1–3 mg pro kg Körpergewicht, als Kur für ca. 2 Wochen. Da auch in den Traubenkernen in geringeren Dosen Tannine enthalten sind, weswegen die Weintraube und die Rosinen als giftig für die meisten Hunde gelten, ist dieses Nahrungsergänzungsmittel mit Vorsicht zu verabreichen und die Dosis darf auf keinen Fall überschritten werden. Das Fertigprodukt von „Das gesunde Tier" zum Beispiel verfügt auch über OPC und wird sehr gut vertragen. In den **„Drachenblut"**-Präparaten von Waldkraft sind Harze des Drachenblutbaumes, die sehr viel OPC enthalten. Sie sind ebenfalls in der Anwendung am Hund erfolgreich. Hier bitte ebenso auf die genaue Dosierung achten!

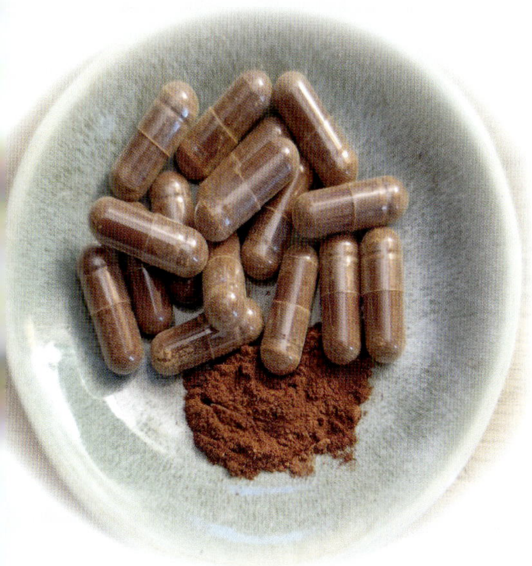

Indikation Hund: Wundheilungsstörungen, raue, verhornte Hautstellen, brüchige Krallen, Fellauffälligkeiten, Herzkrankheiten aller Art ebenso, wie ein schwaches Altersherz, Durchblutungsstörungen, Demenz, Nervenerkrankungen, Muskelverletzungen, Ödeme, Allergien, die auf Haut und Schleimhäute (Magenschleimhautreizung) einwirken, Autoimmunerkrankungen

Für den Menschen zudem hilfreich bei: Makuladegeneration, grauem Star, Neurodermitis, Sportverletzungen, Krampfadern, allen Gefäßkrankheiten, Nachbehandlung oder Prophylaxe nach Herzinfarkt oder Bluthochdruck, Arteriosklerose, stärkt die mentale Kraft und schützt bei Stresssituationen vor Zelldegeneration, begleitend bei Chemotherapie, soll Krebs (Zellveränderung) vorbeugen. Dazu gilt OPC als Anti-Aging-Mittel für innen und außen.

Geschichtliches und Wissenswertes: Ganzheitlich arbeitende Ärzte verschreiben entweder nach Herzerkrankungen oder zur Vorsorge bei familiären Dispositionen OPC als Nahrungsergänzungsmittel, oft in Kombi mit Q10 und anderen herzwirksamen Vitalstoffen. OPC sorgt dafür, dass sich besonders mit zunehmendem Alter nicht die winzig kleinen Gefäße in der Peripherie (Finger, Füße, Ohren etc.) zurückbilden und zu Minderdurchblutung, Unterversorgung und Kälteempfindlichkeit führen. Die Wirkung auf die Herzgesundheit und die verlängerte Lebenserwartung sieht man manch Franzosen oder Italienern an, wenn man an den Konsum von Rotwein im Mittelmeerraum denkt.

In der Krebsforschung gibt es noch keine eindeutigen Aussagen, ob es zu Wachstumshemmung von Tumoren kommt, allerdings ist die Prophylaxe bei familiären Dispositionen (Krankheitsgeschichte der Familie) in Langzeitstudien als sehr erfolgreich bestätigt.

Nebenwirkungen: Wie bereits oben erwähnt, ist Vorsicht geboten, da die enthaltenen Tannine zu Nierenversagen beim Hund führen können, wenn es überdosiert oder über einen zu langen Zeitraum ohne Pausen eingenommen wird. In der Humanheilkunde gilt OPC als gut verträglich.

Kontraindikation: Histaminintoleranz

Wird gerne kombiniert mit: Reishi, Hericium, Weißdorn, Ginkgo, Weihrauch, Kurkuma, Drachenblut (Sangre de Drago, zum Beispiel von Waldkraft)

OMEGA-3- UND OMEGA-6-FETTSÄUREN

Herkunft und Ursprung: Enthalten in Nüssen, Samen und Fisch-Ölen

Verwendete Nahrungsergänzungen mit dem besten Omega-3- und Omega-6-Verhältnis: Lachs-, Krill-, Dorschlebertran-Öl, Hanf-, Nachtkerzen-, Schwarzkümmel- und Chiasamen-Öl.

Weizenkeime, Mais, Sonnenblumen, Disteln, Raps und Soja haben ein eher nicht so vorteilhaftes Omega-3- zu Omega-6-Verhältnis

Wirkstoffe und Eigenschaften: Das Verhältnis sollte bei maximal 5:1 liegen, damit die entzündungshemmende Wirkung eintreten kann. Benötigt werden beide Sorten der Fettsäuren, aber Omega 3 enthält EPH und viel DHA (beides sind Kohlenstoffatome), welche die hohe Wirksamkeit bei Entzündungen und auch chronischen Prozessen besitzen und wichtige Bestandteile von Nerven- und Hirnzellen sind. Omega 3 reduziert zudem die Einlagerung von Fetten. Omega 6 sollte aber auch nicht im Mangel sein, sonst kann es zu Juckreiz, schlechtem Fellwechsel, Schuppen und Infektanfälligkeit führen. Die Mischung macht´s. Besonders hervorzuheben ist das Krill-Öl, welches einen hohen Anteil an Omega 3 besitzt und sehr leicht verstoffwechselt werden kann, es benötigt zudem weniger fettspaltende Enzyme, was für Hunde mit Fettverdauungsstörungen von Bedeutung ist.

A und D enthält, gibt es auch in kleinen Flaschen (PerNaturam oder z. B. Dr. Clauders).

TCM-Wirkungen: schwankendes Temperaturverhalten je nach Ausgangsstoff, Fett selber erzeugt allerdings Wärme und Feuchtigkeit (Schleim), ansonsten Yin-Tonikum, da substanzbildend. Toxische Hitze ableitend und FK Herz/Dünndarm stärkend, Wei-Qi stützend.

Dosierungs- und Anwendungsmöglichkeiten: von 2 Tropfen (unter 5 kg Körpergewicht) bis zu einem Teelöffel (über 40 kg Körpergewicht) wird das Öl über das Futter gegeben, bitte auf den Fettgehalt der Nahrung achten. Wenn Sie Fertigfutter verwenden, dann bitte reduzierte Dosis füttern. Es werden auch Öl-Kapseln angeboten, die sich sehr leicht dosieren lassen (PerNaturam) oder als Flaschenprodukt (PerNaturam, Ewalia und viele andere). Dorsch-Lebertran, der zusätzlich noch reichlich Vitamin A und D enthält, gibt es auch in kleinen Flaschen (PerNaturam oder z. B. Dr. Clauders).

Indikation Hund: Chronische oder akute Entzündungen von Haut, Schleimhäuten und Nerven, Demenz, schlechtes Fell, brüchige Krallen, schlechtes Immunsystem und Allergien sowie Autoimmunerkrankungen.

Für den Menschen zudem hilfreich bei: Alzheimer, stressbedingten Krankheiten und Konzentrationsstörungen, Hormonstörungen

Geschichtliches und Wissenswertes: Krill-Öl wird aus wirbellosen Krebstierchen (Krill) aus der Antarktis gewonnen, der Bestand ist nicht gefährdet.

Nebenwirkungen: keine

Kontraindikationen: Unverträglichkeiten gegenüber den Ausgangsstoffen

Wird gerne kombiniert mit: Kurkuma, Weihrauch, OPC

OREGANO

(Origanum vulgare, Dost) und wilder Majoran (Origanum majorana)

Arzneibezeichnung: Origani vulgaris herba / Majoranae herba
Pflanzenfamilie: Lippenblütler (Lamiaceae)
Verwendete Teile: das ganze Kraut, auch Blüten möglich

Erntezeitpunkt: Während der Blüte oder kurz davor (Sommermonate), auf der Fensterbank kann das frische Kraut ganzjährig genutzt werden.

Wirkstoffe: ätherisches Öl, wie z.B. Thymol, Terpene, Gerbstoffe, Harze, Bitterstoffe, Vitamin A, B, C und E, viele Mineralstoffe und Folsäure

Eigenschaften: antiseptisch, schleimlösend, stoffwechselanregend, harntreibend, krampflösend, blähungstreibend, desinfizierend, pilzwidrig, antiviral

TCM-Wirkung: warm und bitter, leicht scharf. Senkt Magen-Qi, entspannt die Leber, beseitigt Schleim aus FK Lunge und FK Milz, bewegt Qi und Xue, löst Stagnationen, vertreibt toxische Nässe-Hitze.

Tagesdosis und Anwendungsmöglichkeiten: Als frisches und geschnittenes Kraut (1 TL bis 1 EL) oder als getrocknetes Kraut oder Tee über das Futter geben. Oregano kann auch mit Öl angesetzt und tropfenweise gefüttert werden oder mit Mandel- oder Jojoba-Öl zu einer Hautöl-Mischung zubereitet werden (auch Salben), die auf schlecht heilende Wunden oder juckende entzündete Ekzeme lindernd wirken. Im Oxymel verstärkt es die antibiotische Wirkung.

Indikation Hund: Helicobacter-Pylorus-Befall durch chronisches Sodbrennen oder rezidivierende Gastritis, verschleimter Husten oder Asthma, Appetitverlust, entzündliche Darmerkrankung und Durchfall, krampfartige Bauchschmerzen, Darmkollern und Blähungen. Bei Giardienbefall soll Oregano gemischt mit Schafskäse eine wahre Wunderwaffe sein. Zahnfleischentzündung,entzündliche Nierenerkrankungen (Begleittherapie)

Für den Menschen zudem hilfreich bei: Menstruationsschmerzen, langsamem Stoffwechsel, Mundfäule, Mundsoor, Candida albicans und anderen Pilzinfektionen

Geschichtliches und Wissenswertes: Allgemein bekannt als Pizza- und Pasta-Gewürz ist die medizinische Wirkung des Oreganos unterschätzt, denn schon vor weit mehr als 1000 Jahren galt das Kraut als Heilmittel bei Durchfall, Bauchweh, Husten und Zahnschmerzen. Getrocknete Sträuße wurden zur Räucherung genutzt oder Neugeborenen in die Wiege gelegt. In manchen Gegenden ist er noch immer Bestandteil von Kräuterkissen, die gegen Kopfweh und Schlaflosigkeit, aber auch gegen Ungeziefer im Haus helfen sollen. Oregano zählt wie die Kapuzinerkresse, der Thymian usw. zu den pflanzlichen Antibiotika. Neue Forschungen untersuchen derzeit die Wirksamkeit beim polyzystischen Ovar-Syndrom der Frau und bei Brust-, Leber- und Blutkrebs. Erste positive Effekte sind zu verzeichnen.

Nebenwirkungen: keine bekannt

Kontraindikationen: Allergie bzw. Empfindlichkeit auf das ätherische Öl bei äußerlicher Anwendung oder trockene Schleimhäute bei innerlicher medizinischer Anwendung und hoher Dosis. Als Gewürz genutzt besteht kein Risiko.

Wird gerne kombiniert mit: Thymian, Salbei, Bohnenkraut

PAPAYA

(Carica papaya)

Arzneibezeichnung: Caricae folium/fructus
Pflanzenfamilie: Melonenbaumgewächse (Caricaceae)
Verwendete Teile: Blätter und Früchte (medizinisch besonders wirksam ist das Extrakt des Milchsaftes der unreifen Schale), gemahlene Kerne

Wirkstoffe: Enzym Papain, Lipase, Glykoside, Pektin, Vitamin A und C, Aminosäuren, Karotinoide, Eisen

Eigenschaften: verdauungsfördernd (besonders Fette), stoffwechselanregend, entkrampfend und entblähend, gemahlene Kerne sollen wurmwidrig und mild abführend wirken

TCM-Wirkung: neutral bis warm (Frucht kühl), bitter, etwas süß. Stützt FK Milz, bewegt Qi und Säfte, löst Leber-Qi-Stagnationen, leitet Qi abwärts, löst Schleim, klärt Hitze, wandelt

Nässe um. Das Fruchtfleisch wirkt auch befeuchtend auf FK Lunge.

Tagesdosis und Anwendungsmöglichkeiten: Es gibt Extrakte der Papaya Kerne oder Fruchtpulver sowie gemahlene Blätter. Tierärzte bieten ein Medikament bei Pankreasinsuffizienz an („Almazyme"), in dem u.a. Papain enthalten ist. Es gibt aber auch Einzelprärate zu kaufen, z.B. getrocknet und geschnitten von VetTherm, auch darf der Hund das Papaya-Fleisch fressen. Es gibt dieses sogar getrocknet auch als Snack oder Futterbeigabe. Im „Wurminol" von Leiky ist es ebenfalls enthalten.

Indikation Hund: Verdauungsstörungen, die mit Blähungen, Durchfall und Fettstühlen einhergehen, Pankreasinsuffizienz (EPI). Die gemahlenen Kerne sollen ein gutes Darmmilieu fördern und gegen Parasitenbefall helfen.

Für den Menschen zudem hilfreich bei: Besonders die Frucht hilft bei Obstipation, Gastritis, Trockenheit und Eiweiß- sowie Fettverdauungsstörungen und einer schwachen Galle.

Nebenwirkungen: es kann zu Durchfall kommen, dann niedriger dosieren, auch allergische Reaktionen möglich

Kontraindikation: Trächtigkeit

PASSIONSBLUME

(Passiflora incarnata)

Arzneibezeichnung: Passiflorae herbae
Pflanzenfamilie: Passionsblumengewächs (Passifloraceae)
Verwendete Teile: blühende Pflanze
Erntezeitpunkt: zur Blütezeit von Juni bis September

Wirkstoffe: Flavonoide (Apigenin und Luteolin), Maltol (weißdornähnlich beruhigende und kreislaufstärkend), Polysaccharide, wenig Cumarine und ätherische Öle, Gerbstoffe

Eigenschaften: sedierend, entkrampfend, lindert Zittern, angstlösend, stresslösend, antiviral (Lippenherpes) schlafördernd bei unruhigem Geist. Die Passionsblume zählt zu den pflanzlichen Adaptogenen und sie senkt überschießende Nervenimpulse durch Beeinflussung des Neurotransmitters GABA).

TCM-Wirkungen: kühl, leicht bitter. Klärt Herz-Feuer und leere Hitze des Herzens, tonisiert das Herz- und Nieren-Yin und beruhigt Shen, reguliert und bewegt Leber-Qi und dämpft aufsteigendes Leber-Yang, besänftigt inneren Wind

Tagesdosis und Anwendungsmöglichkeiten: das getrocknete Kraut kann als Tee oder pur über das Futter gegeben werden. 0,5–3 Gramm pro Tag. Enthalten zum Beispiel in „Epidog" von PerNaturam oder auch als Einzelkraut (auch pulverisiert) und im „GanYang Shangkang" bei VetTherm.

Indikation Hund: Stressanfälligkeit, Angst, Nervosität, innere Unruhe, Zittern, Krampfanfälle und Epilepsie (ergänzend), Neuralgien und Zuckungen

Für den Menschen zudem hilfreich bei: Konzentrationsstörungen, ADHS, Flugangst, Angst vor medizinischen Eingriffen, nervösen Herzbeschwerden, Tics und Muskelzittern, Trigeminus- und Fazialis-Störungen/Schmerzen, Reizdarm und Magenbeschwerden durch Nervosität, Depressionen, PMS, Kopfschmerzen und Reizbarkeit

Geschichtliches und Wissenswertes: Einst nur im Regenwald vertreten ist die Passionsblume heute sogar in unseren Hausgärten zu sehen. Sie ist ziemlich kälteresistent und widerstandsfähig, sie klettert fleißig Hauswände hinauf. In Tests hat sich die sich gegenseitig potenzierende Wirkung zusammen mit Johanniskraut und auch Baldrian bestätigt und wird oft als pflanzliches Antidepressivum (Adaptogen) eingesetzt

Nebenwirkungen: keine bekannt

Kontraindikationen: keine bekannt

Wir gerne kombiniert mit: Hopfen, Baldrian, Johanniskraut, Melisse, Grünhafer und CBD-Öl

PETERSILIE

(Petroselinum crispum)

Arzneibezeichnung: Petroselini herba/radix
Pflanzenfamilie: Doldengewächse (Apiaceae)
Verwendete Teile: Kraut/Blätter und Wurzel
Erntezeitpunkt: Kraut im Frühling und Sommer, die Wurzel im Herbst

Wirkstoffe: ätherisches Öl (besonders Apiol), Vitamin C, Carotinoide, reichlich Chlorophyll, Eisen, Kupfer, Mangan, die Wurzel enthält auch Terpene

Eigenschaften: harntreibend, steintreibend, abtreibend (Samen-Öl), appetitanregend, krampflösend

TCM-Wirkung: warm, scharf, bitter und salzig (Kraut), warm, süß, scharf und bitter (Wurzel)

Kraut: tonisiert Nieren-Qi und Nieren-Yang, löst Leber-Qi-Stagnationen, stützt die Milz, leitet Nässe und Flüssigkeiten ab, löst Stasen und leitet Toxine aus

Wurzel: tonisiert Leber-Xue, bewegt Qi und Xue, wandelt Nässe um, stärkt das Nieren-Qi, transformiert Schleim und Nässe

Tagesdosis und Anwendungsmöglichkeiten: Das gehackte Kraut oder auch die gehackte Wurzel mit 200 ml kochendem Wasser übergießen, 10 Minuten stehen lassen, dann absieben und lauwarm verfüttern. Die Wurzel kann auch gekocht zugefüttert werden. Das frische Kraut kann auch roh und geschnitten (1 TL) über das Futter gegeben werden. Beides nur als Kur und nicht dauerhaft anwenden.

Indikation Hund: Verdauungsstörungen mit Schwäche, nach einer längeren Krankheit (Wurzel). Harnwegserkrankungen oder Nierenentzündungen, Steine oder Gries im Harntrakt, zur Erhöhung der Harnmenge

Für den Menschen zudem hilfreich bei: Blutmangel, Nachtblindheit, Milchmangel, Gicht und Rheuma (Wurzel) oder Eisenmangel und Menstruationsschmerzen, Ausfluss und Zysten, Gicht und Rheuma (Kraut)

Nebenwirkungen: Es kann zu allergischen Reaktionen und zu Photo-Sensibilität kommen

Kontraindikation: Trächtigkeit und Ödeme aufgrund von Herz- und Nierenerkrankungen

Wird gerne kombiniert mit: Liebstöckel, Fenchel, Anis, Wegwarte

REISKEIM-ÖL

Ergänzungsfuttermittel und 100 % natürlichen Ursprungs, gewonnen aus der Reiskleie

Wirkstoffe: Gamma Oryzanol, Linolsäure, Lecithin, Phytosterole (Testosteronähnlich), Vitamin E

Eigenschaften: fördert den Energiestoffwechsel, den Aufbau der Muskulatur und die Fruchtbarkeit

TCM-Wirkung: neutral bis warm, süß. Stärkt das Qi und tonisiert die Milz und das Xue.

Tagesdosis und Anwendungsmöglichkeiten: 1,5–10 ml über das Futter geben, als Einzelprodukt zum Beispiel von PerNaturam erhältlich

Indikation Hund: schwache Muskulatur und fehlende Leistungsbereitschaft, Schwäche der Hinterhand, nach lang anhaltender Krankheit zur Rekonvaleszenz, bei Fruchtbarkeitsstörungen, trockener Haut und brüchigen Haaren

Für den Menschen zudem hilfreich bei: s.o.

Geschichtliches und Wissenswertes: Reiskeim-Öl steht auf der Doping-Liste. Am besten 14 Tage vor dem Wettkampf nicht verabreichen.

Nebenwirkungen: keine bekannt

Gegenanzeigen: Wettkampf – Doping!

Wird gerne kombiniert mit: Spirulina, Lecithin, Taigawurzel, Reishi Vitalpilz

RINGELBLUME

(Calendula officinalis)

Arzneibezeichnung: Calendulae flos
Pflanzenfamilie: Korbblütler (Asteraceae)
Verwendete Teile: Blüten
Erntezeitpunkt: in voller Blüte bei Sonnenschein

Wirkstoffe: Flavonoide, Carotinoide, Triterpensaponine, Schleimstoffe, Gerbstoffe, Allantoin, Schleimstoffe, Bitterstoffe

Eigenschaften: wundheilend, entzündungshemmend, granulationsfördernd, lymphabflusssteigernd, antibakteriell, antiviral, antimykotisch (pilzwidrig), abschwellend

TCM-Wirkung: kühl (äußerliche Anwendung), neutral (innerliche Anwendung) leicht bitter, süß, etwas salzig. Leitet toxische Nässe-Hitze und Wind-Hitze aus, bewegt das Leber-Qi, reguliert Xue, stärkt Herz-Qi und Herz-Yin, bewegt das Qi im Uterus, tonisiert das Wei-Qi

Tagesdosis und Anwendungsmöglichkeiten: Innerlich: als Ersatz für die Kamille kann die Ringelblume bei Gastritis angewendet werden, hier meist als Tinktur. Üblicher ist die äußerliche Anwendung: Als Salbe in Eigenherstellung oder von Ewalia zum Beispiel, in Kräutersalben und dem „Pfötchenbalsam" von PerNaturam, auch als Haut-Öl gebräuchlich, Kompressen und Waschungen mit Ringelblumenblüten-Extrakten oder Aufgüssen (1 EL Ringelblumenblüten auf 250 ml kochendes Wasser geben, 10 Min. ziehen lassen und den Sud verwenden. Getrocknete Ringelblumenblüten selber zu ernten lohnt sich, gibt es aber auch in Bio-Qualität zum Beispiel von VetTherm.

Indikation Hund: *Innerlich* – bei Leberproblemen und Bauchkrämpfen, Schleimhautentzündungen. *Äußerlich:* bei allen Hautwunden, Narben und Irritationen, entzündlichen Ekzemen, infizierten Wunden und Abszessen, Verbrennungen und Bestrahlungen (Tumortherapie). Ebenso zum Auflösen von Verklebungen und Verkrustungen bei Wundverbänden oder Verfilzungen.

Für den Menschen zudem hilfreich bei: Entzündeten Lymph- und Brustdrüsen, Venenstauungen, Windpocken und Masern (zum Auftragen gegen Juckreiz und zur Abheilung der Haut), Herpes simplex, Windeldermatitis, Hautflechten

Geschichtliches und Wissenswertes: Der Name „Ringelblume" kommt von der Art der Pflanze, sich nach dem Verblühen einzuringeln. Hildegard von Bingen nannte sie „Ringula" und verwendete sie bei Kopfgrind und krebsartigen Geschwüren, im frühen 17. Jahrhundert wurde sie fässerweise in Apotheken gelagert, da sie als Allheilmittel galt. Wichtig: Wer nur die Blütenblätter verwendet, muss mit wenig allergischen Reaktionen rechnen. Die grünen Kelchblätter und die Blütenköpfe enthalten viele Allergene, aber dafür auch mehr Allantoin und ätherische Öle.

Nebenwirkungen: es können auch bei nicht allergisch Reagierenden Hautirritationen auftreten, daher zunächst an einer gesunden kleinen Hautpartie testen.

Kontraindikation: Korbblütler-Allergie

Wird gerne kombiniert mit: Nachtkerzen-Öl, Kletten-Labkraut, Stiefmütterchen, Schafgarbe

ROSMARIN

(Rosmarianus officinalis)

Arzneibezeichnung: Rosmarini folium, oleum
Pflanzenfamilie: Lippenblütler (Lamiaceae)
Verwendete Teile: Blätter
Erntezeitpunkt: Sommer

Wirkstoffe: viel ätherisches Öl (u.a. Campher), Gerbstoffe, Flavonoidglykoside, Bitterstoffe, Triterpene

Eigenschaften: krampflösend, durchblutungsfördernd, blutdrucksteigernd, beschleunigt den Herzschlag, verdauungsanregend, allgemein stärkend, antibakteriell, antiviral, antioxidativ

TCM-Wirkung: warm, scharf und bitter. Tonisiert und bewegt das Herz-Qi, das Nieren-Qi und Nieren-Yang, wärmt alle 3 Erwärmer, tonisiert und bewegt Xue, beseitigt Kälte-Nässe und transformiert kalten Schleim und bewegt die Jin Ye, vertreibt äußeren Wind, unterstützt die Milz, bewegt Qi in allen Leitbahnen

Tagesdosis und Anwendungsmöglichkeiten: frisch oder getrocknet nur in kleinen Dosen, ca. 0,5–2 Gramm verfüttern, besser sind die Öl-Zubereitungen, wie z.B. im „Bio-CrataeDog" von PerNaturam. Das Rosmarin-Öl ist auch in einigen Produkten gegen Ektoparasiten enthalten, so ist das verdünnte Öl zum Beispiel sehr wirksam gegen die Grabmilbe/Räude (gemischt mit „Ballistol animal" ein wahres Wundermittel). Das Rosmarin-Öl kann auch äußerlich für Einreibungen genutzt werden (verdünnt und mit Vorsicht).

Indikation Hund: Herzschwäche, koronare Durchblutungsstörungen, verlangsamte Verdauung, Milben- oder Flohbefall

Für den Menschen zudem hilfreich bei: Kreislaufschwäche, Appetitmangel und Bauchschmerzen, Schwäche und Kälte in den Glied-

maßen, sowie Rheuma (wirkt von innen und als verdünnte Tinktur äußerlich, siehe „Retterspitz“)

Geschichtliches und Wissenswertes: Das ätherische Öl des Rosmarins gehörte in das klassische „Riech-Salz“ gegen Ohnmacht und Kreislaufschwäche. Auch verdünnt als scharfe Einreibung wurde und wird es zur gesteigerten Durchblutung bei Verspannungen, Schmerzen und Verstauchungen genutzt. Im antiken Griechenland galt es als gedächtnissteigernd und so trugen Studenten und die Weisen alle einen Bund getrockneten Rosmarin an ihrer Halskette. Auch Aphrodite schwor schon auf das Rosmarinkraut zur Stärkung der Röte und der Kraft. Als Mittelmeerpflanze ist der Rosmarin aus der mediterranen Küche nicht wegzudenken und hat auch in der Hausmannskost hierzulande längst Einzug gehalten, dabei ist er wie Oregano oder Thymian weit mehr als eine Gewürzpflanze. Das Rosmarin-Öl soll das Herz zudem stärken, wenn man die kleinen Finger an der Außenseite damit massiert (Herz-Leitbahn).

Nebenwirkungen: abends angewendet kann das Rosmarinkraut oder Öl zu Einschlafstörungen führen, im Übermaß kann es die Schleimhäute und die Nieren reizen.

Kontraindikationen: Bluthochdruck und Trächtigkeit

Wird gerne kombiniert mit: Thymian, Oregano, Weißdorn. Zum Räuchern von Tierställen auch in Kombination mit Wacholder.

SÄGEPALME

(Serenoa repens/serrulata)

Arzneibezeichnung: Sabalis serrulatae fructus
Pflanzenfamilie: Palmengewächse (Arecaceae)
Verwendete Teile: Beeren
Erntzeitpunkt: bei Vollreife der Früchte

Wirkstoffe: Saponine, Triglyceride, ätherisches Öl, Triterpene, Phytohormone, Gerbsäuren und Harze

Eigenschaften: harntreibend, entzündungshemmend, schleimlösend, beruhigend, ödemhemmend, antiandrogen und prostatotrop

TCM-Wirkung: neutral und bitter, etwas salzig. Tonisiert das Blasen-Qi, leitet Nässe und Hitze aus, transformiert Schleim und stärkt die Wasserwege.

Tagesdosis und Anwendungsmöglichkeiten: Als Trockenextrakt pur: 4 mg pro kg

Körpergewicht 2-mal täglich. Enthalten z.B. in „Roter Pointer“ von PerNaturam.

Indikation Hund: Harnverhalten, Blasenentzündung, Prostataschwellung, nächtlicher Harndrang, Restharnbildung

Für den Menschen zudem hilfreich bei: siehe oben

Nebenwirkungen: selten Magenschmerzen

Kontraindikation: Prostatakarzinom

Wird gerne kombiniert mit: Kürbiskernen und **Katzenbart (Ortosiphon), dem indischen Nierentee,** der ähnlich harntreibend und entzündungshemmend ist und gut bei Blasen- und Nierengrieß hilft.

SALBEI

(Salvia officinalis)

Arzneibezeichnung: Salviae folium
Pflanzenfamilie: Lippenblütler (Lamiaceae)
Verwendete Teile: Blätter
Erntezeitpunkt: vor der Blüte im Mai oder Juni

Wirkstoffe: Ätherisches Öl, Gerbstoffe, Bitterstoffe, Flavonoide und Flavonoidglykoside, Saponine, Harze, Phytoöstrogene

Eigenschaften: antibakteriell, antiviral, antimykotisch, zusammenziehend, schweißhemmend, entzündungshemmend, verdauungsfördernd und appetitanregend, menstruationsregulierend, milchflusshemmend, wundheilend, geburtserleichternd

TCM-Wirkung: warm mit kühlendem Potential, bitter, scharf. Nährt die Nieren-Essenz, reguliert und bewegt das Leber-Qi, moduliert das Wei-Qi, tonisiert das Lungen- und das Magen-Qi, beseitigt äußere Wind-Kälte oder Wind-Hitze aus der Lunge sowie Schleim, besänftigt das Herz und Shen (nervöse Schweißbildung oder Nachtschweiß während der Wechseljahre, wenn der Salbeitee kalt getrunken wird, hilft er besonders), tonisiert den unteren Erwärmer

Tagesdosis und Anwendungsmöglichkeiten: Enthalten in der „Fei Yin Xu"-Mischung (Lungenschwäche-Mischung) von VetTherm und als Bio-Einzelkraut derselben Firma. Als Einzelkraut gut als Tee anzubieten, verdünnte Tinkturen (1:10) eigenen sich zur Mundspülung bei Zahnfleischentzündungen oder für eine Kompresse auf entzündlichen Hautstellen. Selbsthergestellte Salbei-Salben eignen sich auch bei Hot Spots und entzündeten Krallenbetten, im „Enterogan" von PerNaturam schützt es die Darm- und Magenschleimhaut.

Indikation Hund: Zahnfleischentzündungen- und Verletzungen, Halsentzündungen, Sodbrennen, Husten allgemein, Appetitlosigkeit, entzündlicher Durchfall, Hemmung der Milchbildung

Für den Menschen zudem hilfreich bei: Hitzewallungen und Nachtschweiß, Lippenherpes, Schwäche der Periode, Abstill-Wunsch und zur Geburtserleichterung kurz vor der Geburt eingenommen

Geschichtliches und Wissenswertes: „Salvare" ist lateinisch und heißt: „heilen" oder „retten". Damit ist eigentlich alles gesagt. Im Mittelalter zierte jedes Arzneibuch die Salbeipflanze und wurde als Wundermittel für die Gesundheit, aber auch für die Gedächtnisleistung angepriesen. Sicherlich rührt das daher, dass der Salbei eine sehr gute desinfizierende Wirkung hat und das Gurgeln mit dem warmen Tee sogar vor Ansteckungen schützen soll (bedenkt man die schlechte Mund- und Zahnhygiene im Mittelalter, dann machte das Gurgeln sicher Sinn).

Er wurde oft und viel in den Speisen genutzt und hing in jeder Stube getrocknet am Herd und über dem Bett. Oft in Kombination mit Rosmarin oder Wacholder. Auch interessant: Salbeitee mit Salz sollte die Empfängnisbereitschaft der Frau stärken, Hildegard von Bingen riet dazu genauso wie zur Vermeidung von schlechtem Atem. „Salbei im Garten und der Tod kann warten" hieß es früher. In der heutigen Forschung bestätigt sich die Wirkung bei Erkrankungen des Zentralen Nervensystems und deren degenerativen Störungen ebenso wie die Hemmung der Papillomen (Vorläufer von Krebszellen) auf der Haut.

Nebenwirkungen: Bei Überdosierung kann Schwindel und Herzjagen auftreten

Kontraindikationen: Trächtigkeit und sehr junge Tiere, Laktationsphase

Wird gerne kombiniert mit: Thymian, Oregano, Myrrhe, Süßholz

SANDDORN

(Hippophae rhamnoides)

Arzneibezeichnung: Hippophae rhamnoides fructus
Pflanzenfamilie: Ölweidengewächse (Elaegnaceae)
Verwendete Teile: Beeren
Erntezeitpunkt: September bis Oktober im reifen Zustand

Wirkstoffe: Vitamin C, E, B-Komplex, Gerbstoffe, Flavonoide, Carotinoide, Eisen, Kalium, Magnesium, Zink, Eiweiß, Gamma-Linolensäure

Eigenschaften: abwehrkräftesteigernd, fiebersenkend, kräftigend, leicht schmerzstillend, appetitanregend, regt Fettverdauung an und stimuliert die Bauchspeicheldrüse, stark antioxidativ, entzündungshemmend, schleimhautschützend

TCM-Wirkung: kalt und sauer, etwas süß. Bewahrt die Säfte, leitet toxische Hitze aus, nährt das Leber- und Herz-Yin und das Wei-Qi, beruhigt Shen und bildet und bewegt Xue, stützt die Mitte und bewegt das Leber-Qi

Tagesdosis und Anwendungsmöglichkeiten: getrocknete Sanddornbeeren von VetTherm zum Beispiel, ¼ TL pro 10 kg Körpergewicht oder von Ewalia im „Immunvitalsaft".
Als Tee: 1TL auf 250 ml kochendes Wasser geben, 10 Minuten ziehen lassen. Im Handel gibt

es auch Kern-Öl aus Sanddorn-Fruchtfleisch für die äußerliche Anwendung auf der Haut

Indikation Hund: Neigung zu entzündlichen Infekten, Schwäche von Leber, Galle, Milz und Nieren, blutiger und/oder entzündlicher Durchfall, Sodbrennen, Magen- und Darmgeschwüre, Zahnfleischentzündungen, Vitaminmangel und Schwäche allgemein, auch Anämie, begleitend zur Epilepsiebehandlung

Für den Menschen zudem hilfreich bei: Neurodermitis, Verbrennungen, Blutungsneigung, Frühjahrsmüdigkeit

Nebenwirkungen: Sodbrennen und Durchfall, wenn im Übermaß eingenommen

Kontraindikationen: Sodbrennen, akute Pankreatitis

Wird gerne kombiniert mit: Honig

SCHAFGARBE

(Achillea millefolium)

Arzneibezeichnung: Millefolii herbae
Pflanzenfamilie: Korbblütler (Asteraceae)
Verwendete Teile: Blüte und oberes Blattwerk
Erntezeitpunkt: In der Blüte von Juni bis September

Wirkstoffe: ätherisches Öl (u.a. Campher, Eukalyptol), Bitterstoffe, Gerbstoffe (Tannine), Flavonoide (u.a. Rutin, Apigenin, Luteolin), Cumarine, Kieselsäure, Kalium, Phythormone, die progesteronähnlich sind

Eigenschaften: entkrampfend, menstruationsregelnd, verdauungsfördernd, Verdauungssäfte anregend, blähungswidrig, harntreibend, entzündungshemmend, antiseptisch, schmerzstillend, blutungsstillend, zusammenziehend, wundheilend, pilzhemmend

TCM-Wirkung: neutral, bitter, scharf, leicht süß und leicht salzig. Reguliert und bewegt Leber-Qi, bewegt und stützt Xue, tonisiert das Milz- und Magen-Qi, festigt das Nieren-Qi und leitet Nässe-Hitze aus dem unteren Erwärmer, beruhigt Shen und nährt das Herz-Yin, klärt Hitze, leitet Schleim aus und vertreibt Wind

Tagesdosis und Anwendungsmöglichkeiten: Schafgarbe getrocknet 0,5–2 Gramm täglich oder 1 TL auf 250 ml kochendes Wasser, 10 Minuten ziehen lassen. Fertigprodukte gibt es viele: Ewalia: „Darmvitalsaft“ und „Herz-Kreislaufsaft“, PerNaturam: „Natalen“, VetTherm: „Bio-Schafgarbenkraut“ und „Schafgarbenpulver“ und “GanQi YuJie“ und „GanYang Shangkang“

Indikation Hund: Krampfkoliken, Galle-Fluss-Störungen, Appetitlosigkeit, Pyometra (begleitend zur schulmedizinischen Therapie), Leberschwäche

Für den Menschen zudem hilfreich bei: Das große Heilkraut der Frauenheilkunde: Menstruationsstörungen und-schwäche (fördert zu schwache, lindert zu starke Blutungen), lindert Unterleibskrämpfe, Migräne, Schwindel und bessert das Allgemeinempfinden, als Sitzbad bei Hämorrhoiden zu empfehlen.

Geschichtliches und Wissenswertes: Dioskurides, der zu Lebzeiten Neros ein bekannter Arzt war, kannte schon ihre Heilwirkung, Hildegard von Bingen machte sie als Frauenkraut bekannt, nannte aber auch ihren Nutzen bei „allen Verletzungen im Inneren des Körpers“ und als Sitzbad. Der Beiname „millefolium“ kommt von den unzählig vielen kleinen gefiederten Blättern, mille = tausend. Sie zählt zu den ältesten Heilpflanzen, schon vor 60.000 Jahren wurde sie als Grabbeigabe geschätzt.

Ich selber bin so erstaunt über ihren enorm verbreiteten Wuchs überall rund um Felder, am Straßenrand, selbst an Autobahnen oder auf Weiden und Wiesen. Sie ist beinahe überall vorhanden, doch nur wenige wissen sie zu schätzen, dabei ist sie nicht nur hilfreich, sondern wie viele andere Heilkräuter auch, sehr schön anzusehen.

Nebenwirkungen: keine bekannt. Beim Pflücken der Pflanze kann es bei Sonnenschein zu phototoxischen Hautirritationen kommen.

Kontraindikationen: Korbblütler-Allergie

Wird gerne kombiniert mit: Kamille, Frauenmantel, Pfefferminze, Melisse, Passionsblume

SCHWARZKÜMMEL, ÄGYPTISCHER

(Nigella sativa)

Arzneibezeichnung: Nigelli semen, oleum
Pflanzenfamilie: Hahnenfußgewächse (Ranunculaceae)
Verwendete Teile: Samen oder Öl der Samen
Erntezeitpunkt: September

Wirkstoffe: Linolsäure, Ölsäure (u.a. Nigellin), ätherisches Öl (u.a. Thymol), Vitamine und Mineralstoffe, Phytoöstrogene

Eigenschaften: stoffwechselanregend, antibakteriell, antioxidativ, immunmodulierend und allergiemildernd, antiparasitär, milchfördernd, leicht schmerzlindernd, leicht blutzucker- und cholesterinsenkend, schleimhautberuhigend, angeblich tumorhemmend

TCM-Wirkung: warm und bitter-scharf. Nieren-Yang stärkend und Xue bewegend, reguliert das Wei-Qi und stützt die Mitte. Leitet Schleim und Nässe aus und bewegt Qi in allen Leitbahnen, besonders in der Lungen- und Leberleitbahn.

Tagesdosis und Anwendungsmöglichkeiten: Samen pur (auf Qualität achten) aus dem Reformhaus, 0,5–2 Gramm im Mörser zerstoßen (täglich frisch!) oder als Öl von Ewalia oder PerNaturam: 5 bis 20 ml täglich, auch im „Rio Grande-Saft" von Ewalia enthalten.

Indikation Hund: Allergien jeglicher Art, aber besonders bei allergischem Asthma oder allergischen Hautkrankheiten, Autoimmunkrankheiten, die besonders Darm oder Haut betreffen und bei Infektanfälligkeit

Für den Menschen zudem hilfreich bei: Neurodermitis, Psoriasis, Heuschnupfen (auch zur Inhalation möglich), Rheumatoide Arthritis, unterstützend bei Diabetes, Arteriosklerose und Krebs

Geschichtliches und Wissenswertes: Seit Jahrtausenden wird der Schwarzkümmel in verschiedenen Kulturen geschätzt, besonders im alten Ägypten war Schwarzkümmel hoch verehrt, nur die Pharaonen durften ihn nutzen, bekamen ihn teilweise als Grabbeigabe dazu, die TCM nutzt ihn beinahe ebenso lange erfolgreich und ist heute noch fester Bestandteil der ayurvedischen Medizin. Hippokrates (4 Jh. v. Chr.) bemerkte die positive Wirkung auf die Psyche und verschrieb es bei Unruhe.

Nebenwirkungen: Bei langer Anwendung (über 4–6 Wochen) kann es zu Leberproblemen kommen

Kontraindikation: Östrogenüberschuss

Wird gerne kombiniert mit: Fenchel-, Thymian-, Eukalyptus-, Minz-Öl

SEEALGEN (-MEHL)

Ascophyllum nodosum

Herkunft: Seealgen aus dem Nordatlantik vor Kanada (Nahrungsergänzungsmittel)

Wirkstoffe: Eiweiße und essentielle Aminosäuren, beinahe alle Mineralien und Spurenelemente, besonders hervorzuheben ist hier der Jodanteil

Eigenschaften: unterstützt die Vitalität, die Pigmentierung, die Fellqualität und den Stoffwechsel, besonders eine träge Schilddrüse profitiert hiervon

TCM-Wirkung: kühl und salzig. Nährt besonders das Xue und tonisiert das Nieren-, Herz- und Leber-Yin, kühlt bei Hitze und leitet Schleim aus, bewegt Xue und Qi, löst Stasen auf, beruhigt Shen

Tagesdosis und Anwendungsmöglichkeiten: Pur als Pulver von PerNaturam (1–6 Gramm täglich) oder im „Komplement-Natal", „Komplement L-M", „Komplement Junior", „Cornett+H" und „Pigmentan" derselben Firma.

Indikation Hund: Generell als Ergänzungsfutter zur Unterstützung der Versorgung von Nährstoffen und durch den relativ hohen Jodgehalt gut bei Schilddrüsenunterfunktion. Pigmentstörungen, Fellproblemen

Wissenswertes: Seealgenmehl ist nicht zu verwechseln mit **Algenkalk**! Letzterer stammt von der **Lithothamnium calcareum Kalkalge**, die in erster Linie Calcium enthält. (Die möglicherweise am besten geeignete Calciumquelle für Hunde.)

Nebenwirkungen: bei normaler Dosierung nicht zu erwarten

Kontraindikationen: Schilddrüsenüberfunktion und Allergie auf Seealgenprotein

TCM-Wirkung: warm, scharf, etwas salzig, etwas bitter. Wei-Qi stärkend, die Lunge nährend, leitet Kälte aus und öffnet die Oberfläche (erzeugt Fieber im Anfangsstadium einer Erkältung), leitet Toxine aus

Tagesdosis und Anwendungsmöglichkeiten: getrocknete oder frische Blüten oder Wurzel im Tee, im „Echinacea Sonnenhut-Pulver" von VetTherm, 0,3 Gramm pro 10 kg Körpergewicht, im „Immunvitalsaft" von Ewalia und im „Bio-EchinaDog" von PerNaturam enthalten.

Indikation Hund: Immunschwäche und Erkältungsneigung, wiederkehrende Entzündungen der oberen Luftwege oder der Harnwege, schlechte Wundheilung, Lymphdrüsenschwellungen

SONNENHUT

(Echinacea purpurea)

Arzneibezeichnung: Echinaceae herba, radix
Pflanzenfamilie: Korbblütler (Asteraceae)
Verwendete Teile: Blüten und Wurzel
Erntezeitpunkt: sobald sich die Blütenköpfe wölben, ca. Juli oder August

Wirkstoffe: Cichoriensäure, Polysaccharide, Alkylamide, Flavonoide, Polyacetylene, ätherisches Öl

Eigenschaften: entzündungshemmend, immunsteigernd, antiviral, wundheilungsfördernd

Zusätzlich für den Menschen hilfreich bei: als Umstimmungsmittel bei grippalen Infekten oder chronischen Entzündungen, Scharlach, Röteln, Mumps im Anfangsstadium, chronisch eitrigen Hautproblemen, wie Furunkeln, Abszessen oder Akne und entzündeten Insektenstichen, Lippenherpes

Geschichtliches und Wissenswertes: Der Sonnenhut sollte stets als Kur und nicht länger als 2 Wochen eingenommen werden, da sonst eine Immunabwehr-Umkehr eintritt, weil nach längerer Einnahme die Anzahl der weißen Blutkörperchen sinkt und eine Immunsuppression eintritt (siehe Stern und Ell-Beiser, Phytotherapie in Theorie und Praxis). Oft werden monatelange Kuren zur Einnahme empfohlen, dies sollte möglicherweise hinterfragt und mit Vorsicht aufgenommen werden. Weitere Studien stehen aus. (Ursel Bühring, „Lehrbuch Heilpflanzenkunde", empfiehlt 6 Wochen, ältere Fachbücher dagegen sogar mehrere Monate)

Das Kraut sollte frisch verwendet werden, da sonst (ähnlich wie beim Löwenzahn z.B.) die Wirkstoffe schnell schwinden, hier bieten sich daher Presssäfte an; die Wurzel allerdings kann gut konserviert und getrocknet verabreicht werden.

Nebenwirkungen: Hautirritationen möglich

Kontraindikationen: Korbblütler-Allergie, Autoimmunerkrankungen, MS, HIV-Infektionen

Wird oft kombiniert mit: Honig, Thymian, Oregano, Sanddorn, Holunderbeeren-Saft (gekocht), Hagebutte

SPIRULINA ALGE

Herkunft: Süßwasseralge, Blaualge (Cyanobakterie), Nahrungsergänzungsmittel

Wirkstoffe: Chlorophyll und Phycocyanin (daher die blaugrüne Farbe), Eiweiße, Beta Carotin, Vitamine der B-Gruppe, Vitamin E, Selen, Eisen, Gamma-Linolensäure

Eigenschaften: stark antioxidativ, blutreinigend, entzündungshemmend, gefäßerweiternd, leberprotektiv und entgiftend, vitalisierend, geruchsbindend, basisch und damit entsäuernd, krebshemmend (nicht erwiesen, aber Studien laufen aufgrund vieler positiver Fälle)

TCM-Wirkung: neutral bis kühl, salzig und etwas süß. Yin-Tonikum! Nährt, kühlt und bewegt Xue, leitet toxische Hitze aus, löscht das Magenfeuer, wandelt Schleim um, bewegt das Leber-Qi, nährt das Leber- und Nieren-Yin, stützt Jing. Tonisiert die Lunge und reguliert das Wei-Qi.

Tagesdosis und Anwendungsmöglichkeiten: Pur (1/2-3 TL) als Pulver, Flocken oder Pellets oder im „Algentrio" bei PerNaturam oder VetTherm zum Beispiel, auch in Fertigprodukten „Hepatika", „KoProStop" „Zellschutz Antistress" und „Regenerat" von PerNaturam ist die Alge enthalten.

Indikation Hund: Vitalstoffmangel, Müdigkeit, Haut- und Fellstörungen, Immunschwäche, wiederkehrende Infekte, schlechte Leberwerte, Unkonzentriertheit, Allergien, Krebsdisposition, Herzschwäche mit Unruhe oder Magenproblemen, wie z.B. Gastritis. Bei Schilddrüsenunterfunktion unterstützend, obwohl der Jodgehalt eher gering ist, aber die Alge die leeren Vitalstoffspeicher füllen und den Stoffwechsel anregen kann.

Für den Menschen zudem hilfreich bei: Herzklopfen und innerer Unruhe, Aufmerksamkeitsdefiziten, Konzentrationsstörungen, inneren Hitzegefühlen und erhöhtem Blutdruck, erhöhtem Cholesterin-Wert und erhöhten Blutfetten, Hepatitis und Fettleber, Arthritis, Rheuma, starker Menstruation und Wechseljahresbeschwerden, Migräne und Entgiftungsschwäche, Arteriosklerose

Geschichtliches und Wissenswertes: Bitte unbedingt auf die Herkunft und die Qualität achten, da die Alge nicht nur Schwermetalle aus dem Körper leiten kann, sondern auch selber welche einlagert, wenn das Wasser in dem sie wächst, belastet ist! Zertifizierter biologischer Anbau ist vorzuziehen, Aquakulturen sind hier eher vorteilhaft, sollte das Herkunftsland nicht auf Qualität bei der Ernte aus freien Gewässern achten.

Eine weitere, sehr wirksame Süßwasseralge ist die bekannte

CHLORELLA-ALGE

Sie hat im Gegensatz zur Spirulina-Alge einen viel höheren Anteil an Chlorophyll (keine andere Pflanze besitzt so viel Chlorophyll wie Chlorella, daher auch ihr Name) und besitzt einen Zellkern und wird daher als Mikroalge bezeichnet (Einzeller). Ihre starke Anpassungsfähigkeit zeigt sie seit Jahrmillionen und ist von unschätzbarem Wert für die Gesundheit und auch ein beliebtes Forschungsobjekt der Wissenschaft. Sie ist durch ihre hohe Entgiftungsleistung sehr leberwirksam und „entgiftet" das Blut, füllt währenddessen dank der hohen Bioverfügbarkeit ihrer Nähstoffe das Blut auch wieder damit auf. Sie unterbindet Entzündungsprozesse und regeneriert Zellen. Die krebshemmende Wirkung wird stark vermutet. Chlorella und ihr Chlorophyll verbessern die Sauerstoffversorgung und Zellatmung, aktivieren den Stoffwechsel und fördern die Leistungsfähigkeit, gleichen den Säure-Basen-Haushalt aus, binden Gerüche (Maulgeruch und der Geruch der läufigen Hündin) und regenerieren die innere Balance des Körpers und des Geistes. Sie soll in Kombination mit der Spirulina-Alge die Gedächtnisleistung und sogar Demenz bessern, die Zellreparatur verbessern, Alterungsprozesse verlangsamen, das Immunsystem stärken und vermutlich sogar gegen Krebs helfen. Chlorella gibt es pur als Pulver oder Tablette oder z.B. im „Hämophyll" zu Blutbildung oder im „Algentrio" von PerNaturam.

Nebenwirkungen: Bei „Einschleichen" der richtigen Dosierung sind kaum Nebenwirkungen zu erwarten. Möglicherweise kann es zu Blähungen oder Magenschmerzen kommen oder durch die Entgiftungsvorgänge zu Kopfschmerzen führen. Der Kot kann sich grünlich färben. Wechselwirkungen (Abschwächung) mit anderen Medikamenten möglich.

Kontraindikationen: Schilddrüsenüberfunktion (nach Absprache mit dem Arzt möglich) und Phenylketonurie

Wird gerne kombiniert mit: Chlorella

SPITZWEGERICH

(Plantago lanceolata)

Arzneibezeichnung: Plantaginis lanceolatae folium
Pflanzenfamilie: Wegerichgewächse (Plantaginaceae)
Verwendete Teile: junge Blätter
Erntezeitpunkt: während der Blüte

Wirkstoffe: Schleimstoffe, Gerbstoffe, Monoterpene, Flavonoide, Cumarine, Mineralstoffe, vor allem Zink, Eisen, Kieselsäure und Kalium, Vitamin A und C, Iridoidglykoside (Aucubin)

Eigenschaften: entzündungshemmend, antimikrobiell, reizmindernd, schleimhautschützend, hustenreizlindernd, zusammenziehend, wundheilend, leicht blutstillend und blutreinigend

TCM-Wirkung: kühl, salzig, leicht bitter. Nährt das Lungen-Yin und tonisiert das Wei-Qi, beseitigt Schleim-Hitze und Nässe-Hitze, leitet Feuchtigkeit aus, klärt Leber-Feuer und stoppt Leber-Husten. Nährt das Nieren-Yin und wirkt kühlend, leitet toxische Hitze aus der Haut und aus den Schleimhäuten, löst Schleim-Stasen und leitet Wind aus.

Tagesdosis und Anwendungsmöglichkeiten: Als Frischpflanze direkt verfüttern (gehackt, ½ bis 1EL) oder auch als Press-Saft oder selbstgemachter Sirup (frisch gehackter Spitzwegerich mit Tannen- oder Akazienhonig), im „Hustenwohlsaft" von Ewalia enthalten oder pur als Pulver von VetTherm. Als Breiumschlag sehr

wirksam auf Insektenstichen oder entzündeten Hautstellen. Eine Tinktur lässt sich sehr gut selber herstellen. Ein Öl macht weniger Sinn, da sich weder die Kieselsäure, noch die Gerbstoffe darin lösen.

Spitzwegerich-Oxymel bei Bronchitis: 200 ml Honig (Waldhonig z.B.) mit 50 ml Bio-Apfelessig, ¼ TL grobem Salz und gehacktem frischem Spitzwegerich in ein breites Glas geben, mit dem Pürierstab mixen, 1 Woche an einem kühlen Ort stehen lassen, dann abseihen und täglich 3-mal 1 TL davon einnehmen. Hält sich im Kühlschrank mehrere Wochen bis Monate.

Indikation Hund: Reizhusten und trockene, gerötete Schleimhäute, chronisch festsitzender Husten, Bronchitis mit Fieber, trockene Haut und entzündete Hautstellen, Juckreiz und Insektenstiche, Abszesse, schlaffes Bindegewebe, Immunschwäche

Für den Menschen zudem hilfreich bei: therapieresistentem Reizhusten, Asthma (auch allergisch), Dermatitis, Hämorrhoiden, Insektenstichallergie mit starker roter Schwellung, Blutarmut, Lungenschäden durch Rauchen

Geschichtliches und Wissenswertes: Der Spitzwegerich zählt zu den pflanzlichen Antibiotika, besonders was entzündete Haut angeht, aber auch bei chronisch entzündeten und gereizten oberen Atemwegen mit bakterieller Fehlbesiedlung.

Spitzwegerich-Tinktur selbst herstellen: Frische, leicht angewelkte Blätter hacken, mit mindestens 40 % Alkohol ansetzen, 3 Wochen ziehen lassen, dann abseihen und in dunkle Flaschen füllen. Wirkt grandios gegen Juckreiz!

Spitzwegerich-Salbe oder Tinkturen, auch der Spitzwegerich-Sirup lässt sich leicht selbst herstellen und sollte in keiner Hausapotheke fehlen. Sie ist eine uralte germanische Heilpflanze und zählte an zweiter Stelle nach dem Beifuß zu den „Neun-Kräuter-Segen" der Heilkunde. Die Samen wirken süßlich und wärmend und leicht abführend.

Nebenwirkungen: keine bekannt

Kontraindikationen: keine bekannt

Wird gerne kombiniert mit: Island Moos, Blutwurz, Zaubernuss, Süßholz, Malve, Eibisch, Stiefmütterchen

STIEFMÜTTERCHEN

(Wildes Acker-Stiefmütterchen – Viola tricolor)

Arzneibezeichnung: Violae herba
Pflanzenfamilie: Veilchengewächse (Violaceae)
Verwendete Teile: blühendes Kraut, manchmal auch die Wurzel
Erntezeitpunkt: im blühenden Zustand von Mai bis August

Wirkstoffe: Flavonoide (Rutin und Anthocyane), Salicylsäure, Saponine, Schleimstoffe, Gerbstoffe, Cumarin, Carotinoide, Vitamin C und E, Zink, wenig ätherisches Öl

Eigenschaften: schmerzlindernd, antimikrobiell, entzündungshemmend, cortisonähnlich, da immunsuppressiv, diuretisch, schleimlösend, antineuralgisch, wundheilend, pilzwidrig

TCM-Wirkung: neutral bis kühl, bitter, etwas scharf, leicht süß, leicht salzig. Beseitigt Wind-Hitze, Schleim und Nässe-Hitze, inneren Wind und kühlt Blut-Hitze. Tonisiert das Lungen- und das Nieren-Qi, nährt das Leber- und Lungen-Yin und das Xue, bewegt Herz-Qi und beruhigt Shen. Bei allen akuten Bi-Syndromen angezeigt mit Flüssigkeitsansammlungen und Stagnationen.

Tagesdosis und Anwendungsmöglichkeiten: Frisch gehackt unter das Futter geben, ½ bis

1,5 TL, pur als Pulver oder getrocknetes Kraut von VetTherm erhältlich.

Indikation Hund: innerlich und äußerlich (Breiumschlag/Kompresse) bei entzündeter, juckender und schmerzender Haut, Dermatitis, Ekzemen, Hot Spots und Impetigo oder Bronchitis, Nervenentzündungen, Fieber, begleitend bei Epilepsie

Für den Menschen zudem hilfreich bei: Neurodermitis, Akne, Windeldermatitis, Psoriasis, Milchschorf, Neuralgien, Drüsenschwellungen, Rheuma, Arteriosklerose, Gicht, Blasengrieß, Ödemen, schmerzhaften Schwellungen, Gelenkschmerzen

Geschichtliches und Wissenswertes: Hippokrates empfahl die Blüten bei Herzbeschwerden durch Kummer und Sorgen in der Liebe und bei Krampfanfällen.

Stiefmütterchen heißt es aufgrund des Aussehens: Oben sitzt die Mutter, darunter die eigenen Töchter. Unten müssen die Stieftöchter Platz nehmen, das sogenannte „Dreifaltigkeitskraut". Ob es einen Zusammenhang zwischen der von Hippokrates beobachteten Heilkraft bei Liebeskummer und Sorgen und der Dreifaltigkeit der Stiefmutter-Hierarchie gibt? Wer weiß.

Nebenwirkungen: selten Kopfschmerzen

Kontraindikationen: keine bekannt

Wird gerne kombiniert mit: Gänseblümchen, Walnussblätter, Zaubernuss, Eiche, Kamille, Ringelblume

SÜßHOLZ

(Glycyrrhiza glabra)

Arzneibezeichnung: Liquiritiae radix
Pflanzenfamilie: Hülsenfrüchte (Fabaceae)
Verwendete Teile: Wurzel
Erntezeitpunkt: im Herbst nach der Blüte

Wirkstoffe: Triterpensaponine (u.a. Glycyrrhizinsäure), Flavonoide, Cumarine, Polysaccharide, Schleimstoffe, Phytosterin

Eigenschaften: schleimhautschützend, antiulzerogen (schützt vor Geschwüren der Schleimhaut, da pepsinogenhemmend), entzündungshemmend, krampflösend, leicht schmerzlindernd, schleimlösend, antiviral, antibakteriell und antimykotisch (pilzwidrig), antiallergisch, antiasthmatisch, cortisonähnlich, östrogenartig, süßend und harmonisierend

TCM-Wirkung: neutral und sehr süß, befeuchtend. Nährt das Yin der Lunge, tonisiert das Qi von Magen und Milz und der Niere, bewegt das Qi des Darms, bildet Xue und wirkt auf das Herz, stärkt das Lungen-Qi und beseitigt Schleim, moduliert das Wei-Qi, klärt Hitze und Trockenheit, leitet Toxine aus und bewegt das Leber-Qi, harmonisiert zudem die Kräutermischung

Tagesdosis und Anwendungsmöglichkeiten: 0,1 bis max. 2 Gramm der zerkleinerten Wurzel (1Tl entspricht ca. 3 Gramm) über das Futter geben, Anwendung auch als Tee möglich. In Mischungen enthalten wie: „Halswohlsaft" und „Magensaft" von Ewalia, „Bio-Expectorant" Presssaft von PerNaturam

Indikation Hund: zum Magenschutz bei Sodbrennen, Magenschleimhautentzündung oder Magen- und Zwölffingerdarmgeschwüren, Sodbrennen, Helicobacter-Pylori-Infektion, Candida albicans Besiedlung im Darm, Husten mit Schleimansammlung, chronisch entzündete Haut, Allergien

Für den Menschen zudem hilfreich bei: versuchsweise als Kur bei Heuschnupfen und bei Herpes, Heiserkeit, durch die Hormonwirksamkeit der Androgene versuchsweise bei PMS, in der Menopause und zur Prophylaxe von Prostatavergrößerung, zur Kräftigung der Nebennieren und Morbus Addison, Morbus Chron, Adrenalinmangel, Rheuma und Spasmen in den Extremitäten

Geschichtliches und Wissenswertes: Aus der Süßholzwurzel wird traditionell Lakritze unter Beigabe von Zucker, Mehl und Gelatine hergestellt. Manchmal wird noch Anis oder Fenchel und Salmiak beigemischt. Lakritze, die mehr als 200 mg Glycyrrhizin auf 100 g Lakritz enthalten, sind „Stark-Lakritze" und dürfen nicht von Kindern verzehrt werden.

Nebenwirkungen: Durch die Hemmung des Abbaus von Cortisol („Stresshormon") und Aldosteron (Corticosteroid der Nebennierenrinde „Salzhormon", welches den Blutdruck und Natrium-Kaliumhaushalt reguliert, kann es bei längerer Einnahme (über 3 Wochen) zu Bluthochdruck und Ödemen kommen. Da Süßholz cortisonähnlich wirkt, kommt es auch hier zu den klassischen Nebenwirkungen.

Kontraindikationen: Nierenschwäche, Trächtigkeit, Bluthochdruck, Lebererkrankungen, Hypokaliämie
Wechselwirkungen mit Herz- und Nierenmedikamenten, Cortison-Präparaten, Abführmitteln und Hormonbeigaben sind oft schwerwiegend.

Wird gerne kombiniert mit: Thymian, Anis, Fenchel, Eibisch, Malve

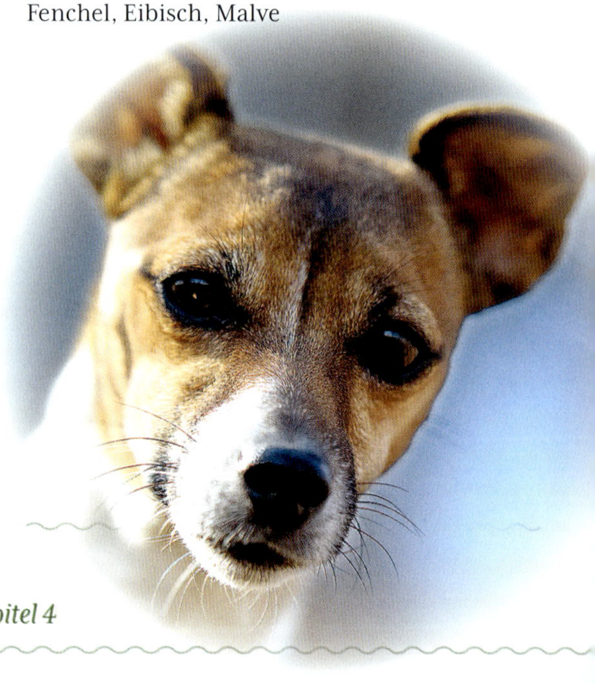

TAUBNESSEL

(Laminum album)

Arzneibezeichnung: Lamii albi flos, herbae
Pflanzenfamilie: Lippenblütler (Lamiaceae)
Verwendete Teile: Blüten und obere Blätter
Erntezeitpunkt: Mai bis September

Wirkstoffe: Gerbstoffe, Schleimstoffe, Saponine, ätherisches Öl, Glykoside, Flavonoide, Iridoide

Eigenschaften: schmerzlindernd, entzündungshemmend, zusammenziehend, wundheilend, krampflösend, blutreinigend, lymphreinigend, erhöht Progesteron- und Östrogenspiegel

TCM-Wirkung: neutral bis leicht warm, süß, leicht bitter, leicht scharf. Beseitigt Nässe aus dem Unteren Erwärmer, leitet Kälte und toxische Hitze aus, wandelt Schleim, nährt das Nieren-Yin und Uterus-Qi, stärkt das Herz-Blut, besänftigt Shen, tonisiert den Magen

Tagesdosis und Anwendungsmöglichkeiten: ½ TL pro 10 kg Körpergewicht des frischen gehackten Krautes über das Futter geben, getrocknet weniger dosieren.

Indikation Hund: Blasenentzündung, Inkontinenz und Reizblase, Hormonschwankungen

Für den Menschen zudem hilfreich bei: chronischer Blasenentzündung, Weißfluss, Myomen, Zysten, PMS, Unterleibsschmerzen, Bettnässen der Kinder, geschwollenen Leistenlymphknoten

Geschichtliches und Wissenswertes: Hildegard von Bingen nannte die Taubnessel „Das Kraut der jungen Mädchen", da es den Menstruationsfluss in Gang bringen, die Schüchternheit und die Reizblase in der Pubertät lindern sollte. Das Wesen der Taubnessel soll mild sein und besänftigend und würde auch Liebeskummer in der frühen Jugend heilen.

Nebenwirkungen: keine bekannt

Kontraindikationen: keine bekannt

Wird gerne kombiniert mit: Spitzwegerich, Schafgarbe, Frauenmantel

TAUSENDGÜLDENKRAUT

(Centaurium erythraea)

Arzneibezeichnung: Centaurii herba
Pflanzenfamilie: Enziangewächse (Gentianaceae)
Verwendete Teile: Stängel und Blüten
Erntezeitpunkt: Während der Blüte von Juni bis September, steht unter Naturschutz!

Wirkstoffe: Bitterstoffe, Flavonoide, Xanthone

Eigenschaften: appetitanregend, verdauungsfördernd, Säfte anregend, entzündungshemmend, kreislaufanregend, fiebersenkend

TCM-Wirkung: kalt bis neutral und bitter. Stärkt das Magen-Qi, vertreibt Kälte aus dem Magen, reguliert rebellisches Magen-Qi, bringt die Leber in den Fluss, tonisiert das Herz-Qi und regt das Wei-Qi an, beseitigt toxische Hitze

Tagesdosis und Anwendungsmöglichkeiten: getrocknetes Kraut pur über das Futter geben 0,5–2 Gramm (1TL entspricht ca. 1,8 Gramm). Gerne mit nur einer kleinen Mahlzeit eine Stunde vor der eigentlichen Fütterung.

Indikation Hund: Appetitlosigkeit, dyspetische Beschwerden, nervöse Erschöpfung, langsame Verdauung, Altersschwäche, Brechreiz, Verstopfung, nachlassende Sehkraft

Für den Menschen zudem hilfreich bei: Gicht, Migräne, Blähungen, Entgiftungsschwäche, Hepatitis, zur Gallensteinprophylaxe, Menstruationsschwäche. Auch psychisch wirksam bei viel Unruhe, Nervosität, Seufzen und Entscheidungsschwierigkeiten

Geschichtliches und Wissenswertes: Schon Pfarrer Kneipp gab das Tausendgüldenkraut den „Gemütskranken“, um diese wieder „auf die Spur“ zu bekommen, um „den Fluss der Säfte und Emotionen“ wieder fließen zu lassen.

Tausendgüldenkraut steht unter Naturschutz und darf nicht gepflückt werden.

Nebenwirkungen: es kann bei Überdosierung zu Magen- und Darmreizungen kommen

Kontraindikationen: Gastritis, Darmentzündungen, starke Menstruation

Wird gerne kombiniert mit: Wegwarte, Schafgarbe, Kamille, Salbei, Melisse, Enzian, Wermut

TEUFELSKRALLE

(Harpagophytum procumbens)

Arzneibezeichnung: Harpagophyti radix
Pflanzenfamilie: Sesamgewächse (Pedaliaceae)
Verwendete Teile: Wurzel

Wirkstoffe: Bitterstoffe (sehr hoher Anteil! – Harpagosid), Phenolglykoside, Polysaccharide, Triterpene, ungesättigte Fettsäuren, Flavonoide

Eigenschaften: schmerzlindernd, entzündungshemmend, verdauungsfördernd, galletreibend, entgiftend, knorpelschützend, antiarthrotisch (verbessert die Gelenkbeweglichkeit)

TCM-Wirkung: kalt und sehr bitter. Kühlt Hitze, leitet Wind und Feuchtigkeit ab, trocknet, tonisiert das Milz- und Magen-Yin, bewegt Qi und lindert Bi-Syndrome (Hitze- und Nässe-Bi)

Tagesdosis und Anwendungsmöglichkeiten: ca. 0,5–1 Gramm pro 15 kg Körpergewicht, Darreichung bis zur Beschwerdefreiheit und ca. 10 Tage darauf. Als Pulver pur bei VetTherm und

Aniforte erhältlich, in Fertigprodukten wie z.B.: „Bewegungssaft“ von Ewalia oder im „Perna Senior“ von PerNaturam

Indikation Hund: Arthritis mit Rötung und Schwellung (akute Phase) und entzündete schmerzhafte Gelenke, Appetitlosigkeit, Verdauungsschwäche

Für den Menschen zudem hilfreich bei: Rheuma, Hepatitis, Polyarthritis, Neuralgien (akute Entzündungen der Nerven), Sehnenscheidenentzündungen

Geschichtliches und Wissenswertes: Die medizinisch wirksame Teufelskralle stammt aus der Kalahari-Wüste und den Steppen Südafrikas und sollte nicht mit der hier heimischen Teufelskralle, die ein Glockenblumengewächs ist, verwechselt werden.

Nebenwirkungen: Magenbeschwerden bis Schleimhautreizungen

Kontraindikationen: Arthrose mit Kälteempfindlichkeit, Schmerzen, die sich durch Kälte verschlechtern, Trockenheit der Schleimhäute, Gallensteine, Magengeschwüre, Darmgeschwüre

Wird gerne kombiniert mit: Grünlippmuschel, Hagebutte, Mädesüß, Weidenrinde, Weihrauch und Ingwer

THYMIAN

(Thymus vulgaris)

Arzneibezeichnung: Thymi herba
Pflanzenfamilie: Lippenblütler (Lamiaceae)
Verwendete Teile: obere Hälfte des (blühenden) Krautes
Erntezeitpunkt: in der Blüte von Juni bis August

Wirkstoffe: ätherisches Öl (Thymol), Gerbstoffe, Flavonoide, Bitterstoffe, Saponine, Harze, Eisen

Eigenschaften: auswurffördernd, schleimlösend, krampflösend, antibakteriell, antiviral, verdauungsfördernd, blähungstreibend, wurmwidrig, zusammenziehend

TCM-Wirkung: warm, scharf, etwas bitter. Tonisiert das Nieren-Yang und das Lungen-Qi, reguliert und bewegt das Leber-Qi und

stärkt das Wei-Qi. Löst Kälte-Stagnationen und Kälte-Schleim, senkt das Qi der Lunge ab, löst Xue-Stagnationen des Herzens, beruhigt Shen und stützt die Mitte.

Tagesdosis und Anwendungsmöglichkeiten: Pur frisch oder gemahlen oder getrocknet und gerebelt (von VetTherm) 1–5 Gramm 1 TL entspricht ca. 1,5 Gramm, auch in der Kräutermischung „Fei Yin Xu (schleimiger kalter Husten) von VetTherm im „Halswohlsaft" von Ewalia, und im „Enterogan", sowie „WermExil" von PerNaturam enthalten. Eine Tinktur lässt sich leicht selbst herstellen, genauso wie der Thymian-Oxymel.

Indikation Hund: kalter und schleimiger Husten (durchsichtiger bis weißer Schleim), Kälteempfindlichkeit, Schmerzen und Verspannungen im hinteren Rückenbereich, Durchfall und Bauchschmerzen nach Kälteeinwirkung

Für den Menschen zudem hilfreich bei: Keuchhusten, Reizblase, Schmerzen während der Menstruation, Darm- und Vaginalpilz, in der Rekonvaleszenz und bei körperlicher Schwäche mit Angstzuständen, Alpträumen, MRSA-Besiedlung, Schmerzen in der LWS.

Geschichtliches und Wissenswertes: Thymian wird seit langem geschätzt als gärungs- und fäulniswidriges Kraut und die antiseptische Wirkung war zu den Zeiten ohne Antibiotika oft lebensrettend. Auch heute noch findet man Thymian nicht nur in der Küche als Gewürz, sondern in beinahe jeder Hustentee-Mischung ist das Kraut enthalten. In der Tiermedizin stets hochgeschätzt, auch durch die keimhemmende Wirkung auf die Schleimhaut von Lunge und Darm und die vertreibende Wirkung auf Parasiten.

Nebenwirkungen: Das frische Kraut enthält viel ätherisches Öl, welches im Übermaß angewendet die Schleimhäute angreifen kann

Kontraindikationen: keine bekannt

Wird gerne kombiniert mit: Kurkuma, Fenchel, Anis, Oregano, Süßholz, Ingwer, Honig

Thymian ist wie der Ingwer ein Kraut gegen „Kälte-Erkrankungen“, beispielsweise beginnender Husten mit hellem Schleim, Arthrose, Verdauungsschwäche und Schmerzen im unteren Rücken.

ULMENRINDE

(Ulmus minor/campestris)

Arzneibezeichnung: Ulmi campestris cortex
Pflanzenfamilie: Ulmengewächse (Ulmaceae)
Verwendete Teile: Rinde junger Äste

Wirkstoffe: Gerbstoffe, Phytosterin, Schleimstoffe, Bitterstoffe, Kalium

Eigenschaften: schleimhautschützend, entzündungshemmend, antibakteriell, stopfend

TCM-Wirkung: neutral bis warm und bitter. Leitet toxische Hitze und löscht Magen-Feuer, befeuchtet und schützt die Schleimhäute von Magen und Darm, reguliert rebellisches Magen-Qi

Tagesdosis und Anwendungsmöglichkeiten: Die pulverisierte Ulmenrinde wird zu einem Brei (bekannt als „Slippery Elm“) verrührt: 5 Gramm auf 200 ml kaltes Wasser unter ständigem Rühren 2 Minuten aufkochen, dann abkühlen lassen, anschließend 30 Minuten vor dem Fressen mit der Maulspritze verabreichen (5 ml Breilösung pro 10 kg Körpergewicht), 2-mal täglich. Ulmenrindenpulver gibt es z.B. von AniCanis und Aniforte.

Indikation Hund: Magenschleimhautentzündung oder Reizung, Übelkeit, Erbrechen von weißem Schaum, Durchfall.

Nebenwirkungen: Es kann zu allergischen Reaktionen kommen und die Absorption von anderen Medikamenten oder Mineralien stören, daher immer einzeln und separat geben.

Kontraindikationen: keine bekannt

W

WALNUSS/ WALNUSSBLÄTTER

(Juglans regia)

Arzneibezeichnung: Juglandis folium
Pflanzenfamilie: Walnussgewächse (Juglandaceae)
Verwendete Teile: Blätter, aber auch die unreife Frucht (Tinktur)
Erntezeitpunkt: Blätter von Juni bis Juli

Wirkstoffe: Gerbstoffe (hoher Anteil), Flavonoide, Bitterstoffe, Juglon, Phenolcarbonsäuren (u.a. Salicylsäure), ätherische Öle

Eigenschaften: zusammenziehend, entzündungshemmend, pilzwidrig, juckreizstillend, sekretionshemmend, gewebeverdichtend, gefäßabdichtend und leicht oberflächenbetäubend

TCM-Wirkung: Blätter: neutral bis warm und bitter, leiten toxische Hitze und auch Wind-Kälte aus dem Darm, beseitigen Wind und Nässe der Haut, bewegen Qi und Flüssigkeiten, tonisieren Milz-Qi und Milz-Yang

Tagesdosis und Anwendungsmöglichkeiten: 1–5 Gramm zerkleinerte Walnussblätter (1TL entspricht ca. 1 Gramm) über das Futter geben, entweder selber sammeln, frisch verwenden oder trocknen lassen und zerkleinern (lange haltbar) oder im Reformhaus besorgen. In den Kräutersäften „Darmvitalsaft" und „Magensaft" von Ewalia enthalten. Für einen Umschlag die (frischen) Blätter mit Wasser zu Brei pürieren und direkt auf die betroffenen Stellen auflegen. Auch sind die Gerbstoffe gut in Alkohol löslich, daher bietet sich das Herstellen einer Tinktur an, diese wird 1:10 verdünnt und ist für Waschungen und Kompressen geeignet.

Indikation Hund: Das „Hot-Spot-Mittel" schlechthin! Ansonsten auch bei anderen entzündlichen, eitrigen und juckenden Stellen der Haut oder Pilzbefall anwendbar, es hilft zudem bei Durchfall (auch blutig, entzündlich) und Koliken, Maulschleimhautentzündungen, Darmpilzen und soll gegen Wurmbefall und als Insektenrepellent wirkungsvoll sein.

Für den Menschen zudem hilfreich bei: Akne, Milchschorf, Fußschweiß, Candida- albicans-Befall, Warzen und Krampfadern, Reizdarm und Organprolaps

Geschichtliches und Wissenswertes: Juglans ist aus dem Lateinischen abgeleitet und bedeutet „Jupiter-Eichel" und zeigt die göttliche Wertschätzung schon bei den Germanen.

Die unreifen Früchte können auch verwendet und klein gehackt werden, anschließend entweder auch mit Alkohol zu einer Tinktur (Gerbstoffe lösen sich so am besten) oder mit einem guten Olivenöl angesetzt werden, welches später sehr wirksam gegen Mücken und andere Insekten sein soll (Gerbstoffe lösen sich nicht so gut in Öl, das ist aber für ein Insekten-Repellent eher uninteressant, da oft noch Lavendel-Öl hinzugefügt wird).

Nebenwirkungen: Bei zu lang anhaltender oder übermäßiger Einnahme kann es zu Schleimhautreizungen kommen. Wechselwirkungen mit anderen Medikamenten durch den hohen Gerbstoffgehalt möglich. Bei äußerer Anwendung kann es zu Haut- und Fellverfärbungen kommen.

Trotz Nuss-Allergie können die Blätter bedenkenlos verfüttert werden!

Kontraindikationen: großflächige Wunden

Wird gerne kombiniert mit: Brombeerblättern, Eichenrinde

WEGWARTE

(Cichorium intybus)

Arzneibezeichnung: Cichorii radix
Pflanzenfamilie: Korbblütler (Asteraceae)
Verwendete Teile: Wurzel
Erntezeitpunkt: Frühjahr (Bitterstoffgehalt am höchsten)

Wirkstoffe: Bitterstoffe, Polysaccharide, v.a. Inulin (sehr hoher Anteil), Cichoriensäure, Cumarine, Flavonoide

Eigenschaften: appetitanregend, verdauungsfördernd, schwach gallenflussfördernd, blutstillend, harntreibend, leicht abführend, leberzellstärkend, leicht entzündungshemmend, reinigend, entstauend, geburtseinleitend, menstruationsauslösend, auch mental regenerierend

TCM-Wirkung: kühl und bitter, leicht süß, leicht salzig. Nährt das Leber-Yin und bewegt das Leber-Qi, tonisiert, kühlt und bewegt Xue, beseitigt Nässe-Hitze aus Gallenblase, Dünn- und Dickdarm, stärkt das Herz-Qi und besänftigt Shen, kühlt den Magen und stärkt das Milz-Qi, das Nieren- und Blasen-Qi.

Tagesdosis und Anwendungsmöglichkeiten: 0,5–1 Gramm täglich unter das Futter mischen, auch als Teeaufguss möglich. Die pulverisierte oder gehackte Wurzel ist im Reformhaus oder im Fachhandel erhältlich, ebenso die Tinkturen in der Apotheke.

Indikation Hund: Verdauungsbeschwerden, die mit trägem Stoffwechsel einhergehen, Entgiftungsstörungen, schlechte Fettverdauung, Verstopfung, Blähungen, Appetitlosigkeit, Bauchschmerzen, Kreislaufschwäche

Für den Menschen zudem hilfreich bei: Menstruationsstörungen und Krämpfen, Trübsinn und Hoffnungslosigkeit, aber auch bei Hysterie, Kopfschmerzen durch fehlende Entgiftung und Verspannungen, Schwindel durch Schwäche

Geschichtliches und Wissenswertes: Im Altertum als Wundermittel und Seelenpflanze bekannt gewesen, weil es die Verdauung und den Geist wieder auf den Weg zurückbrachte, möglicherweise stammt daher ihr Name oder weil sie damals den Weg zur Heilung „freigab", wenn sonst die Hoffnung bereits schwand. Blau blühende Pflanzen sind in der Anthroposophie die sogenannten „Seelenpflanzen". Aus der Wurzel wurde einst Kaffee (Cichorien-Kaffee) hergestellt, dem man Feigen hinzugab.

Nebenwirkungen: allergische Hautreaktionen selten möglich

Kontraindikationen: Korbblütler-Allergie

Wird gerne kombiniert mit: Schafgarbe, Passionsblume, Löwenzahn, Mädesüß

WEIDE, (SALIX ALBA)

Weidenrinde der Silberweide

Arzneibezeichnung: Salicis cortex
Pflanzenfamilie: Weidengewächse (Salicaceae)
Verwendete Teile: Rinde
Erntezeitpunkt: ein- bis dreijährige Äste werden im Frühjahr abgeschält

Wirkstoffe: Salicin (Phenylpropanderivat), Flavonoide (Quercetin), Gerbstoffe

Eigenschaften: schmerzlindernd, fiebersenkend, entzündungshemmend, antirheumatisch, harntreibend

TCM-Wirkung: kalt und bitter. Beseitigt äußere Wind-Nässe und Nässe-Hitze, die die Lunge oder die Blase befallen, kühlt und bewegt Xue, nährt das Herz- und Nieren-Yin, beruhigt Shen, bewegt das Leber-Qi, löscht Leber-Feuer und klärt Leere-Hitze und inneren Wind

Tagesdosis und Anwendungsmöglichkeiten: 0,5–6 Gramm täglich der zerkleinerten Rinde, pulverisiert nur halb so hoch dosieren. Als Einzelkraut bei Masterdog oder in der Apotheke erhältlich, in Kombipräparaten wie „Hämophyll" von PerNaturam oder im „Bewegungssaft" von Ewalia enthalten. Als Tee gut wirksam.

Indikation Hund: akute Schmerzen mit Rötung und Schwellung, Arthritis, Fieber, Hautentzündungen

Für den Menschen zudem hilfreich bei: Gicht, Rheuma, Migräne

Geschichtliches und Wissenswertes: Wie das Mädesüß beinhaltet auch die Weidenrinde das Salicin als wichtigsten Wirkstoff, aus dem im 19. Jh. die bekannte Aspirin-Tablette entstand,

indem dieser Wirkstoff zunächst extrahiert und später synthetisch hergestellt wurde. Doch im Gegensatz zur Weidenrinde mit Salicin hat die Aspirin die Acetylgruppe, welche blutverdünnend wirkt und daher zur Infarktprophylaxe eingesetzt werden kann.
Das funktioniert mit der Weidenrinde selber nicht, dafür ist sie aber in normal eingesetzter Dosis nicht schleimhautreizend wie oft behauptet wird und es kann nicht zu Magenblutungen kommen.

Schon im Altertum gehörte sie ähnlich wie Holunder zu den meist eingesetzten Heilpflanzen der Volksheilkunde und Hippokrates empfahl einst Gebärenden auf der Weidenrinde zu kauen, um den Geburtsschmerz zu lindern.

Heute weiß man, der Wirkeintritt der Weidenrinde kann bis zu 12 Stunden dauern, ist aber mit weniger Nebenwirkungen verbunden, dafür aber breit in der Therapiewirkung.

Nebenwirkungen: es kann zu Überempfindlichkeitsreaktionen der Haut und Schleimhäute kommen, daher die Weidenrinde nur kurweise einsetzen, auch Asthmaanfälle sind beobachtet worden (sehr selten)

Kontraindikationen: Aspirin-Unverträglichkeiten, Asthma, Geschwüre des Magens oder Dünndarms

Wird gerne kombiniert mit: Mädesüß, Holunder, Teufelskralle, Birke

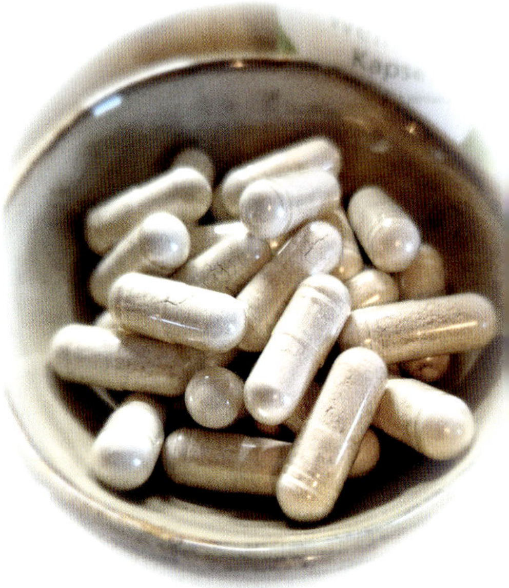

WEIHRAUCH, INDISCHER

(Boswellia serrata)

Arzneibezeichnung: Olibanum indicum
Pflanzenfamilie: Balsambaumgewächse (Burseraceae)
Verwendete Teile: Harz

Wirkstoffe: Harze (Boswelliasäure), Schleimstoffe, ätherische Öle

Eigenschaften: entzündungshemmend, schmerzlindernd, ödemhemmend, antimikrobiell, immunsuppressiv (hemmt überschießende Immunreaktionen bei Autoimmunkrankheiten und Allergien), knorpelschützend, wundheilend, senkt Cholesterin- und Blutfette im Blut

TCM-Reaktionen: warm, scharf und bitter. Tonisiert und reguliert das Wei-Qi, beseitigt kalten Schleim und Wind, ebenso Hitze- und

Kälte-Bi (akut und chronisch), klärt Magen-Feuer, beruhigt Shen (Räuchern des Harzes), bewegt Qi und Xue, beseitigt Nässe-Ansammlungen.

Tagesdosis und Anwendungsmöglichkeiten: Als Kapsel und Einzelwirkstoff von Aniforte und PerNaturam ½ Kapsel bis 3 Kapseln pro Tag oder auch im Kombi-Präparat „Perna Senior" enthalten

Indikation Hund: Arthrose und degenerative Gelenkerkrankungen, (autoimmune) Darmentzündungen, wie IBD zum Beispiel, Magenschleimhautentzündung durch Nahrungsmittelallergien, subakute bis chronische Bronchitis mit viel hellem Schleim

Für den Menschen zudem hilfreich bei: Reizdarm, Morbus Chron, Colitis ulcerosa, Psoriasis, Morbus Basedow, Rheuma, Fibromyalgie, Gliederschmerzen bei Kälte, Depression und Autoaggression (auch Wut auf sich selbst) – „Herz-Öffner"

Geschichtliches und Wissenswertes: Jesus hätte das Harz des Weihrauchbaumes mit Gold aufgewogen, heißt es. Es galt schon damals als heiliges Kraut, welches den Krieger unempfindlich gegen den Schmerz machen und die Moral stärken sollte.

In der Forschung zeigte sich, dass durch die Cathepsin-G-Hemmung in den weißen Blutkörperchen (Abwehr) das Einwandern von entzündungsfördernden Zellen verhindert wird. Besonders auf die positive Wirkung bei Schuppenflechte und Neurodermitis sowie auf die Darmschleimhaut wird hingewiesen. Auch die tumorhemmende Wirkung ist erforscht und bestätigt.

In der Kirche wird Weihrauch zusammen mit anderen Düften oder Harzen geräuchert, früher jedoch auch oft pur, um Altar, Kreuz und andere christlichen Zeichen zu beweihräuchern. Der Duft wirkt auf die Psyche angstlösend und antidepressiv und hat dadurch eine besänftigende Wirkung auf die Kirchgänger.

Ein weiteres Harz-Produkt in der Naturheilkunde ist das Harz des **Drachenblut**baumes „Sangre de drago" aus Equador. Es enthält zudem reichlich OPC und ist stark immunsystemstärkend und wundheilend, bildet äußerlich ein „Pflaster" auf Verletzungen oder von Juckreiz gereizter Haut.

Nebenwirkungen: selten Magenbeschwerden

Kontraindikationen: keine bekannt

Wird gerne kombiniert mit: Myrrhe, Kurkuma

WEIẞDORN

(Crataegus monogyna)

Arzneibezeichnung: Crataegi fructus, folium cum flos
Pflanzenfamilie: Rosengewächse (Rosaceae)
Verwendete Teile: Früchte, Blätter mit Blüten
Erntezeitpunkt: Blätter und Blüten: von Mai bis Juni, die Beeren bei Reife ab August

Wirkstoffe: oligomere Procyanidine (OPC), Falvonoide, wie z.B. Rutin, Triterpensäuren, biogene Amine, Gerbstoffe, Polysaccharide, Acethylcolin

Eigenschaften: stärkt die Herzkraft und Herzschlagstärke, aber verringert die Frequenz und ist daher herzprotektiv, reguliert Herzrhythmus und Blutdruck, verbessert die Sauerstoffversorgung und Durchblutung, wirkt entkrampfend, gefäßerweiternd und nervenstärkend, schützt vor Arteriosklerose, stärkt den Herzmuskel, lindert dadurch Unruhe, Beklemmungsgefühle, Angstzustände, Nervosität, Schlafstörungen und ist leicht antidepressiv

TCM-Wirkung: Blüten und Blätter: kühl, leicht süß, leicht bitter, Beeren: warm und süß-sauer, leicht bitter.

Blüten und Blätter: tonisieren Herz-Qi und Herz-Yin, bewegen Qi und Xue, beruhigen Shen, regulieren und bewegen Leber-Qi und beseitigen Leere-Feuer

Beeren: Nähren Xue (besonders das Herz-Xue) und tonisieren Nieren- und Herz-Qi, stärken die Milz und lindern Nahrungsstagnationen, bewegen das Qi von Milz und Magen und lösen Verdauungsblockaden und Xue-Stagnationen, beruhigen Shen

Tagesdosis und Anwendungsmöglichkeiten: 0,5–1 Gramm getrocknete Blätter und oder Beeren über das Futter geben. Das Herz profitiert von der Kombination der beiden. Als Pulver pur von VetTherm oder Presssaft von PerNaturam, in Kräutermischungen wie „Herz-Multikomplex"-Pulver von PerNaturam oder als „Herz-Kreislaufsaft" und „Seniorsaft" von Ewalia. Im Humanbereich sind Tinkturen gebräuchlicher oder auch die Tablettenform.

Indikation Hund: Herzschwäche im Alter, auch mit Unruhe und Schlafstörungen, Herzklappeninsuffizienz, Herzmuskelschwäche nach Krankheit, Herzrhythmusstörungen, nachlassende Leistungsfähigkeit der Senioren, nach schweren Infektionskrankheiten in der Rekonvaleszenzphase, Verstopfung

Für den Menschen zudem hilfreich bei: Long-Covid und Schwäche nach einer schweren Grippe, nach Herzmuskelentzündungen, Morbus Reynaud, Angina Pectoris, Engegefühlen in der Brust mit Panikattacken, Herzneurosen

Geschichtliches und Wissenswertes: In manchen Ländern ist er auch bekannt als „Schlafdorn", da er dort als Beruhigungsmittel eingesetzt wird, besonders bei älteren Menschen mit innerer Unruhe. Auch Dornröschen soll im Märchen der Gebrüder Grimm von Weißdorn beschützt worden sein, nicht von Zierrosen. Der Legende nach wurde er im Altertum zusammen mit Knoblauch auch zum Schutz vor Vampiren eingesetzt. Bei den Germanen war er der „Herzbeschützer" und als „Kraut des ewigen Lebens" bekannt. Der Weißdorn ist also schon lange traditionell in der Heilkunde anzutreffen.

Nebenwirkungen: keine bekannt

Kontraindikationen: keine bekannt

Wird gerne kombiniert mit: Melisse, Rosmarin, Herzgespann, Baldrian

ZISTROSE

(Cistus creticus oder Cistus incanus)

Arzneibezeichnung: Cisti (cretici/incani) herba oder flos
Pflanzenfamilie: Zitronengewächse (Cistaceae)
Verwendete Teile: Dünne Zweige, Blätter, Blüten, Harz
Erntezeitpunkt: in der Blüte im Sommer

Wirkstoffe: Polyphenole, Gerbstoffe, ätherische Öle, Harze, Inulin, Vitamin C und E

Eigenschaften: zusammenziehend, austrocknend, antiviral, antibakteriell, antioxidativ, pilzhemmend, entzündungshemmend und leicht entgiftend

TCM-Wirkung: neutral und bitter, leicht sauer. Stärkt sehr das Wei-Qi und vertreibt Nässe und Wind sowie Kälte und Hitze im Äußeren. Wirkt besonders auf den FK Lunge/Dickdarm stärkend, reinigt und reguliert Xue, trocknet

Tagesdosis und Anwendungsmöglichkeiten: Pur als Pulver von Aniforte, im Kombipräparat „Para-Z-Pellets nach Dr. Ziegler" von PerNaturam erhältlich. Oder als Kraut in der Apotheke zu beziehen. Als Tee hervorragend geeignet.

Indikation Hund: Im Anfangsstadium oder als Prophylaxe bei Grippeerkrankungen und generell bei Infektneigung und schwachem Immunsystem, bei Entzündungen im Maul oder Rachen, bakteriellen Hautentzündungen, als antibakterieller Schutz nach Zeckenbissen und zur Zeckenbissprophylaxe, zum Ausleiten von Schwermetallen.

Für den Menschen zudem hilfreich bei: Neurodermitis und anderen chronischen Hautkrankheiten, aber auch bei hoch-infektiösen Fällen mit multiresistenten Keimen

Geschichtliches und Wissenswertes: Besonders der antivirale Effekt hat die Zistrose in den letzten Jahren sehr ins Rampenlicht gerückt. Die Eintrittspforte der Viren ist meist der Mund-Rachenraum und wer regelmäßig Tee trinkt, kann sich so sehr gut vor Ansteckung während der Grippesaison schützen.

Auch der Schutz vor Zeckenbissen bei Tieren ist erforscht und bestätigt worden.

Nebenwirkungen: keine bekannt

Kontraindikationen: Autoimmunkrankheiten, da eine überschießende Reaktion des Immunsystems verhindert werden sollte.

Wird gerne kombiniert mit: Brunnenkresse, Kapuzinerkresse, Thymian, Oregano, Hagebutte, Holunderbeeren

Ende der Pflanzenportraits

Ein Immunsystem kann man aber auch trainieren: Viel frische Luft, artgerechte und angepasste Bewegung, trainieren von äußeren Reizen, wie etwa Wassertreten oder Schwimmen im freien Gewässer, spielen mit Kumpels, wenig Stress, gesundes Futter, hier und da eine Kräuterkur, Erholungspausen und vor allem: Viel Freude und Vertrauen ins Leben.

Kapitel 5

VITALPILZE

MYKOTHERAPIE IN DER GESCHICHTE UND IN DER WISSENSCHAFT

Pilze gehören, wie die Algen und die Bakterien auch, zu den ältesten Lebensformen auf unserem Planeten. Ihr Energiestoffwechsel gleicht allerdings nicht der Pflanze, sondern eher dem von Insekten und sie benötigen organische Nahrung zur Energiegewinnung. Dadurch, dass sie sich ähnlich und zur gleichen Zeit wie die Tierwelt entwickelten, haben sie auch mit vergleichbaren Krankheiten und Erregern zu kämpfen gehabt und daher dieselben Strategien (Immunsystem) ausgebildet.

Aus diesem Grund war es für die Wissenschaft interessant, wie Pilze in der Medizin eingesetzt werden können. Man fand heraus, dass sie eine effiziente biologische Aktivität und großes Heilpotential aufweisen, ähnlich der Pflanzenwelt. In asiatischen Ländern ist die Behandlung mit Pilzen neben Operation, Bestrahlung und Chemotherapie ein vierter wichtiger Baustein in der Krebstherapie. Zudem hat die hohe antimikrobielle Wirkung ein enormes Potential und es ist daher nicht verwunderlich, dass viele „moderne“ Medikamente wie Penicillin, Fusidinsäure oder Zytostatika aus Pilzen gewonnen werden. Schimmelpilze wurden bereits im Mittelalter verwendet, um Wundinfektionen zu bekämpfen, so eine Studie der Universität Würzburg. Auch der uns bekannte „Ötzi“, eine mumifizierte Gletschermumie aus der Steiermark, trug zwei Birkenporlinge mit sich. Zudem stellte man hinterher fest, dass die Mumie tätowierte Stellen an wichtigen

Akupunkturpunkten am Körper besaß, die zusammen mit den Pilzen als pflanzliche Medizin ein Therapiebild der Arthritis und Bandscheibenprobleme der Lendenwirbelsäule sowie Arterienverkalkung aufzeigte, die später auch bei der Untersuchung der Mumie bestätigt wurden. Also wusste man damals schon viel über die Heilwirkung von Pflanzen, Pilzen und Akupunkturpunkten, die hierzulande daraufhin lange Zeit in Vergessenheit gerieten (bis auf die Pflanzenheilkunde) und nur als asiatische Heilkunst angesehen wurden. Der Südtiroler, der vor 5.300 Jahren lebte, hatte jedoch Kenntnis über dieses Heilwissen.

Hildegard von Bingen (1098–1179 n. Chr.) beschrieb in ihrem Werk „Physica" interessanterweise auch viel über das Wirken und Verwenden von Pilzen. Da fragt man sich dann, wann die Kenntnis über diese Therapien verloren gingen.

Heute wird dieses Wissen und die Anwendung der Pilze als „Mykotherapie" bezeichnet und hat auch längst Einzug in die Tiermedizin gehalten. Im 3 Jh. v. Chr. wurde in China eine Materia Medica für Tiere entwickelt, Ähnliches ist uns von „Rossarzneibüchern" aus Deutschland in der Zeit des frühen Mittelalters bekannt. Jetzt, durch viele Studien und Forschungen, ist die Mykotherapie bekannter und präsent geworden und wird von vielen ganzheitlich arbeitenden Tierärzten oder Tierheilpraktikern mit Erfolg eingesetzt. Tiere sprechen auf diese Verfahren deutlich schneller als Menschen an, da sie noch ausgeprägtere Selbstheilungskräfte besitzen und sensibler reagieren. Doch auch die Humanmedizin profitiert sehr von ihr.

Der Hallimasch (links) ist ein hier häufig vorkommender Pilz, der nicht zu den Vitalpilzen zählt. Im rohen Zustand soll er eine stark abführende und adstringierende Wirkung haben und zu schweren Blähungen führen. Selbst im gekochten Zustand vertragen ihn nicht alle. Für Hunde eher ungenießbar und nicht ungefährlich, wie fast alle Pilze im Wald. Der bekanntere giftigere Fliegenpilz (rechts) fällt natürlich durch die rote Warnfarbe auf.

Die Pilze, die hierzulande im Wald wachsen, haben eher weniger bis kein Heilungs-Potential, manche schmecken gekocht, manche gar nicht, sind sogar im rohen Zustand eher gesundheitsschädlich bis giftig. Im Wald sollte man daher aufmerksam sein. Hunde fressen sie nicht unbedingt, aber manche spielen damit ganz gern.

WIRKPRINZIPIEN UND WIRKSTOFFE

Pilze haben spezielle Eigenschaften, die einen potentiellen Nutzen für unsere Gesundheit und die unserer geliebten Vierbeiner darstellen.

Sie wandeln um und regulieren: Ihre Aufgabe im System ist der Abbau von organischen Abfallprodukten und die Umwandlung derer. Außerdem regulieren sie das Immunsystem, d.h., sie sorgen dafür, dass es entweder mobilisiert und gestärkt wird oder dass es herunterreguliert wird, um überschießende Reaktionen abzudämpfen. „In der Natur existiert nicht ein Stoff, der nicht von Pilzen zerlegt werden könnte." (W.M. Pulfer, Mykotherapie für Tiere, Thieme Verlag). Pilze führen also zu einer harmonischen Balance der Abwehrkräfte.

Sie stärken und reinigen: Pilzstoffe binden Toxine an sich und befördern diese aus dem Körper heraus, sie unterstützen somit die Ausleitungsfunktion. So profitieren Leber, Nieren und der Darm besonders davon, aber auch das Blut und die Nervenleitungen bleiben stabil und Funktionen können ungestört ablaufen.

Sie nähren und schützen: Pilze enthalten von sich aus viele wichtige Nährstoffe, wie z.B. Proteine, Vitamine, Spurenelemente, Fettsäuren und Enzyme, auch Ballaststoffe sind enthalten. Sie versorgen den Organismus daher mit lebenswichtigen Vitalstoffen.

Sie beinhalten Wirkstoffe wie z.B.: Adaptogene, Di- und Triterpene, Glycoside, Glycoproteine, Polysaccharide, Peptide, Polyphenole, Steroide, GABA und viele mehr.

Diese Wirkstoffvielfalt und Kombination hat ein Wirkspektrum, welches von adaptogen, schmerzlindernd, krebshemmend,

Zur Anwendung gibt es folgende wichtige Hinweise:
Bitte schleichen Sie die Dosierung zunächst über mindestens 10 Tage langsam, beginnend mit der Viertel-Dosis ein. Die Mykotherapie zählt zu den Reiztherapien mit starker Wirkung, nicht jeder Hund ist fit genug, manche Krankheit zu kräftezehrend, manche Giftbelastung zu hoch, um direkt die volle Dosis verarbeiten zu können.

entgiftend, nährend, präbiotisch, gefäßschützend, blutdrucksenkend, blutfett- und cholesterinsenkend, neuroprotektiv, antidiabetisch, entzündungshemmend, antiviral und antibakteriell bis hin zu krampflösend, wundheilungsfördernd und zellerneuernd geht.

Heilpilze sind niemals als Alleintherapie bei Krankheiten gedacht, sondern sollen unterstützend wirken. *Sie sind eine Art Superfood mit potentieller gesundheitlicher Wirkung bei vielen Indikationen. Die Forschung ist hier sehr bemüht, die Wirkungen wissenschaftlich zu bestätigen. Bei einigen war dies bereits möglich oder wurde in der Erfahrungsmedizin oft beobachtet. Die folgende Auflistung ist daher (noch) nur eine Empfehlung.*

Wichtig zu erwähnen ist hier noch, *wie groß die Bedeutung der Qualität der Pilze und das besonders Wert auf geprüfte Bio-Qualität zu legen ist. Da Pilze entgiftend wirken, saugen sie unmittelbar aus ihrer Umgebung auch Schadstoffe auf. Zertifizierte Hersteller sorgen für ein gesundes und sauberes Umfeld, in der die medizinisch wirksamen Pilze wachsen können.*

PILZPULVER ODER PILZEXTRAKTE?

Beides hat sowohl Vor- als auch Nachteile.

Das Pilzpulver ist das Mehl eines gesamten getrockneten Pilzkörpers, in dem alle Stoffe des Pilzes vorhanden bleiben und das Wirkspektrum sehr groß ist. Allerdings ist so die Bioverfügbarkeit, also die Verstoffwechselung aller Inhalte, nicht garantiert. Das Pulver entspricht in der TCM eher Yin, da die Fülle der Nährstoffe und der gesamte Pilzkörper verwendet werden.

Das Pilzextrakt wird aus dem Pulver hergestellt und durch ein spezielles Alkohol-Extraktionsverfahren gewonnen. So können einzelne (nicht alle) besondere Wirkstoffe herausgefiltert werden, die in ihrer Wirksamkeit dadurch zunehmen, dass sie ohne die Ballaststoffe und anderen Gerüststoffe daherkommen. Allerdings ist hier nicht der Gesamtpilz als Gesamtwirkstoffkombination enthalten. Extrakte entsprechen eher dem Yang-Charakter in der TCM, da hier mache Wirkungen vervielfacht und beschleunigt werden.

Je nach Behandlungsstrategie ist es also von der Krankheit und der zur Verfügung stehenden Therapiemöglichkeit durch bestimmte Wirkstoffe oder Wirkstoffkombinationen abhängig, welche Darreichungsform gewählt werden sollte. Beim Extrahieren wird besonders die Wirkung der Polysaccharide hervorgehoben.

STECKBRIEFE DER EINZELNEN PILZE

und die Anwendungsmöglichkeiten

Agaricus blazei Murrill (ABM), Ji Song Rong

Gehört zur Gattung der Champignons, wird auch Mandelpilz, Brasilianischer Egerling oder Sonnenpilz genannt und ist von großem Interesse in der Forschung, da ihm ganz besonders antitumorale Eigenschaften eigen sind. Er weist auch die höchsten Dosen Serotonin und Tryptophan unter den Vitalpilzen auf.

Wirkung

Krebshemmend und antimutagen, antiallergisch, histaminsenkend und Immunsystem ausgleichend, antiautoimmun, entzündungshemmend, antiviral und antibakteriell, antidiabetisch, hemmt Leishmaniose-Erreger, senkt Blutfette, Blutdruck und Cholesterin, wundheilungsfördernd, leberschützend und leberunterstützend

TCM-Wirkung

Wirkt auf Milz, Niere, Leber. Neutral und süß, bildet und bewegt Xue, tonisiert und reguliert das Wei-Qi, leitet Hitze-Toxine aus, stützt Jing und das Nieren-Yin und ist ein Qi-Tonikum

Indikation

Autoimmunkrankheiten, wie IBD, Phemigus, Polyarthristis u.a., Allergien, Hauterkrankungen, Lebererkrankungen, Entgiftungsschwäche der Leber, Herzschwäche, Leishmaniose-Infektion, Diabetes Typ 2, Insulinresistenz

Auricularia polytricha, Mu Err/Liu er

Auch bekannt unter Judasohr oder Chinesische Morchel ist dieser Pilz ein alt bekannter Speisepilz.

Wirkung
Blutgerinnungshemmend und blutverdünnend, durchblutungsfördernd, entzündungshemmend, blutzuckersenkend, schleimhautbefeuchtend, reguliert den Fettstoffwechsel, blutdrucksenkend, immunstabilisierend, krebshemmend, bindegewebsstärkend

TCM-Wirkung
Wirkt auf Milz, Magen, Lunge, Dickdarm und Leber. Neutral und süß, wirkt befeuchtend und tonisiert Qi und Xue, nährt das Yin, löst Qi-Stagnationen und bewegt Xue.

Indikation
Cauda-Equina-Syndrom, Entzündungen (Auge, Haut, Schleimhaut), Herzerkrankungen, erhöhter Blutdruck, Bewegungsstörungen mit Nervenirritationen, Lähmungen, Kribbeln, Gefühllosigkeiten, Diabetes, Analerkrankungen wie Analdrüsenverstopfung oder Analekzem, begleitend zu Arthrose-Erkrankungen und Knorpelunterstützung, Darmentzündungen und IBD, zerebrale Ischämie und Vestibular-Syndrom, lindert oxidative Stresssymptome

Nicht bei Durchfall und Feuchtigkeitsüberschuss anwenden!

Coprinus comatus, Mao Tou Gui San
Auch bekannt als Schopftintling oder Spargelpilz (schmeckt ähnlich), hat dieser Pilz den höchsten Proteingehalt und auch der Gehalt an GABA (beruhigt das Nervensystem) ist ziemlich hoch.

Wirkung
Senkt den Blutzucker, regt die Verdauung an, antibakteriell und antimykotisch (besonders bei Candida albicans), leberzellschützend, entzündungshemmend, Antiandrogen und antiöstrogen, hemmt Tumorbildung

TCM-Wirkung
Wirkt auf Milz, Magen, Darm und Leber. Neutral bis leicht kühlend und süß. Tonisiert Milz und Magen und stärkt das Yin der Niere und beruhigt die Leber, befeuchtet die Lunge. Lindert Flüssigkeitsmangel und bewegt das Qi der Mitte, leitet Hitze und Schleim aus.

Indikation

Diabetes Typ 1+2 sowie Insulinresistenz, Lebererkrankungen und Entgiftungsschwäche, bakterielle Infektionen und Pilze des Darmtraktes, Übergewicht, Verstopfung und Analbeutelentzündungen/Verstopfungen, Mamma-Tumore und Prostatakrebs, Lipome, Myome, Demenz, Konzentrationsstörungen

Besonders wirksam ist der Coprinus, wenn das Extrakt und das Pulver des ganzen Pilzes kombiniert werden.

Cordyceps sinensis, Dong Chong Xia Cao

Auch „chinesischer Raupenpilz" genannt, von dem das Myzel und nicht der Fruchtkörper, wie sonst üblich, verwendet wird. Unzählige bioaktive und ernährungsphysiologisch wirksame Inhaltsstoffe stecken in ihm, wie essentielle Aminosäuren, B und E Vitaminen, Spurenelemente und Mineralien. Etwas ekelig ist allerdings die Tatsache, dass dieser Pilz aus den Köpfen von infizierten Raupen wächst und sich dann an die Erdoberfläche heftet und sich dort von Wurzeln etc. ernährt. Zu finden ist er im tibetischen Hochland und die Hirten der Yaks wurden auf diesen Pilz aufmerksam, da ihre Tiere gezielt nach diesen Pilzen suchten. Die Raupen waren vollständig zersetzt, nur noch die Hülle blieb sichtbar.

Wirkung

Moduliert und stärkt das Immunsystem, steigert die Leistung, adaptogen und ausgleichend auf die Psyche, antidepressiv, reguliert das vegetative Nervensystem, neuroprotektiv, antibakteriell, antiparasitär und antioxidativ, entzündungshemmend, Verbesserung der Lernfähigkeit und der Konzentration, steigert Libido, Potenz und Fruchtbarkeit, regeneriert Muskelfasern und fördert Muskelbildung, fördert die Durchblutung, senkt Cholesterin und Blutzucker, schützt und stärkt die Organe, besonders Leber, Milz und Nieren, gleicht Herzarrhythmien aus

TCM-Wirkung

Wirkt auf Lunge, Leber und besonders Nieren. Warm und süß, leicht bitter. Nährt die Nieren-

Essenz und das Nieren-Yang, tonisiert Qi und Xue und das Wei-Qi, kräftigt Shen und Zhi (Willenskraft).

Indikation

Autoimmunerkrankungen, chronische Entzündungen, Borreliose, Niereninsuffizienz und Nebennierenschwäche, Erschöpfungszustände, Rekonvaleszenz, Fatigue-Syndrom, Leistungsschwäche, Herzrhythmusstörungen, hormonelles Ungleichgewicht, Scheinträchtigkeiten, Depressionen, neurovegetative Dysfunktionen und Dysbalancen des vegetativen Nervensystems, Morbus Cushing und Morbus Addison, Schilddrüsenunter- und -überfunktion, Hashimoto-Thyreoiditis, Impotenz, begleitet Chemotherapien und andere onkologische Therapien, Arthrose und Muskelschwäche, Hexenschuss und Lumbago, Probleme der LWS (Spondylose), Asthma und RAO, chronische Lungenleiden

Der Cordyceps steht auf der Doping-Liste und muss daher 14 Tage vor Wettkämpfen abgesetzt werden!

Coriolus versicolor, Yun Zhi

Auch Schmetterlingstramete genannt. Er wächst ganzjährig auf totem Holz. „Ötzi“ soll ihn dabeigehabt haben.

Wirkung

Antibakteriell, antiviral, antimykotisch und antiparasitär, stärkt und moduliert das Immunsystem, entgiftet und stärkt Leber und Niere, löst Schleim, hemmt Entzündungen

TCM-Wirkung

Wirkt auf Leber, Niere und Milz. Neutral bis leicht kalt und süß. Er tonisiert das Qi der Leber, der Niere und der Milz, nährt das Jing, reguliert das Leber-Qi, stärkt das Wei-Qi, löst Schleim und Feuchtigkeit und leitet pathogene Faktoren aus.

Indikation

Autoimmunerkrankungen, virale Infektionen (begleitend bei Staupe, Herpes und Zwingerhusten), Pilzerkrankungen der Haut und des Darms, Darmentzündungen, akut, allergisch (IBD) und chronisch, Lebererkrankungen (Entgiftungsschwäche oder auch Hepatitis),

Toxoplasmose, rezidivierender Parasitenbefall, manifestierte Borreliose-Erkrankung, Reizdarm, Tumore

Hericium erinaceus, Pom-Pom, Hou Tou Gu

Dieser Pilz ist bekannt unter dem Namen Igelstachelbart oder Affenkopfpilz, auch Löwenmähne wird er genannt. In der Praxis wird er wegen seiner hervorragenden Wirkung auf Nerven und Magen-/Darmschleimhaut sehr gerne eingesetzt.

Wirkung

Antibakteriell (besonders Helicobacter pylori, Staphylococcus aureus), neuroprotektiv und nervenzellregenerierend, adaptogen und ausgleichend auf das vegetative Nervensystem (beruhigt einen zu dominanten Sympathikus), beruhigt innere Unruhe, senkt Cholesterin und Blutzucker, blutstillend, schmerzlindernd, entzündungshemmend, befeuchtet die Schleimhäute, antimutagen und tumorhemmend

TCM-Wirkung

Wirkt auf alle Funktionskreise. Leicht kühl und süß. Tonisiert alle Elemente und stärkt ihre Funktionen, nährt das Jing und den Geist, zerstreut Hitze und befeuchtet. Stärkt das Yin des Magens und von FK Lunge und FK Herz, beruhigt Shen.

Indikation

Erkrankungen (besonders entzündliche und chronische) des Magens und des Darms, bakterielle Infektionen (Helicobacter pylori), Sodbrennen, Schleimhautentzündungen, Geschwüre, Reizdarm und nervöser Magen, generell Unruhe und Nervosität, Nahrungsmittelunverträglichkeiten, Nervenschäden und Nervenentzündungen, Darmsanierung, begleitend zur Antibiose, Demenz (Canine Kognitive Dysfunktion), Asthma und Lungenschwäche/Lungentrockenheit, Neurodermitis und andere chronische Hautstörungen, Krebserkrankungen des Verdauungstraktes und der Lunge, Parkinson, Schlaganfall, Vestibular-Syndrom, Borreliose (auch chronisch)

Maitake, Huishuhua

Er wird auch als Klapperschwamm bezeichnet und wächst überwiegend an Eichen, Buchen oder Edelkastanien und kann ein Gewicht von bis zu 20 kg erreichen.

Wirkung

Immunstärkend und immunmodulierend, entzündungshemmend, schmerzhemmend, antibakteriell, antiviral, antiparasitär, erhöht die Stressresistenz, blutdrucksenkend, leberschützend, knochenstärkend, blutzuckersenkend, pankreaswirksam, kann Metastasen und Tumorwachstum hemmen

TCM-Wirkung

Wirkt auf Milz, Niere und besonders Leber. Neutral und süß. Tonisiert Milz und Leber, regt das Nieren-Qi an und nährt die Essenz, leitet Feuchtigkeit aus und vertreibt Hitze und Schleim.

Indikation

Krebserkrankungen (Bauchspeicheldrüse, Leber, Lunge, Blase), Fettleber, Adipositas, Fettverdauungsstörungen (begleitend zur Diät), Polypen, Myome, Lipome, Leukose, Leberschutz, Diabetes Typ 2 und Insulinresistenz

In Japan ist der Maitake (Extrakt) als Krebs-Medikament zugelassen.

Pleurotus ostreatus, Ping Gu

Der Austernpilz liebt kalte Regionen und Laubbäume, er soll vorzüglich schmecken.

Wirkung

Antibakteriell, antimykotisch, antioxidativ, schleimausleitend, senkt Cholesterin, Blutfette und LDL, muskelentspannend, gelenkregenerierend, blutzuckerregulierend, krebshemmend, magenschützend, gefäßschützend

TCM-Wirkung

Wirkt auf Magen, Milz und Leber. Neutral bis warm und süß. Tonisiert das Qi von FK Milz/

Magen und Leber/Gallenblase, nährt das Jing und hilft der Umwandlung von Gu-Qi in Zheng-Qi, reguliert die Jin Ye und wandelt Schleim.

Indikation

Schlechte Blutwerte, Diabetes Typ 2 und Insulinresistenz, Übergewicht, Krebserkrankungen (Brust- und Darmkrebs), Magengeschwüre, bakterielle Infektionen, IBD, Schilddrüsenunterfunktion, Gefäßverengung, Erkrankungen der Muskulatur und Gelenke

Polyporus umbellatus, Zhu Ling

Als Eichhase in Deutschland bekannt und wird seit über 2000 Jahren in Asien verwendet.

Wirkung

Entwässernd (ohne Kaliumverluste), immunaktivierend, regt das lymphatische System an, öffnet Hautporen, regt Haarwachstum an, antibakteriell, blutdrucksenkend, strahlenprotektiv, krebshemmend, entspannt Muskulatur

TCM-Wirkung

Wirkt auf Blase, Niere und Milz. Neutral bis leicht kühl und süß. Tonisiert Milz, Niere, Blase und Lunge in ihren Funktionen, reguliert den unteren Erwärmer, stärkt das Herz-Qi, leitet Schleim und Feuchtigkeit aus.

Indikation

Ödeme durch Herz- und/oder Niereninsuffizienz, Blasenentzündung, Darmentzündung, Blasensteine, Chlamydieninfektion, Lymphstau, Haarausfall und schlechte Haut, begleitend zur Krebstherapie (Blase, Harnröhre, Leber, Lunge, Leukämie, Sarkome)

Reishi, Ling Zhi

Der glänzende Lackporling ist seit 4000 Jahren Bestandteil der chinesischen Medizin und auch als „Göttlicher Pilz der Unsterblichkeit" bekannt, Hildegard von Bingen verwendete ihn ebenfalls zur Stärkung der Lebenskraft. Er wächst bevorzugt auf Laubbäumen, ist wärmeliebend und auch in Deutschland zu finden.

Wirkung

Stresslindernd, antidepressiv und stimmungsaufhellend, leistungssteigernd und kräftigend, gefäßschützend, antioxidativ, entzündungshemmend, antiallergisch, entkrampfend, antiviral (Herpes, Hepatitis), antibakteriell (auch oft gegen resistente Keime), antimykotisch, reguliert Blutfette und Blutdruck, entgiftet die Leber, stärkt die Nieren, schützt das Herz-Kreislaufsystem, wundheilungsfördernd und hautregenerierend, strahlenprotektiv, stärkt und moduliert das Immunsystem, antiandrogen, krebshemmend

TCM-Wirkung

Wirkt auf alle 5 Funktionskreise tonisierend. Leicht warm und süß. Qi- und Yang-Tonikum, nährt und reguliert Xue des Herzens und der Leber, stützt die Leber. Tonisiert die Milz in ihrer Umwandlungsfunktion, nährt die Essenz und das Wei-Qi, leitet Schleim ab und löst Xue-Stagnationen.

Indikation

Allergien, Erschöpfung und Altersbeschwerden, Immunschwäche, Infektionen, Herzerkrankungen und Gefäßschwäche, Gelenksentzündungen und Arthritis, Prostatavergrößerung, Rheuma und Lupus erythematodes, Mykosen (Darm und Haut), Hauterkrankungen und Fellprobleme, Epilepsie und Krämpfe, Asthma, Lungenentzündung und Bronchitis, Lebererkrankungen und Entgiftungsschwäche

Kapitel 6

VITAMINE, MINERALIEN UND SPURENELEMENTE

VITAMINE

Vitamine sind, wie Mineralien und Spurenelemente auch, keine Energielieferanten wie zum Beispiel Fette, Kohlenhydrate oder Eiweiß, dennoch immens wichtige Vitalstoffe für die Funktion des Organismus. Sie kommen natürlich, also organisch, in der Natur und den Nahrungsmitteln vor, werden im Tierfutter aber leider meist synthetisch, heißt künstlich, zugefügt, da die Ausgangstoffe, also die Futterkomponenten, oft nicht von ausreichender Qualität sind und zusätzlich durch die enorme Erhitzung des Futters verloren gehen.

Selbstredend sind natürlich vorkommende Nährstoffe vorzuziehen, da sie sehr gut bioverfügbar (verstoffwechselbar) sind und nicht zusätzlich Leber und Nieren belasten, da künstlich zugesetzte Stoffe häufig erst dort umgewandelt werden müssen. In vielen Fertigprodukten, im Trockenfutter erheblich, sind diese Vitamine oft in sehr hohen Dosen enthalten, da sie das Futter vor dem Ranzig-Werden schützen oder, das ist jetzt eine etwas freche Behauptung meinerseits, dem Käufer eine „sehr gesunde" und „extra hochdosierte" Qualität vorgaukeln sollen. Leider sind es oft gerade besonders die fettlöslichen Vitamine, die stets vom Körper aufgenommen werden müssen und nicht, wie wasserlösliche Vitamine, bei Überdosierung aus dem Körper über den Harn ausgeschieden werden können. So kann es zu nicht ungefährlichen Überdosierungen kommen. Auch bei der eigens zusammengestellten Futterration können diese Fehler auftauchen, die hier auch bei nicht ausreichender Dosierung zu Mangelerscheinungen und Krankheiten führen. Daher hier ein kurzer Überblick über die wichtigsten Vitamine:

VITAMINE, FETTLÖSLICH

Vitamin A (Retinol)

Das Augen- und Schleimhautvitamin, Vorstufe zu Beta-Carotin.
Aufgabe: Schützt die Haut vor Austrocknung, regt Heilungsprozesse und Knochenwachstum an, reguliert u.a. auch die Schilddrüse
Überdosierung: Knochenverformungen und Verknöchern von Strukturen
Mangel: Ataxie (schwere Bewegungsstörungen), empfindliche Beugesehnen, Hornwachstumsstörungen (Wildfleisch, übermäßiges Verwachsen und Verhärten)
Enthalten in: Eigelb, Fisch und Fleisch, rote Früchte u.a. (verträgt keine Erhitzung), frischem Grün

Vitamin D (Calciferol)

Das Sonnenvitamin, welches über die Haut und über Nahrung zugeführt werden kann und oft auch als Hormon bezeichnet wird.
Aufgabe: es reguliert u a. den Calciumhaushalt (die Aufnahme aus dem Darm und Einspeichern in den Knochen), den Muskelstoffwechsel, stärkt die Abwehr und ist wichtig für die mentale Gesundheit.
Überdosierung: Gelenkchips, Knochenverformungen, Überbeine, Ataxie
Mangel: Müdigkeit, Depression, schlechte Knochenstabilität
Enthalten in: fetthaltigem Fisch, Leber und Lebertran, Sprossen, Milch, Eier (verträgt keine Erhitzung)

Vitamin E (Tocopherol)

Das starke Antioxidans und Muskelvitamin
Aufgabe: Es schützt die Zellen und das Bindegewebe vor freien Radikalen (Oxidation), stärkt Skelett- und Herzmuskulatur
Überdosierung: Toxische Zustände und Vergiftungserscheinungen (wie Übelkeit, Muskelschwäche und starker Durchfall)
Mangel: Muskelschwäche, Nervenstörungen, gleichzeitig mit Selenmangel auch Immunschwäche und Schilddrüsenstörungen
Enthalten in: Keimlingen, Nüssen, Eier, Fisch, Salat

Vitamin K (Phytomenadion)

Das Blutgerinnungs- und Knochenvitamin
Aufgabe: Aktiviert Osteocalcin, welches Calcium zu den Zähnen und Knochen bringt, verhindert das Absetzen von Calcium an der Gefäßwand
Überdosierung: kaum möglich, da nur schlecht speicherfähig
Mangel: Darmentzündungen und Knochenstoffwechselstörungen
Enthalten in: Petersilie, Spinat, Brokkoli, Oregano, Hülsenfrüchten, frischem Gras

VITAMINE, WASSERLÖSLICH

Vitamin B

Das Nerven- und Powervitamin (Komplex B1 Thiamin, B2 Riboflavin, B3 Niacin, B5 Pantothensäure, B6 Psydoxin, B12 Cobalamin)
Aufgabe: Einzeln wirken sie leicht unterschied-

lich. Im Komplex wirken sie am besten, sie befeuern den Energiestoffwechsel und regen die Blutbildung an, B12 speziell regelt zudem die Nervenweiterleitung und Nervengesundheit und unterstützt die Serotoninbildung.
Überversorgung: kaum möglich, da Überschuss über den Urin ausgeschieden wird
Mangel: Nervosität, Shivering, Immunstörungen und Müdigkeit
Enthalten in: Bierhefe, Getreide, Fleisch, Gras

Vitamin C (Ascorbinsäure)

Das Abwehrvitamin
Aufgabe: Eigentlich kein richtiges Vitamin, da es im Darm selber hergestellt werden kann (aus der Glukose in der Leber), es hält das Immunsystem fit und schützt vor Infektionen
Enthalten in: Hagebutten, schwarzen Johannisbeeren, Sanddorn (sehr hitzeempfindlich)

MINERALIEN

Mineralien heißen Vitalstoffe, die in höherer Konzentration als Spurenelemente im Körper und in der Nahrung auftauchen. Mineralien sind: die Elektrolyte Natrium, Kalium und Chlorid, Magnesium, Calcium und Phosphor. Zu den Spurenelementen zählen Eisen, Zink, Kupfer, Selen, Jod, Mangan und Schwefel.
Der wirkliche Gehalt dieser Vitalstoffe lässt sich oft nur schwer im Blut nachweisen, da das Blutbild immer nur den absolut aktuellen Wert zur Zeit der Blutabnahme zeigt. Sind Mängel festgestellt worden, dann bedeutet das häufig jedoch, dass der Körper trotz Bemühungen, den Spiegel im Blut aufrecht zu erhalten, schon Schwierigkeiten hat und Speicher womöglich leer oder mangelhaft gefüllt sein können. Den Mangel zu supplementieren, über Futter oder Zusätze, ist leider auch nicht immer einfach, da die Darmgesundheit und die Resorbierbarkeit der Stoffe zusammenhängen. Eine intakte Darmflora ist also immens wichtig, da sie die Bioverfügbarkeit der Mineralien und Spurenelemente beeinflusst.
Weiterhin interessant: Natrium, Calcium, Magnesium und Kalium sind Basenbildner, Chlor, Schwefel und Phosphor dagegen Säurebildner.

Die Elektrolyte Natrium, Kalium und Chlorid

Natrium und Chlorid liegen außerhalb der Zellen, Kalium innerhalb (Osmose-Fähigkeit): Kalium fördert Wasserentzug, Natrium und Chlorid fördern hingegen die Einlagerung in Gelenkkapseln, Muskelgewebe und in die Blutgefäße. Sie übertragen zudem Nervenimpulse und sorgen für Kontraktion der Muskulatur. Kalium kann nicht ausreichend gespeichert werden.
Überversorgung: selten, da der Körper ausgleicht. Nur bei Niereninsuffizienz kann die geschwächte Niere den Salzhaushalt nicht regeln und es kommt zu Bluthochdruck
Mangel: Kopfschmerzen, Erschöpfung, Koliken, Krämpfe, Nierenversagen, Kreislaufkollaps und Herzrhythmusstörungen, Dehydration, Koma
Enthalten in: Fleisch und Getreide, Salz

Magnesium

Es ist wichtig für die Kontraktionsfähigkeit der Muskulatur, ist beteiligt am Knochenstoffwechsel und wirkt mit einer Vielzahl an Enzymen auf den Stoffwechsel ein.

Überversorgung: Durchfall und Entstehung oder Begünstigung von Struvit-Steinen
Mangel: Nervosität, Herzprobleme, Schreckhaftigkeit, Zittern, Verspannungen in der Muskulatur, Stressanfälligkeit ist erhöht
Enthalten in: Vollkorngetreide, Milch, Fisch, Kartoffeln, Bananen, Beeren

Calcium und Phosphor

Sie sind eng miteinander verbunden, das Verhältnis sollte beim Hund bei ungefähr 1,4:1 liegen. Sie sind nötig für einen gesunden Muskel- und Knochenstoffwechsel, die Blutgerinnung, den Fett- und Kohlenhydratstoffwechsel und wie Magnesium auch für die Kontraktionsfähigkeit und Kraft der Muskulatur. Die Werte sind schwer im Blut zu bestimmen, der Phosphor-Gehalt wird zudem über die Nieren geregelt, ein Zuviel wird ausgeschieden
Überversorgung: Gelenk- und Knochenprobleme, wie Verwachsungen, Überbeine und Gelenkchips
Mangel: Sehnenrisse, Knochenbrüche oder Verformungen, Zahnprobleme, Entwicklungsstörungen
Enthalten in: Knochen, Eierschalen, Algenkalk, Quark, Hüttenkäse

Schwefel

Ist wichtig für die Bildung von Haut, Haaren, Knorpel, Blut und Blutgerinnung
Überversorgung: Übelkeit und Kopfschmerzen
Mangel: Durchblutungsstörungen, Leberentgiftungsschwäche, Haut-, Fell- und Hornprobleme, Gelenkbeschwerden, schwaches Bindegewebe, mentale Probleme wie Melancholie und Ängstlichkeit
Enthalten in: Eiern, Milchprodukten, Fisch und Fleisch, Nüssen, Knoblauch, Zwiebeln, Kohl und Hülsenfrüchten sowie natürlich auch im Ergänzungsfuttermittel MSM

SPURENELEMENTE

Ein Teil dieser wichtigen Nährstoffe möchte ich Ihnen hier kurz vorstellen;

Eisen

Wichtig für die Sauerstoffübertragung und Leistungsfähigkeit, unterstützt die Blutbildung (Hämoglobin = rotes Blutkörperchen und Myoglobin = roter Muskelfarbstoff).
Überversorgung: Verstopfung und beeinträchtigte Bauchspeicheldrüsenfunktion
Mangel: Leistungsschwäche, Anämie. Infektanfälligkeit, Asthma und Kurzatmigkeit
Enthalten in: rotem Fleisch, Blut und Innereien, Hirse und Leinsamen, Eigelb, roten Rüben, vielen Kräutern

Kupfer

Fördert u.a. die Bildung von Nervenzellen, Knochenbausteinen, Blut, Pigmenten und Kollagen für das Bindegewebe
Überversorgung: Vergiftungserscheinungen (eher selten, außer bei Hunden mit Kupferspeicherkrankheit)
Mangel: „Kupferbrille“ und andere Pigmentstörungen, Leistungsschwäche, Anämie, Fortpflanzungsprobleme
Enthalten in: Innereien, Obst, Nüssen, Gemüse

Zink

Das Allround-Spurenelement, regelt viele Stoffwechselprozesse und ist mit vielen Enzymen verbunden, unterstützt maßgebend das Immunsystem und die Wundheilung, hemmt Entzündungen, bildet körpereigene Hormone, fördert die Fruchtbarkeit, stärkt das Zellwachstum, die Hauterneuerung durch Kreatinin-Bildung, die Sehkraft und das Nervenkostüm
Überversorgung: selten, da von Kupfer, Calcium und Eisen gehemmt
Mangel: Wundheilungsstörungen, Immunschwäche, Allergieneigung, Fellwechselstörungen und Hautschuppen (Getreide hemmt auch die Zinkaufnahme!)
Enthalten in: Innereien, Fisch, Fleisch, Weizenkleie, vielen Kräutern, Nüssen, Hülsenfrüchten

Selen

Ist das stärkste körpereigene Antioxidans, besonders in Kombination mit Vitamin E, es schützt die Zellmembranen vor antioxidativem Stress, spielt eine sehr entscheidende Rolle für die Schilddrüsenfunktion, entgiftet Schwermetalle und kann Autoimmunreaktionen lindern.
Überversorgung: sehr gefährlich, da hoch toxisch! Schwere Vergiftungen, von Haarausfall, Nervosität, Störungen im ZNS und Lahmheiten bis Organversagen
Mangel: Immunstörungen, Schilddrüsenfunktionsstörungen, Leberentgiftungsschwäche, Unfruchtbarkeit, Gewebeschäden
Enthalten in: Fisch und Fisch-Ölen, Eiern, Leber, Sesam, Nüssen

Jod

Ist ein Bestandteil der Schilddrüsenhormone (T3, T4), kontrolliert daher die Sauerstoffrate und den Sauerstoffverbrauch, beeinflusst Glucose- und Proteinsynthese
Überversorgung: Schilddrüsenüberfunktion mit den bekannten Symptomen wie Herzrasen, Hektik, Gewichtsverlust und Stressanfälligkeit
Mangel: Schilddrüsenunterfunktion, Müdigkeit, Kälteempfindlichkeit, Kropfbildung, Haarausfall und Übergewicht, Fruchtbarkeitsstörungen, Entwicklungsstörungen, Ödeme
Enthalten in: Fisch, Eiern, Jodsalz, Meeresalgen

Mangan

Aktivator zahlreicher Enzyme im Knochen- und besonders Knorpelstoffwechsel und Bestandteil der Mitochondrien (Zellbestandteile und wie kleine Energiekraftwerke), reguliert u.a. die Funktion der Eierstöcke und kann Stressreaktionen mildern
Überversorgung: Schlafstörungen, Sensibilitätsstörungen, Missempfinden auf der Haut, Halluzinationen, Demenz, Zittern, Lungenembolie, Schwäche
Mangel: arthrotische Veränderungen an den Gelenken und unterversorgter Knorpel, Fruchtbarkeitsstörungen, Fettstoffwechselschwäche (wird durch hohe Gehalte an Calcium, Eisen und Zink gehemmt)
Enthalten in: Geflügelfleisch, Leber, Fisch, Algen, Soja, Getreide

SANITAS

Kapitel 7

KRANKHEITEN UND SYMPTOME GANZHEITLICH MIT KRÄUTERN THERAPIEREN

Für alle folgenden Therapievorschläge und Behandlungsmöglichkeiten hier gilt: Sie ersetzen nicht den Tierarzt oder eine nötige genauere Diagnose und schulmedizinische Medikation. Notfälle und immer wiederkehrende Symptome gehören schulmedizinisch behandelt oder letzteres genau diagnostiziert. Die Phytotherapie und die Diätetik sind als Begleitung und Unterstützung, besonders bei chronischen Fällen, sehr vielversprechend und sorgen oft für die Ausheilung und Genesung auf ganzheitlicher Ebene. Sie sollten daher immer mit ins Boot genommen werden, ganz gleich, ob akute oder chronische Erkrankung oder zur Vorbeugung und Stärkung des Organismus. Denn, wie bereits eingangs erwähnt, soll hier nicht nur das Symptom, sondern die Krankheit als Ganzes, die Schwäche des Organismus unterstützt und geheilt werden. Ein Durchfall zum Beispiel ist an sich noch nicht gefährlich, sofern er nicht so stark ist, dass er innerhalb kurzer Zeit zu Dehydration und Herzproblemen führt und kann deshalb wunderbar pflanzlich und diätetisch behandelt werden. Ist der Durchfall blutig (kommt bei Hunden schneller vor als bei Menschen) oder extrem schmerzhaft, muss der Hund zum Tierarzt. Die Heilpflanzen und eine Diät kommen trotzdem hier erfolgreich zum Greifen, aber eine schulmedizinische Diagnose (Würmer, Giardien, Geschwüre, Pankreatitis, Nahrungsmittelunverträglichkeit, Gastroenteritis u.a.) ist wichtig und unabdingbar. Eine „rundum" Antibiose oder Cortisontherapie bei Hauterkrankungen und Unverträglichkeiten als Alleinmittel sind hier jedoch langfristig nicht zielführend. Daher stelle ich hier, wie auch bei anderen Erkrankungen, ein paar Therapievorschläge aus der naturheilkundlichen Erfahrungsmedizin, wie auch wissenschaftlich bestätigten Phytotherapie vor. Die Liste der Krankheiten und deren Therapievorschläge ist natürlich nicht vollständig, es gibt noch viele weitere Ansätze wie Akupunktur, Osteopathie, Aromatherapie u.v.m., aber dies würde den Rahmen des Buches sprengen. Leider.

__Zur Anwendung dieses Kapitels:__ Unter den jeweiligen Erkrankungen finden Sie Therapievorschläge und aufgelistete Kräuter oder Zusätze. Schauen Sie bitte bei in Frage kommenden Kräutern oder Zusätzen im Verzeichnis A–Z nach und entscheiden dann, ob es auch genau passt. Hier finden Sie auch evtl. mögliche Fertigpräparate, in denen das Kraut oder Zusatzfuttermittel enthalten ist.

Erkrankungen des Verdauungstraktes

Die artgerechte und gesunde Ernährung des Hundes ist viel, auch oft sehr emotional diskutiert worden, dabei ist hier wenig Meinungsmache oder Überzeugung gefragt, sondern ganz einfach ein Blick auf die Bedürfnisse und die Anatomie, besonders des Verdauungsapparates, von Nöten. Letzterer ist nämlich ziemlich kurz und auf schnelle Verdaulichkeit eingestellt. Trockenfutter und Backwaren verweilen aber meistens sehr lange im Magen und benötigen enorm viel Flüssigkeit und Magensäure, um annähernd breiig und resorbierbar zu werden. Der Hund ist allerdings ein „Spontan-Esser", produziert daher nur dann Magensäure und andere Verdauungssäfte, wenn auch wirklich benötigt. Trockene Futterbestandteile, die möglicherweise auch noch aufquellen und die Magenwand dadurch reizen, noch mehr Säure zu produzieren, tun dies aber sehr lange. Zu lange eigentlich und das dann, je nach Futterintervallen, den ganzen Tag und die ganze Nacht. So schnell ist eine stetige Übersäuerung hausgemacht. Die Magensäure ist nämlich sehr sauer und auch sehr aggressiv, damit jegliche Keime (Pfützen-Trinken, ausgegrabenes Schweineohr vom letzten Geburtstag, tote Maus ...), die vom Hund aufgenommen werden, nicht gleich zu schweren Erkrankungen führen. Daher sollte das Trockenfutter als Ernährungsgrundlage besonders für magenempfindliche Hunde überdacht werden, denn ohne eine Futterumstellung kann hier keine Linderung geschaffen werden. Zudem gilt es zu bedenken, dass durch Trockenfutter meistens Hitze und eben Trockenheit im Körper verursachen wird und damit Entzündungen und Irritationen eher anstachelt.

Gleiches gilt für Nahrungsmittelunverträglichkeiten oder immer wiederkehrende Verdauungsstörungen oder Bauchweh. Hier muss sorgsam diagnostiziert (Tierarzt) und eine Ausschlussdiät durchgeführt werden (nicht mit Trockenfutter oder Nassfutter-Menüs möglich), da sonst nur das Symptom behandelt wird, ohne die Ursache zu erkennen und im Anschluss behandeln zu können. Oft wird dann mit Antibiotika oder Cortison medikamentiert, die die Krankheit „deckeln" und am Ende nur verschlimmern oder andere hinzukommen lassen. Stetige Dünndarmentzündungen entstehen durch Allergien und Unverträglichkeiten, irgendwann kommt die Übelkeit hinzu, dann das Pfoten-Lecken oder Hautekzeme und der Teufelskreis nimmt seinen Lauf.

Ratgeber über Ernährung für Hunde gibt es schon reichlich, daher hier keine weiteren Erläuterungen diesbezüglich, nur so viel sei gesagt: Lassen Sie sich nicht von Deklarationen, glänzenden Futtersäcken oder der selbstbewussten Meinung von Verkäufern oder anderen Hundebesitzern blenden, lesen Sie stattdessen einen Ratgeber über die Anatomie und Physiologie, vertrauen Sie Ihrem Bauchgefühl und schauen Sie sich Ihren Hund an. Beobachten Sie ihn, wie er welches Futter verdaut und ob er es wirklich gut verträgt, dann wissen Sie, was das Richtige ist. Blähungen, ständiger Haarverlust, Schmatzen, Juckreiz, Analdrüsenverstopfungen, Ohrenentzündungen, Pfoten-Lecken, Appetitmangel sind nämlich nicht normal, auch wenn Ihr Hund das schon lange so hat oder macht... Grasfressen ist in kleinen Mengen nicht unüblich, viele Hunde machen das hin und wieder sehr gern. Wird das Gras aber regelrecht „abgeweidet“ und stürzt sich der Hund jeden Tag darauf, dann liegt hier vermutlich eine Übersäuerung oder Magenhitze vor, die der Hund mit dem frischen Grün zu löschen versucht.

Zum Thema Erbrechen und Durchfall gibt es Folgendes zu bedenken: In erster Linie versucht der Hund für ihn nicht Verwertbares oder Schädliches loszuwerden und sich selbst vom „Gift“ zu befreien. Dieses sofort zu unterbinden, mit Kohletabletten oder anderen stopfenden Mitteln, ist meist nicht empfehlenswert, man sollte diesen Reinigungsprozess nicht sofort stören. Erst wenn der Durchfall länger als 1 oder 2 Tage anhält, sollte etwas unternommen werden. Welpen, Jungtiere und Senioren allerdings bedürfen sofortiger Unterstützung, da hier schnell Dehydration droht.

Appetitlosigkeit

Ein gesunder Hund hat immer Hunger. Hier gilt es zu klären, warum der Hund nicht fressen möchte, es kann an Übersäuerung und Magenschmerzen liegen oder eine Unverträglichkeit mit Erinnerung an Bauchweh oder eine Gastritis mit Schleimhautschäden vorliegen, ganz gleich ob durch Viren, Bakterien oder Stress verursacht. Mäkler soll es auch geben, aber das Fressen sollte im Hund Euphorie auslösen und keinen Ekel. Vielleicht sollte auch mal die Qualität überprüft oder die Futterart geändert werden. Um den Appetit anzuregen, eigenen sich (sofern es nicht an Übersäuerung liegt): *Pfefferminze, Gelber Enzian, Tausendgüldenkraut, Engelwurz, Löwenzahn, Beifuß.*

Abmagerung/Schwäche/ Untergewicht

Nach langer Krankheitsphase oder bei adoptierten Hunden aus dem Tierschutz hilft es oft, wenn man Bitterstoffe, die als Tonikum gelten, einsetzt. Ähnlich wie die appetitanregenden Kräuter wirken hier auch *Ginseng, Bockshornkleesamen, Mariendistel,* auch Vitalpilze, wie der *Reishi, Cordyceps* und der *Hericium.* Eine Darmsanierung ist ebenfalls anzuraten, damit die Nährstoffe gut aufgenommen werden können. Gut verwertbare *Eiweiße und Fette* in der Nahrung sind wichtig (Barfen würde ich – zunächst – nicht empfehlen, denn manchmal sind die Hunde zu schwach und das thermisch kühl wirkende BARF schwächt die Verdauungsorgane zusätzlich). Gekochte und selbst zusammengestellte Nahrung mit Wildfleisch z.B. ist hier sicherlich das Beste. Kohlenhydrate nur vorsichtig, in nicht zu großen Mengen füttern, denn der Hund soll nicht schnell dick und fett werden, sondern Muskelmasse bilden. Hilfreich wären hier auch das *Reiskeim-Öl* und die *Hanf- oder Brennnesselsamen* (im Mörser frisch zerstoßen). Zudem auf eine ruhige und entspannte Umgebung beim Fressen achten und wenn nötig, entspannende Kräuter hinzufügen, damit der Stresslevel sinkt. Zum Blutaufbau eignen sich hier *Brennnessel, Eisenkraut, Blau- und Himbeeren, Spirulina* und *Petersilienwurzel.* Der Vitalpilz *Cordyceps* könnte zusätzlich helfen. Wenn der Hund ohne Grund abnimmt oder Schwäche zeigt, bitte zuvor den Tierarzt konsultieren!

Träger Stoffwechsel/ Übergewicht

Hier gilt das Gegenteil, denn der Stoffwechsel muss angetrieben werden. Hierzu eignen sich *Ingwer, Curcuma, Mariendistel* und *Artischocke, Löwenzahn, Wegwarte, Beifuß* und *Rosmarin,* auch der Vitalpilz *Maitake* bietet sich an. Bitte achten Sie darauf, nicht nur kühlende Kräuter zu nutzen, die die Gallensäfte anregen, auch wärmende Kräuter sind immens wichtig, um den Stoffwechsel anzufeuern. Übergewicht ist kein niedlicher Speck, sondern führt zu schwerwiegenden Krankheiten. Auch Arthrose-Patienten leiden an jedem Gramm zu viel auf der Waage. Die Ration sollte angepasst werden, aber nicht eben einfach nur reduziert, denn wichtige Nährstoffe sind essentiell und dürfen auf keinen Fall fehlen. Übrigens: Mit Trockenfutter abnehmen ist schwer bis unmöglich und geht meistens zu Lasten der Gesundheit. Durch die lange Verweildauer im Verdauungstrakt und den häufig sehr hohen Kohlenhydratanteil und leider oft minderwertige Proteine eignen sich die meisten Trockenfutter nicht für eine Diät. Reduktion geht hier nur durch Inkaufnahme von Nährstoffverlust und zugunsten leerer Kalorien. Bitte besprechen Sie dieses wichtige Thema mit einem gut ausgebildeten Hundeernährungsberater.

Saures Erbrechen und Sodbrennen (oft weißlich, gelblicher Schaum)

Häufig tritt dies morgens auf, wenn der Magen über Nacht zu lange leer war oder der (durch lang andauernde „Überfüllung") Dauerreiz durch Trockenfutter die Aktivität zum Säurebilden übertrieben hat. Hier bieten sich zunächst Schmerz- und Magendruck lindernde Kräuter an wie *Kamille, Mädesüß* und *Melisse,* dann Schleimhautschützende Pflanzen wie *Süßholz, Eibisch, Malve* oder der *Leinsamen* und Säurehemmer wie *Hüttenkäse, Kartoffel* oder *Weißkohlsaft* (vorsichtig dosieren). Abends sollte kein Pfefferminztee getrunken werden, wenn verträglich, dann hilft oft ein kleines Stück Brot oder Toast, vorzugsweise aus Dinkel, vor dem „Zubettgehen" und zeitweise etwas Heilerde in der Abendmahlzeit. Auf Dauer kann das Bakterium Helicobacter pylorii zunehmen und Schwierigkeiten machen, hier wirkt frischer gehackter *Oregano* mit etwas Futter Wunder. Auch der Vitalpilz *Pleurotus* kann helfen. Das homöopathische Komplex-Mittel von Heel *„Gastricumheel"* hat schon oft geholfen. 3-mal 1 Tablette oral verabreichen, nicht mit dem Futter zusammen, sondern besser direkt über die Schleimhäute und ins Maul geben. Kleiner Tipp: Wenn Sie Ihrem Hund einen Kauknochen oder Ähnliches reichen, dann dies bitte bei empfindlichem Magen lieber ein bis zwei Stunden nach dem Fressen der Mahlzeit, nicht auf nüchternen Magen. Der ganze Speichel (neutral beim Hund und ohne Enzyme, im Gegensatz zu Menschen. Aber die Menge macht's eben) und die Magensäure im leeren Bauch werden sonst zusammen zu einem fiesen brennenden Cocktail und verursachen Bauchweh und Magenschmerzen.

Erbrechen von Unverdautem

So fängt häufig eine bakterielle Gastritis, nach Schneefressen oder durch Keimaufnahme und Verdorbenem an, auch Nahrungsmittelunverträglichkeiten können sich so zeigen. (Ein Verschluss des Magens kann ebenfalls die Ursache sein, ist aber äußerst selten und dann ein Notfall!) Hier bietet sich eine Fastenzeit von circa einem Tag an und dann Neustart mit leicht Verdaulichem wie Reis, Hühnchen, Kartoffeln oder Hüttenkäse, Kräuterergänzungen wären hier die *Wegwarte, Oregano (!), Kamille, Süßholz, Melisse* und wenn es zusätzlich zu Bauchschmerzen kommt, dann auch *Schafgarbe, Kümmel* oder *Gänsefingerkraut*. Reduzieren Sie Fette in der Ration und auch faserreiche Leckerchen wie Dörrfleisch sollten nicht genascht werden. Auch frisch aufgetautes oder Futter aus dem Kühlschrank sind eindeutig zu kalt, der Hund befördert die Mahlzeit sonst pronto wieder herauf und wartet, bis sie Zimmertemperatur hat und frisst sie dann erneut. Nettere Variante ist definitiv die normal temperierte Nahrung, für alle Beteiligten.

Ständiges Erbrechen mit Schwäche

Dies gehört dringend tierärztlich abgeklärt! Nicht selten kommt es hier auch zu Blutbeimengungen im Erbrochenen. Als Kräuter kommen dann unterstützend *Brombeerblätter* oder *Blutwurz* zum Einsatz, deren Gerbstoffe die Blutung stoppen können. Im Nachgang kommen dann zur Abheilung *Kamille, Süßholz, Leinsamen* oder *Melisse* hinzu. Auch eine Ausschlussdiät ist anzuraten, sofern es sich nicht um eine Magendrehung oder einen Fremdkörper gehandelt hat. Das Futter sollte leicht verdaulich sein, am besten selbst zusammengestellt und gekocht, so verbraucht der Körper weniger Energie. Fette und Öle nur in kleinen Mengen füttern, da diese die Magenpassage verlängern und erschweren. Auch die Qualität des Futters ist entscheidend! Hochwertige Proteine und eine gute Vitalstoffversorgung sind sicher am besten durch eine selbst zusammengestellte Ration zu erreichen, auch ein Kochen der Mahlzeit hilft, die Verdauung zu erleichtern.

Gastroenteritis (Erbrechen mit Durchfall)

Oft viral oder antibakteriell verursacht, kann naturheilkundlich therapiert werden, sofern der Hund ausreichend Wasser zu sich nimmt, kein Fieber oder Apathie zeigt. Hier hilft wieder die *Kamille*, aber auch *Brombeerblätter, Eichenrinde, Gänsefingerkraut, getrocknete Heidelbeeren, Oregano, Salbei* und die *Blutwurz*. Wenn der Hund überhaupt etwas zu sich nehmen mag, kann man aus den ausgesuchten Kräutern einen Tee kochen und lauwarm zusammen mit der *Moro-Suppe* anbieten. Auch *geriebener Apfel* mit *Heilerde* und *Honig* hilft, um den Durchfall zu stoppen. Danach gilt Schonkost und Kamillentee für circa 1 Woche.

Das homöopathische Komplexmittel „*Duodenoheel*" (oft hilfreich bei Dünndarmentzündungen) oder auch das „*Diarrheel*" (bei akutem Durchfall oder Reizdarm) von Heel sind zu empfehlen. Einzelmittel sollten nur von einem erfahrenen Homöopathen verschrieben werden. „*Stullmisan ad.us.vet.*" von Stulln Pharma kann ebenso probiert werden. Bei krampfhaften Schmerzen hilft auch „*Spascupreel*" von Heel.

Die Eichenrinde ist eines der ältesten Phytotherapeutika gegen Durchfall.

Chronischer Durchfall

Hier müssen mehrere Parameter im Vorfeld geklärt werden, da es sich um Parasitenbefall, Nahrungsmittelallergien, IBD, Morbus Addison, Fehlbesiedlung der Bakterienflora im Dickdarm, Enzymmangel seitens der Bauchspeicheldrüse oder eine Gallenschwäche handeln könnte. Die Therapien unterscheiden sich sehr, daher ist eine genaue Diagnose wichtig. Zusätzlich kann eine Futterumstellung auf gekochte Nahrung (Barf ist thermisch kalt und roh, bedarf also viel Wärme und Energie, die manchen Hunden fehlt) nützen oder eine richtige Ausschlussdiät, wenn es sich um chronisch entzündliche Prozesse durch eine Unverträglichkeit handelt. Kotproben untersuchen zu lassen, bietet sich genauso an, wie eine gute Darmsanierung. Wenn dies nicht hilft, sollte eine Blutbild-Analyse erfolgen oder ein Ultraschall. Kräuter, die helfen, gibt es einige, sind aber nach Diagnose und Krankheitsursache sehr unterschiedlich in der Therapie und unter den anderen Punkten in diesem Kapitel zu finden. Wichtig: bei langwierigen Darmerkrankungen kommt es zu Nährstoffmängeln (besonders Vitamin B)! Entzündungen stoppen können der Weihrauch und die Myrrhe sowie die *Gelbwurz* (Kurkuma). Der Vitalpilz *Hericium* kann eine gestörte und zerstörte Darmflora wiederherstellen. *Kümmel, Fenchel* und *Anis* wärmen den Verdauungstrakt, wenn die innere Wärme fehlt, auch *Oregano* und *Thymian* helfen dabei.

Blutiger Durchfall

Ein erschreckendes Bild und unbedingt therapiebedürftig, ab zum Tierarzt! Allerdings haben Hunde viel schneller als wir Menschen Blutbeimengungen im Stuhl, etwa bei einer bakteriellen Infektion oder Giardien-Befall, aber eben auch bei Geschwürbildungen, Rattengiftaufnahme oder Fremdkörpern im Verdauungstrakt. Blutungen stoppen können *Brombeerblätter, Blutwurz, Schafgarbe, getrocknete Heidelbeeren* oder auch die *Eichenrinde*. Zum Abheilen der Schleimhautschäden unterstützen *Kamille, Eibisch, Malve* und *Leinsamen* und wieder der *Hericium*.

Schleimig überzogener und fettiger Stuhlgang

Möglicherweise liegt eine Fettverdauungsstörung oder eine Pankreasinsuffizienz vor, dann können *Löwenzahn, Mariendistel, Kurkuma, Koriander, Papaya* und *Thymian* helfen. Zusätzlich auf wenig Fettgehalt in der Mahlzeit achten! Übrigens: In regelmäßigen bis unregelmäßigen Abständen (alle paar Wochen bis Monate) kann der Kot einmalig so aussehen, ohne pathologischen Hintergrund. Manchmal erneuert sich die Darmschleimhaut und Darmflora und im oder über dem Kot sieht man dann einen milchigen Film.

Gelblicher Kot

Vorsicht! Möglicherweise ist die Bauchspeicheldrüse entzündet. Zeigt der Hund zusätzlich Bauchweh und vielleicht Erbrechen und streckt sich häufig? Den Kot einsammeln und den Hund beim Tierarzt vorstellen zur Blutuntersuchung. (Sollte Ihr Hund viele Karotten gefressen haben, kann sich der Kot natürlich auch verfärben).

Verstopfung

Trinkt der Hund genug? Zeigt er generell Trockenheit an, wie trockene Haut, Schuppen und möglicherweise rissige Krallen, Haarbruch und gerötete Haut mit Juckreiz? Wenn Trockenfutter gefüttert wird, unbedingt (auch mal zeitweise zur Probe) auf ein gutes (!) Nassfutter oder eine ausgewogene Barf-Ration umsteigen. Zusätzlich helfen die *frische Heidelbeere, Flohsamen* mit viel Flüssigkeit und *Leinsamen.* Der Vitalpilz *Auricularia* befeuchtet zusätzlich die Schleimhäute. Öle können auch versucht werden, mindern aber in hoher Dosis die Aufnahme von wichtigen Nährstoffen, weil sie die Schleimhäute „einfetten".

Blähungen

Viel faseriges Bindegewebe, wie zum Beispiel im Dörrfleisch, oder aber auch Innereien können Blähungen verursachen. Möglicherweise zeigt der Hund auch so eine Verdauungsschwäche an. Dann helfen *Löwenzahn, Mariendistel, Kurkuma, Engelwurz, Schafgarbe, Anis* und *Kümmel,* aber auch *Thymian, Minze* und *Wermut* sehr gut. Bei einer Futtermittelunverträglichkeit hilft nur eine Ausschlussdiät.

Darmsanierung

Hier gibt es einerseits gute Produkte, wie das „Omnibiotic Cat&Dog" von Allergosan oder das „Bactisel" vom Tierarzt. Heilkräuter, die die Darmflora durch ihre Wirkstoffe (Inulin) wieder herstellen können, wären *Wegwarte* und *Löwenzahn,* aber auch die *Zistrose* oder *Myrrhe. Fein geriebene Karotten* oder *Äpfel* unterstützen dies sehr gut. Weitere „Darmputzer" wären *Knoblauchsrauke, Löwenzahn* und die *Brennnessel* sowie der *Apfelessig.* Auch *Heilerde,* besser noch *Zeolithe,* können den Darm von „Giften" und anderem Unerwünschtem befreien, ebenso auch *Flohsamen.* Der *Hericium Vitalpilz* sorgt für eine gesunde und intakte Schleimhaut.

Analdrüsenverstopfung/ Entzündung

Meist war der Kot lange Zeit zu weich, so dass sich die Drüsen beim Stuhlgang nicht mit entleeren konnten. *Flohsamen* oder *geriebene Karotten* können den Stuhl etwas verfestigen. Meist sind aber Futtermittelunverträglichkeiten schuld daran, daher hilft nur eine Ausschlussdiät. Bei Entzündungen können *Hamamelis-Zäpfchen* (von „Haenal" aus der Apotheke) helfen, die abends, nach der letzten Runde, vorsichtig mit etwas Vaseline oder Ähnlichem anal eingeführt werden. Kleine Hunde bekommen nur ein halbes oder gar ein Drittel Zäpfchen. Sitzbäder mit Kamille oder Eichenrinde sind bei Hunden eher abenteuerlich und schwer durchzuführen. Ständiges Ausdrückenlassen beim Tierarzt verschlimmert es meistens auf Dauer. Manche Hunde weisen eine anatomische Veränderung auf und haben daher von sich aus Last damit, ohne dass etwas Pathologisches vorliegt, das ist aber eher selten. Das *„Paeonia compositum"* von Heel hat sich schon oft als hilfreich bei Anal-Abszessen gezeigt.

Zahnfleischentzündung und Maulgeruch

Natürlich kann es genetisch veranlagt sein, dass ein Hund zu Zahnstein neigt, allerdings kann auch hier vorbeugend viel getan werden, damit es nicht schlimmer wird: *Anibio Zahnsteinfrei* zum Beispiel hilft vorbeugend sehr gut, aber auch getrockneter Pansen wirkt wie eine Zahnbürste beim Kauen. Ständige Übersäuerung ist auch eine mögliche Ursache, daher unbedingt das Futter wechseln. Es gibt Zahnsteinfrei-Stangen eines namhaften Herstellers, davon möchte ich allerdings abraten. Diese sind voller Konservierungsstoffe und Chemie, allergische Reaktionen sind vorprogrammiert. Zahnfleischentzündungen und gerötete Ränder über den Zähnen können mit *Salbei* und *Spitzwegerich*, aber auch *Oregano* gut behandelt werden. Das passenste Mittel ist hier bei Entzündungen allerdings die *Myrrhe-Tinktur*. Entweder die frischen Kräuter ins Futter geben oder mit verdünnter Tinktur bestreichen. Rotes Zahnfleisch zeigt häufig eine Magen-Hitze an. Vielleicht kühlen und befeuchten Sie unterstützend innerlich mit *Hüttenkäse, Gurkenscheiben, geraspelter Zucchini, Malve, Eibisch* oder *Melisse*, auch zeitweise *Heilerde* ist möglich.

Erkrankungen der Leber, Bauchspeicheldrüse und Gallenblase

Die Leber ist ein Multitalent und lebensnotwendig. Sie ist Kraftwerk, Nährstoffspeicher, Entgiftungsstation, Hormonproduzent, Chemielabor und Kontrollbehörde in einem. Als zentrales Stoffwechsel-Labor gibt sie Blutkörperchen, Vitamine, Eiweiß, Zucker, Gallensäuren, Hormone etc. frei, je nachdem, was gerade benötigt wird. Sie sorgt für den „freien Fluss" im Körper, ist sehr regenerationsfähig, aber auch störanfällig. Wenn eine oder mehrere Funktionen ins Stocken geraten, wirkt sich das auf den Körper und meist auch zugleich auf die Psyche aus, in der traditionellen chinesischen Medizin auch bekannt unter: „Leber-Qi-Stagnation". Das reicht von Kopfweh, Nacken- und Rückenverspannungen, Rippenbogen-Neuralgien, Bauchweh, Übelkeit und Verdauungs-

störungen bis hin zu Unruhe, Stressanfälligkeit und Wutanfällen oder Jähzorn. Die Augen können gerötet sein, die Allergieneigung steigt und es kann zu Tics und Zuckungen kommen, auch Krampfanfälle im späteren Geschehen sind möglich. Aus diesem Grund ist es wichtig, die „Leber bei Laune zu halten" und entlastende und regenerierende Kräuter in Form einer Kur einzusetzen. Eine dauerhafte Therapie empfehle ich nicht, das kurweise Zufüttern von leberwirksamen Kräutern ist effektiver, wenn ordnungsgemäß dosiert wurde, damit es nicht zu einer Gewöhnung kommt.

Die Mariendistel ist seit Jahrtausenden das Leberschutzkraut schlechthin.

Entgiftungsschwäche und schlechte Leberwerte

Oft erst als Zusatzbefund im Blutbild erkannt, wenn nicht bereits vorher schon der Verdacht auf eine schwache Entgiftungsleistung und Überlastung besteht. Der Leber auf die Sprünge helfen *Mariendistelsamen, Artischocke, Löwenzahn* und *Brennnessel*, auch *Kurkuma, Kamille, Wegwarte, Minze, Ringelblume* und *Schafgarbe*. Sie sind alle leberprotektiv, *Vitamin B* unterstützt die Leber in ihrer Funktion zusätzlich. Als Vitalpilz kommen der *Reishi* und der *Agaricus* in Frage, aber auch *Coriolus, Coprinus* oder der *Shitake* können helfen. Bei einer „Fettleber" ist der Vitalpilz *Maitake* angezeigt, aber hier ist natürlich unbedingt nach der Ursache zu suchen. Dies kann krankheitsbedingt oder durch lange Medikation bedingt sein, aber auch eine drastische Diät mit raschem Gewichtsverlust führt zu einem Fett-Stau in der Leber, da diese das Fett nicht schnell genug umgewandelt bekommt. Eine Leberdiät für 2 Wochen ist anzuraten, es werden die tierischen Eiweiße reduziert (mindestens auf die Hälfte) und die Kohlenhydrate wie Kartoffel zum Beispiel und das Gemüse erhöht. Fette werden in der Ration ebenfalls drastisch gekürzt. Als Zusätze können *Chlorella, Spirulina* oder *MSM* ergänzt werden. Das homöopathische Komplexmittel *„Hepar compositum"* von Heel ist ebenfalls eine gute Unterstützung zur Regeneration des Leber-Parenchyms.

Fettverdauungsstörungen

Wenn eine zu fetthaltige Mahlzeit zu Verdauungsstörungen wie Bauchweh oder Fettstühlen führt, dann sollte in erster Linie natürlich der Fettgehalt reduziert werden, aber auch unterstützend galleanregende (die Gallensäuren emulgieren die Fette) Kräuter wie *Kurkuma, Ingwer, Wegwarte, Minze, Beifuß* oder *Rosmarin* ergänzt werden. Der Vitalpilz *Maitake* unterstützt die Umwandlung der Fettsäuren im Körper zusätzlich. Evtl. liegt eine Schwäche der Bauchspeicheldrüse vor, wenn es häufig zu fettig überzogenen Kothaufen kommt, bitte den Tierarzt darauf ansprechen und ggf. eine Kotprobe bezüglich Pankreas-Elastase testen lassen.

Bauchschmerzen/ Gallenkoliken

Hier gilt es zunächst, eine genaue Diagnose zu stellen, denn Gallenkoliken können auch durch Gallensteine verursacht werden und zu einem Gallenverschluss führen, der ganz klar einen Notfall darstellt. Sollte also der Bauchschmerz und das Unwohlsein nach kurzer Zeit nicht behoben sein oder sich gar verschlimmern, sollte ein Tierarzt hinzugezogen werden. Bauchweh und krampfartige Schmerzen können naturheilkundlich sehr gut mit dem berühmten *Kamillentee* oder auch der *Schafgarbe* und der bekannten Mischung *Anis, Fenchel* und *Kümmel* behandelt werden. Wärmeauflagen entkrampfen zusätzlich und bezüglich Fütterung helfen gekochte Mischungen mit wenig faserigem Bindegewebe (Dörrfleisch), Innereien oder Knochen. Als Steinprophylaxe gelten die *Kurkuma-Wurzel*, der *Löwenzahn*, die *Wegwarte* und der *Beifuß* (wirken auch gegen Verstopfung sehr gut).

Hepatitis

Eine akute virale Hepatitis gehört in schulmedizinische Behandlung, aber in der Abheilungsphase sollten dann die oben erwähnten leberwirksamen Kräuter wie *Mariendistel* und *Artischocke* unbedingt unterstützend gefüttert werden.

Leberzirrhose

Eine chronisch erkrankte und geschrumpfte Leber hat nur noch wenig Kraft, hier ist auch dringend die *Mariendistel* und die *Artischocke* angezeigt, aber auch der *Reishi*, der *Maitake* und der *Agaricus*, um die Energie zurückzugewinnen. Unbedingt darauf achten, dass dem Körper keine „Gifte" in Form von Konservierungsstoffen, Aromastoffen, Impfungen und unnötigen Wurmkuren etc. zugeführt werden. Eine Leberdiät sollte dauerhaft durchgeführt werden. *Hanfsamen, Reiskeim-Öl* und *OPC* unterstützen zusätzlich.

Bauchspeicheldrüsenentzündung (Pankreatitis)

Eine Entzündung dieser „Verdauungssaft-Drüse" ist nicht nur äußerst schmerzhaft, sondern auch ein akuter Notfall. Die Hunde zeigen Durchfall (oft gelblich orange) und Erbrechen, recken sich auffällig oft und sind eher verhalten bis apathisch, sie sollten schnellstmöglich einem Tierarzt vorgestellt werden.

Bauchspeicheldrüsenschwäche (Pankreasinsuffizienz)

Nach einer akuten Bauchspeicheldrüsenentzündung kann sich eine Insuffizienz dieses Organs herausbilden, manchmal liegt es aber auch am Stoffwechselgeschehen, dem Erbgut oder dauerhafter Fehlernährung. Die Insuffizienz macht chronische Oberbauchschmerzen, dünnen und fettigen Stuhlgang, oft begleitet von Inappetenz, Schwäche, Haarkleidveränderung und Gewichtsverlust. Der bestehende Enzym-Mangel sollte möglichst ergänzt werden, hier gibt es Präparate vom Tierarzt oder auch pflanzliche Produkte, z.B. von PerNaturam. Der Fettgehalt in der Nahrung sollte nicht über 6 bis maximal 7 % liegen und auf Gebackenes sollte verzichtet werden. Unterstützend wirken *Papaya, Wegwarte, Tausendgüldenkraut* und die *Minze*, auch der *Enzian* mit seinem hohen Anteil an Bitterstoffen wirkt verdauungsanregend, diesen aber bitte nur in Maßen füttern.

ERKRANKUNGEN DER NIERE UND DER BLASE

Nierenerkrankungen sind sehr häufig bei Hunden anzutreffen, leider sind viele davon hausgemacht. Denn die Ernährung (Trockenfutter, welches Hitze erzeugt und Feuchtigkeit mindert) und Umweltbelastungen spielen hier eine sehr wichtige Rolle, aber auch Emotionen („das geht mir an die Nieren", „vor Angst in die Hose machen") können Mitverursacher sein. Meist läuft die Erkrankung zunächst im Stillen ab und bleibt dadurch leider lange unbemerkt. Schlechtes Fellkleid, Juckreiz, Übelkeit, vermehrtes Trinken, vermehrtes Urinieren, Inkontinenz, Abmagerung, Schwäche, Rückenschmerzen oder Herzprobleme (erhöhter Blutdruck) können Anzeichen sein und bedürfen stets ärztlicher Abklärung.

Blasenentzündung

Durch Verkühlung oder bakteriell verursachte Entzündungen sind seit Jahrtausenden eine Paradedisziplin der Pflanzenheilkunde, da es eine ganze Reihe guter durchspülender Pflanzen gibt, welche zum Beispiel auch oft in Frühjahreskuren verwendet werden. Zur Blasen- und Nieren-Durchspültherapie zählen *Birke, Brennnessel, Petersilie, Goldrute, Liebstöckel, Ackerschachtelhalm, Bärentraube* und *Hauhechel*. Desinfizierend zudem wirken *Kapuzinerkresse* und *Brunnenkresse, Sonnenhut* und *Meerrettich*. Auch *Birnenblätter* unterstützen die Therapie genauso wie die *Löwenzahn-Wurzel*. Der Vitalpilz *Auricularia* schützt die Schleimhaut der Blase. Achten Sie auf ausreichend frisches Trinkwasser und ebenso ausreichendes Trinken des Hundes. Es empfiehlt sich Urin-Test-Streifen im Haus zu haben, dann kann schnell daheim untersucht werden, ob es sich um eine Entzündung handelt und evtl. sogar Blut im Urin vorhanden ist. Messen Sie bitte zudem Fieber, denn eine Blasenentzündung kann auch „hoch" in das Nierenbecken ziehen und zu einer schweren Erkrankung führen. Eine sofortige Antibiose bei einer Zystitis seitens des Tierarztes sehe ich kritisch, da es aus meiner Sicht Sinn macht, zunächst den Bakterienstamm zu untersuchen, um anschließend, wenn nötig, das passende Antibiotikum zu verabreichen. Entwickelt sich eine chronische Blasenentzündung sollte eine lange Kur mit *Cranberry* mit Pausen (10 Tage füttern, 10 Tage Pause usw.) erfolgen. Achten Sie bitte darauf, dass Ihr Hund dann zusätzlich viel trinkt. Ein Ultraschall und eine sterile Harn-Entnahme beim Tierarzt sind sinnvoll, um hartnäckige Keime oder Blasen/Nierensteine auszuschließen.

Harnsteine

Blasen- oder Nierensteine sind anfangs unauffällig, bis es zu Schmerzen und Problemen beim Wasserlassen kommt. Blutiger oder gar eitriger Harn und nur tröpfchenweise abgesetzter Urin sind Anzeichen dafür, können aber auch bei Rüden auf eine Prostataentzündung hindeuten. Kräuter, die die Harnmenge erhöhen, sind gut zum Spülen, bei verlagerten Steinen allerdings kontraproduktiv, da die ausführenden Gänge durch die Steine verstopft werden können. Zudem heben diese (*Bärentraube* oder *Ackerschachtelhalm* z.B.) den pH-Wert an, welches eine deutliche Kontraindikation bei Struvitsteinen bedeutet, da hier der Harn angesäuert werden sollte. Ansäuernd wirkt: *L-Methionin. Apfelessig, Seealgen, MSM, Cranberry*, auch *OPC, Krill-Öl, Löwenzahn, Kresse, Petersilie* und *Meerrettich* wirken sich zusätzlich positiv aus und verhindern durch antibiotische oder antientzündliche Stoffe weitere Blasenentzündungen, die sich wiederum basisch auswirken. Auf Kartoffeln, Spinat oder Sojaprodukte weitestgehend verzichten, auch auf gut verdauliches Eiweiß achten und wenig faseriges Bindegewebe (günstiges Dosenfleisch, Dörrfleisch usw., aber auch kein Trockenfutter!) verfüttern.

Inkontinenz

Wenn der Hund „undicht“ wird während einer Blasenentzündung, dann ist dies nur zeitweise und vorrübergehend. Sollte der Hund im Alter oder durch Schwäche und Organsenkung durch Kastration (Hündin) immer wieder Urin verlieren, dann hilft hier ganz besonders die Akupunktur, aber auch blasenstärkende Kräuter und Zusätze wie: *Bärentraube, Hauhechel, Cranberry* sowie wärmende und stärkende Pflanzen wie *Thymian, Anis, Hanfsamen* oder *OPC* und der Vitalpilz *Cordyceps*.

Niereninsuffizienz

Wenn das Nierengewebe dauerhaft gestört ist, muss unbedingt auf ausreichend Wasserzufuhr, Anzeichen einer Urämie, Übelkeit, Schwäche und die Harnmenge acht gegeben werden! Regelmäßige Blutuntersuchungen, teilweise alle drei Monate, sind empfehlenswert. Ich rate dringend von Diät- oder Medizinal-Trockenfutter vom Tierarzt ab, denn Wärme, Trockenheit und künstliche Zusatzstoffe sind das letzte, was ein Hund mit Niereninsuffizienz braucht. Ein gutes Nassfutter (lassen Sie sich beraten) oder selbst zusammengestellte Nahrung sind nun essentiell. Zusätzlich können *Löwenzahn, Goldrute, Ackerschachtelhalm* und *Eibisch* die gesunde Nierenfunktion unterstützen. Die Vitalpilze *Polyporus* oder *Cordyceps* sind ebenfalls ratsam. Ein Tipp aus der Homöopathie, den selbst Tierkliniken gerne und mit Erfolg einsetzen: Die *„SUC-Kur“* von der Firma Heel. Sie besteht aus drei Mitteln (Solidago compositum ad.us.vet, Ubichinon ad.us.vet und Coenzyme compositum ad.us.vet), die in Ampullenform angeboten werden, sie können unter die Haut gespritzt oder auch wenn nötig oral verabreicht werden. Lassen Sie sich von einem erfahrenen Tierheilpraktiker oder Tierarzt beraten. Ich habe in meiner Praxis schon viele Hunde damit sehr gut unterstützen können. Phosphathemmer und eine Nieren-Diät mit gut verwertbarem Eiweiß sind stets angezeigt.

ERKRANKUNGEN DER SCHILDDRÜSE

Relativ häufig kommen Schilddrüsenunterfunktionen vor, gehäuft bei kastrierten Tieren oder Hündinnen mit hormonellen Schwankungen. Das typische Bild einer Hypothyreose (Unterfunktion) zeigt Übergewicht, Müdigkeit, stumpfes Fell mit teils haarlosen Stellen, Juckreiz, Neigung zu Verdauungsstörungen und langsamen Stoffwechsel, frühe Arthrosen und Krallenbrüchigkeit. Die Augen sind oft trüb und der Sinn ebenfalls. Aber auch Unruhe, Angst, Hecheln oder Aggressionen können von einer Unterfunktion kommen, manchmal ändert sich das Wesen von heute auf morgen, ohne Traumata oder andere schlechte Erfahrungen. Dick, gefräßig, müde und stumpf muss also nicht immer allein oder generell ein Indiz für Hormonschwankungen in der Schilddrüse sein. Unruhe, Herzrasen, Hektik und auffallend freches Übersprunsverhalten und abnormaler Sexualtrieb sind natürlich die häufigen Anzeichen von einer Überfunktion, zeigen aber auch Unregelmäßigkeiten in der Hormonversorgung an. Sollten Sie also den Verdacht haben, die Schilddrüse könnte unter Störungen leiden, lassen Sie bitte ein Blutbild beim Tierarzt machen. Eine nicht erkannte Unterversorgung führt zu früher Alterung, degenerativen Gelenkserkrankungen und anderen Organschäden, dabei ist eine Behandlung der Schilddrüse, gerade bei der so häufigen Unterfunktion, wirklich simpel.

Schilddrüsenunterfunktion

Unterstützend zur möglicherweise notwendigen Hormonsubstitution können *Jod und jodhaltiger Meeresfisch*, *Selen* und *Eisen* gefüttert werden. Eine angepasste Ernährung und ggf. eine Diät sind dringend erforderlich. Auch stoffwechselanregende Kräuter, wie *Kurkuma* oder *Wegwarte,* können Sinn machen. Adaptogene helfen, den Geist in Schwung zu bringen und dabei nicht zu innerer Unruhe oder Ängstlichkeit zu gelangen, angepasste Bewegung und eine Diät bei Übergewicht sind sehr wichtig.

Schilddrüsenüberfunktion

Um die Unruhe und das Herz zu beruhigen, eignen sich *Herzgespann* und *Wolfstrapp, Passionsblume* und *Baldrian.* Allerdings kommt diese Erkrankung bei Hunden sehr selten, bei Katzen dagegen häufiger vor.

ERKRANKUNGEN DES BEWEGUNGS-APPARATES

Auch unsere Hunde haben Probleme mit dem Bewegungsapparat und das leider nicht nur erst im Alter. Sei es durch zu wenig oder zu viel oder auch falsche Bewegung, durch mangelnde Nährstoffe oder eine Überversorgung derer oder durch genetische Einflüsse oder Verletzungen. Nicht zuletzt kann es auch durch psychische Beschwerden, wie etwa Angst oder dauernde Nervosität, zu Muskelverspannungen und Nervenreizungen kommen, ebenso haben Kälte und Nässe darauf einen großen Einfluss. Manchmal ist es nötig, wenn es zu Verletzungen oder z.B. schweren Schüben der Arthrose kommt, kurzzeitig zu schulmedizinischen Schmerzmedikamenten zu greifen, auch weil sie häufig zusätzlich entzündungshemmend wirken und den Hund schnell aus der Schmerzsituation herausholen können. Auf lange Sicht macht es aber Sinn, den Hund im Bedarfsfall, dauerhaft mit pflanzlichen Schmerzmitteln einzustellen, denn diese haben weit weniger bis keine Nebenwirkungen und verursachen nicht die gefürchteten Magenbeschwerden oder Leber- und Nierenprobleme. Wichtig zu wissen: Die Weidenrinde, Teufelskralle oder auch der Weihrauch sind sehr wirksam, brauchen aber 1 bis 5 Tage, bis sie richtig wirken. Zusätzlich zur Schmerzmedikation empfiehlt sich stets eine Diät, um ggf. das Idealgewicht zu erreichen, denn jedes Gramm zu viel tut den Knochen weh und eine angepasste Diätetik, d.h. wenig Getreide oder Kohlenhydrate, dafür mehr Gemüse und gut verwertbares Eiweiß (Fleisch), eine angemessene Menge Fett oder Öl und eine gute Nährstoffversorgung mit möglicherweise passenden Zusätzen ist wichtig. Eine physio- oder osteotherapeutische Betreuung durch einen erfahrenen Therapeuten zahlt sich zudem stets aus, auch Akupunktur und Lasertherapie leisten hier hervorragende Dienste.

Arthrose und Spondylose

Diese Knochenzubildungen entstehen durch Fehlernährung und Fehlbelastung und verursachen Steifigkeit, Bewegungseinschränkungen und kompensatorische Überlastung wiederum von anderen Strukturen. Schmerzhaft sind sie oft besonders zur kalten und nassen Jahreszeit, daher sollte bei dieser chronischen Variante Wert auf erwärmende und stärkende oder entschlackende (Knorpel reinigende und pflegende) Naturheilmittel gelegt werden. Passend

Oben: 2 Lendenwirbel mit knöcherner und fester Brücke (Knochenzubildung „Spondylose“)
Unten: die Lendenwirbel in gesunder Form, gelenkig verbunden

sind hier: *Kurkuma, Ingwer, Weihrauch, Anis, Thymian, Birke* und *Brennnessel*, auch die *Hagebutte* hilft den Gelenken gut. Bitte achten Sie darauf, nie nur kühlende Pflanzen, wie die Hagebutte, einzeln zu geben, bitte immer mit einem höheren Anteil wärmender Mittel zusammen verabreichen, denn sonst verstärkt sich die „Kälte-Krankheit" Arthrose nur. *CBD-Öl* kann als Dauermedikation eingesetzt werden. *Zeel ad.us.vet von Heel*-Tabletten helfen zudem auch sehr gut. Die Vitalpilze *Reishi* und *Cordyceps* unterstützen zusätzlich.

Arthritis

Hier haben wir die akute Form der Knochenkrankheit, es handelt sich dabei um einen entzündlichen Prozess, der schmerzhaft, oft gerötet oder auch geschwollen ist. Daher eignen sich hier kühlende und entzündungshemmende Pflanzen und Naturheilmittel, wie etwa *Weidenrinde, Mädesüß, Teufelskralle* und auch wieder *Hagebutte, Birke* und *Brennnessel*. Verabreichungen sollten dabei nie länger als 2 Wochen am Stück erfolgen, Wiederholungen nach 2 Wochen Pause möglich. *Grünlippmuschel-* und *Hagebutten-Präparat* sowie *MSM* können längerfristig zugefüttert werden. Blutegel leisten auch gute Dienste, sie sondern entzündungshemmende Stoffe ab und lindern gleichzeitig Schwellung und Schmerzen.

Muskelverspannungen und Steifigkeit

Es gibt mehrere Gründe, steife und verspannte Muskeln zu haben: Hormonelle Störungen, Wind- und Kälteeinwirkung, Leberprobleme, Faszienverklebungen, Stoffwechselstörungen (Entgiftungsschwäche von Leber und Nieren) oder Schmerzen und Kompensationsmechanismen im Bewegungsapparat. Auch das Alter macht steif und unbeweglich, hier passt besonders der Vitalpilz *Reishi* und der *Ginseng*, sowie *Rosmarin* dazu. Außer bei hormonellem Ungleichgewicht (Blutbild machen lassen, ggf. pflanzlich unterstützen, siehe Hormone) helfen blutbewegende und entschlackende Kräuter und Zusätze, wie z. B. *Ginkgo, Weißdorn, Brennnessel, Ingwer, Kurkuma, Mariendistel, Löwenzahn, Minze, Melisse*. Letztere helfen auch bei Verspannungen durch eine aufgestaute Leber und Stress. Äußerlich wirken *Heublumenwickel* außerordentlich gut.

Muskelzittern und Neuralgien

Muskelzittern ist häufig anzutreffen nach Überanstrengung, Kälteeinfluss oder Sinnesüberreizung. Tritt es ohne ersichtlichen Grund auf, kann es möglicherweise erblich bedingt sein (manche Terrier zeigen es) oder es kann an einem Vitamin-B- und Magnesium-Mangel liegen. Zusätzlich zittern oft nervöse und ängstliche Hundetypen, ihnen kann man mit Hilfe von blutbildenden Kräutern und Zusätzen, wie *CBD-Öl, Spirulina, Himbeere, Brennnessel, Eisenkraut* oder dem *„Hämophyll"* von PerNaturam, helfen und zusätzlich beruhigende und entspannende Kräuter, wie *Baldrian, Hopfen, Melisse, Passionsblume* oder *Grünhafer*, geben. *Vitamin B Injektionen* vom Tierarzt sind oft auch zusätzlich wirksam, sie helfen ebenso besonders bei Neuralgien, also Nervenentzündungen oder Nervenschäden, in Verbindung mit *Johanniskraut*. Auch der Vitalpilz *Hericium* kann Nerven regenerieren und beruhigend wirken. Achten Sie auf

Schmerz-Äußerungen! Manche Hunde zittern vor Schmerzen und nicht, weil ihnen kalt ist oder sie überreizt sind.

Cauda-Equina-Syndrom und die schwache Hinterhand

Das Cauda-Equina-Syndrom (durch Verwachsungen verursachte Nervenschädigung der Muskeln der Hinterhand) und die damit verbundene Hinterhand-Muskelschwäche, welche auch im Alter allein auftreten kann, verursachen angeblich zunächst keine Schmerzen. Durch den eingeschränkt freifließenden Bewegungsablauf schleichen sich aber dennoch Dysbalancen und Kompensationen ein, die durch Muskelverspannungen und Fehlbelastungen ihrerseits Schmerzen erzeugen. Meiner Einschätzung nach kommt es sicher schon frühzeitig zu Schmerzen und sensiblen Störungen der Nerven mit evtl. Wahrnehmungsstörungen, denn durch Einengung der Nervenaustritte werden die Nerven komprimiert. Das ist sicher mit Schmerzen verbunden.

Eine physio- oder osteotherapeutische Unterstützung und Akupunktur sind angeraten, auch sollte der Hund vor kalten und nassen Witterungseinflüssen und Überlastung geschützt werden. Stetige Bewegung in Maßen ist dennoch wichtig. Unterstützend sind wärmende und muskelstärkende, z. T. schmerzlindernde Zusätze wie das *Reiskeim-Öl*, der *Ginseng* oder *Weihrauch*, *Ginkgo* und *Spirulina*, *B- Vitamine*, *Anis*, *Ingwer*, *Bockshornklee*, *Buchweizen* und *Mädesüß* oder das *CBD-Öl*. Der Vitalpilz *Cordyceps* unterstützt die Energieleistung und Muskelbildung. Füttern Sie thermisch warmes Essen (ich meine kein Trockenfutter) oder kochen Sie selbst für Ihren Hund. Barfen ist stets eine gute Idee, hier aber möglicherweise kontraindiziert wegen der Kälte, die es erzeugt, wenn nicht mehr genügend Verdauungswärme vorhanden ist (bei älteren Hunden oft der Fall, manchmal wird es auch unverdaut erbrochen). Sie können zeitweise die Barf-Ration kurz andünsten, dann verträgt der Hund sie deutlich besser. Verfüttert wird natürlich bei Zimmertemperatur, mit „warm" ist hier die thermische Auswirkung der Nahrung im Körper gemeint.

Hier sind das Kreuzbein und der Lumbosakrale Übergang zur Lendenwirbelsäule gut zu erkennen (Foto von ventral, also bauchseits aufgenommen). Kommt es hier an den Nervenaustrittslöchern zu Kompressionen und Knochenverwachsungen verursacht dies Schmerzen und neurologische Ausfälle.

Vestibular Syndrom

Die neurologische Störung des Gleichgewichtssinns im Innenohr tritt plötzlich auf, kann durch Stress oder ein Trauma ausgelöst werden. Gänzlich sind die Ursachen noch nicht geklärt, auch Viren oder Bakterien können eine Rolle spielen. Diese Erkrankung verursacht Übelkeit, Stolpern und starkes Unwohlsein beim Hund und neben Infusionen beim Tierarzt und dem Medikament *„Karsivan"* helfen durchblutungsfördernde Kräuter, wie *Ginkgo, Mädesüß, Weidenrinde, Weißdorn. Vitamin B* und der *Vitalpilz Hericium*. Gegen Übelkeit kann der Tierarzt ein Medikament verschreiben oder vorsichtig Ingwer probiert werden.

Bandscheibenvorfall

Diese sehr schmerzhafte Erkrankung, die sogar zu Lähmungen führen kann, muss je nach Schweregrad operativ oder konservativ in Begleitung des Tierarztes therapiert werden, Physiotherapie und Akupunktur sind unbedingt angeraten. Bei einer Schädigung der Bandscheibe, die zwischen den Wirbelkörpern liegt, kann man nicht direkt phytotherapeutisch oder diätetisch unterstützen, nur begleitend die Schmerzen lindern und das Gewebe mit Nährstoffen versorgen. In Frage kommen *Mangan* und *Glucosamin*, zur Schmerzlinderung *Weidenrinde* und *Mädesüß*, aber auch *Weihrauch* und *CBD-Öl*. Das Komplexmittel *„Discus compositum"* von Heel kann zudem helfen.

Patella-Luxation und schwaches Bindegewebe

Sofern das „Herausrutschen" der Kniescheibe nicht durch knöcherne Veränderungen verursacht wird, sondern durch zu lange und instabile Bänder, die das Gelenk nicht ausreichend stützen, kann *Lecithin* mit *Kieselgur* helfen, die Bänder zu stärken und das Bindegewebe zu festigen. Auch *MSM, Kollagen-Hydrolysat* und *Zinnkraut (Ackerschachtelhalm)* können helfen. Physiotherapie ist unabdingbar!

Verstauchung/Zerrung/Hämatom

Bei einem akuten Trauma mit Schwellung sollten abschwellende Kräuter, wie *Gänseblümchen-, Beinwell-, Johanniskraut-, Rosmarin-* oder *Arnika-Umschläge, Traumeel-Gel ad.us.vet* von Heel oder innerlich *„Traumeel-Tabletten"* verabreicht werden. Schonung und Kühlung bei Rötung und Schwellung ist angeraten. Vielleicht ist ein Therapeut in der Nähe, der Blutegel-Therapie anbietet.

Lähmungen/Nervenverletzungen

Sofern nicht durch ein knöchernes chronisches Geschehen verursacht, hilft hier am besten *Johanniskraut-Öl*, es wirkt Wunder bei „eingeklemmten Nerven". Auch hier ist wieder der *Vitamin B-Komplex, Hericium* und auch das *CBD-Öl* gefragt. Lähmungen bedürfen unbedingt in Tierarzt-Hände!

Weidenrinde und Mädesüß sind die beiden pflanzlichen Vorgänger von „Aspirin", haben beinah das gleiche Schmerzlinderungspotential, wenn auch etwas zeitverzögert. Dafür nebenwirkungsfrei und umfassender in der Heilwirkung.

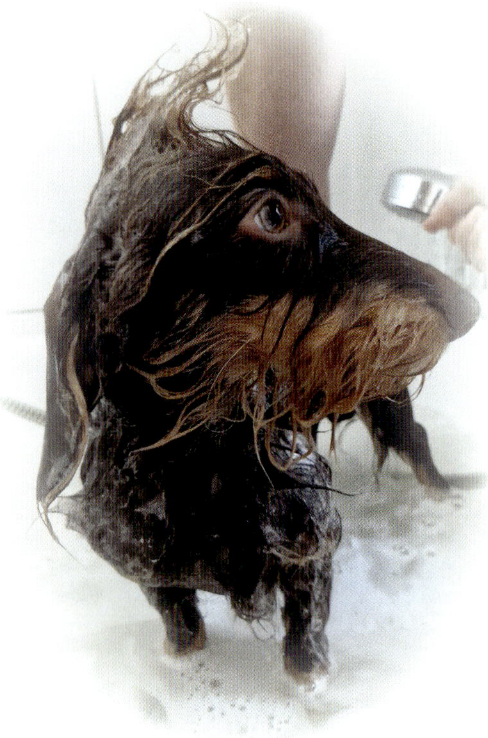

ERKRANKUNGEN DER AUGEN, OHREN, HAUT, KRALLEN UND DES FELLS

Störungen von Haut, Fell und Krallen, aber auch Augen- und Ohrenentzündungen sind häufig allergischer Pathogenese geschuldet. Schnelles Zugreifen bei cortisonhaltigen Salben oder Medikamenten bessert nur kurz oder verlagert oft den Prozess. Ausschlussdiät, Allergietests oder Nährstoffversorgung sollten abgecheckt worden sein, bevor nur Symptome gelindert werden. Baden sollte der Hund nicht zu oft und wenn, dann sollten hautfreundliche Shampoos benutzt werden, die den pH-Wert nicht stören und die Haut möglicherweise austrocknen. Da die Haut das größte (Entgiftungs-) Organ ist, sind es oft Überlastungen des Stoffwechsels, die zu chronischen oder immer wiederkehrenden Erkrankungen führen. Verbunden ist die Haut auch mit der Lunge und dem Darm, so dass z. B. chronische Ekzeme, trockene Haut oder Allergien durch ein ungeordnetes Immunsystem hier ihren Ursprung haben (in der traditionellen chinesischen Medizin verursachen auch Kummer und Traurigkeit ein Problem dieser 3 Organe, denn Lunge, Dickdarm und Haut sind ein Funktionskreis – Wandlungsphase Metall – in der Elemente-Lehre der TCM, zu dem diese Emotionen gehören. Weitere Zugehörigkeiten von Organen, Krankheiten und Emotionen im Buch „Die 5 Hundetypen".

Wundheilung/Verletzungen

Bei oberflächlichen Verletzungen der Haut sind Ringelblumensalbe, Einreibungen mit *Johanniskraut-Öl* oder Aufgüsse mit *Kamille, Gänseblümchen, Zaubernuss* oder *Schafgarbe* gut. *Honig, Manuka-Honig* und *Propolis* sind hier auch sehr hilfreich. Sollte die Wunde bluten, dann ist ein Brei aus frischem *Spitzwegerich, Hirtentäschel* oder der *Blutwurz* angezeigt. OP-Narben mit *Johanniskraut-Öl* oder *Sanddornsaft* massieren, sobald sie sich geschlossen haben. Zum Desinfizieren eignen sich *Salbei, Thymian* und *Oregano-Umschläge*, auch Salben und Tinkturen sind möglich.

Das Herstellen einer Gänseblümchen-Salbe bzw. eines Öls oder einer Tinktur ist kinderleicht.

Ständiger Haarverlust und/ oder kahle Stellen

Ständiges Haaren kann mit einer Unterversorgung der wichtigen Nährstoffe, einer Schilddrüsenunterfunktion, Cushing und einer Futtermittelunverträglichkeit zu tun haben. Ansonsten helfen *Birkenwasser, Ackerschachtelhalm, Kieselgur, Bierhefe, Kletten-Labkraut, Nachtkerzen-Öl, Hanf-Öl* oder auch *Seealgen*.

Juckreiz, Stiche und gerötete Hautstellen

Nach Insektenstichen ist *Spitzwegerich* das Mittel der Wahl, ob Tinktur, Salbe oder sogar frisch zerrieben auf die Haut gegeben. Ebenso ist das *Gänseblümchen* ein schneller Helfer. Rote Stellen oder Juckreiz können aber auch durch Allergien (Test und Ausschlussdiät erforderlich) entstehen, hier helfen das *Stiefmütterchen* oder die *Nachtkerze*. Oft bietet sich auch eine Stoffwechselkur an (*Birke, Brennnessel, Mariendistel* und *Kurkuma*, evtl. auch *Löwenzahn* und einige Frühlingskräuter wie *Knoblauchsrauke, Gundermann* und *Vogelmiere*). *Spirulina* und *Chlorella* nähren von innen, ebenso auch *Hanf-Öl* und *Leinsamen* bzw. *Goldlein*. Der Vitalpilz *Auricularia* oder *MSM* (oder ein Schwefelbad) nähren und beruhigen eine zu trockene Haut, der *Reishi* und der *Agaricus* lindern Allergien. Trockenfutter erzeugt viel Wärme im Körper, vielleicht sollte probeweise auf Nassfutter oder Barf umgestellt werden, damit der Körper ausreichend Säfte zur Verfügung hat und das „Kühlungssystem“ und die Nährstoffverwertung besser funktionieren.

Hot Spots

Das Erste-Hilfe-Mittel bei nässenden, schmerzenden oder juckenden und entzündeten Hautstellen ist die *Walnuss* bzw. ihre Blätter, die verdünnte Tinktur daraus ist unschlagbar auf der Haut. Aber auch die *Eichenrinde* und die *Zaubernuss* sind hilfreich. Die Hunde sollten nicht daran lecken dürfen, denn sonst entwickeln sich schlimme Infektionen an diesen Stellen. Desinfizieren mit *Kolloidalem Silber* und anschließend *Myrrhe-Tinktur* lindern bakterielle Explosionen und Hautpilzbefall.

Schuppen

Möglicherweise liegt ein Nährstoffmangel vor oder die Nieren sind überlastet, auch Allergien, Schwermetallbelastungen oder Schilddrüsenunterfunktion wären mögliche Ursachen. *Omega-3-Fette*, wie *Lachs-Öl* oder *Krill-Öl*, auch *Hanf-* und *Nachtkerzen-Öl* nähren von innen, ebenso helfen *Leinsamen*, *Chlorella* und *Spirulina*, eine Stoffwechselkur für Leber und Nieren ist angeraten. Evtl. gibt ein Blutbild Aufschluss über Allergien oder Nieren-Probleme, auch eine Hypothyreose kann im Blut festgestellt werden.

Hautpilz

Apfelessig oder „*Kanne Brottrunk*" können innerlich und äußerlich angewendet werden, sie schaffen ein pilzwidriges Milieu auf der Haut und im Darm. Wenn Sie die betroffenen Stellen mit Brottrunk abtupfen, verwenden Sie bitte jedes Mal ein neues „Tuch", damit sich die Stelle nicht erneut infiziert. Ebenso wirken *Thymian*, *Salbei*, *Oregano*, *Kapuzinerkresse* und *Walnuss* antimykotisch, sowohl auf der Haut als auch von innen.

Liegeschwielen

Manche Rassen neigen dazu, aber dennoch ist es ein Problem von zu rauen oder harten Unterlagen, auch wenn der Hund sich diese manchmal selber aussucht. Die kahlen und spröden Hautstellen reißen leider oft ein und beginnen zu schmerzen oder entzünden sich gar. Hier helfen *Propolissalbe*, *Johanniskraut-Rot-Öl*, *Ringelblumensalbe* oder *Kamillen-Öl* oder Salben, die es für die Pfötchenpflege gibt, wie auch der „Imker" oder „Kräuter Balsam" von PerNaturam.

Rissige Ballen und Haar- und Krallenbrüchigkeit

Hier helfen die oben genannten Salben, aber auch eine Nährstoffversorgung innerlich ist anzuraten, denn die Trockenheit und schlechte Kreatininbildung kommt ja meist von innen. *Spirulina*, *Brennnessel*, *Bierhefe*, *Seealgen*, *Nachtkerzen-Öl*, *Leinsamen*, *Lecithin*, *Kieselgur* und *Hanfsamen* sind hier hilfreich.

Leck-Dermatitis

Pfoten-Kauen und Lecken von juckenden oder schmerzenden Stellen können allergie- oder auch schmerzbedingt sein, letzteres wird oft falsch interpretiert. Arthrosen des Karpalgelenkes oder anderer Gelenke an den Beinen tun weh, mangels einer Hand, die wir Menschen benutzen würden, um die schmerzende Stelle zu reiben, nutzen die Hunde ihre Zunge dafür. Auf Dauer entstehen kahle Stellen, die sich häufig entzünden. *Walnuss-Tinktur*, *Johanniskraut-Öl* und *Propolis* beruhigen und desinfizieren diese Stellen milde und sorgen für Wundheilung. Auch *Salbei*, *Schafgarbe*, *Blutwurz* und *Eichenrinde* bieten sich an. Überprüfen Sie die Stellen und die Gelenke drumherum auf Schmerzempfindlichkeit (Pfotengelenks- und Karpalgelenksarthrosen sind gar nicht so selten) und schauen Sie nach, ob evtl. ein Fremdkörper (Granne, Splitter) eingedrungen sein könnte, die der Hund durch das Benagen entfernen möchte. Wenn die Ursache allergischen Ursprungs ist, hilft natürlich nur die Ausschlussdiät, eine Leber- und Nieren-Kur und Futterumstellung.

Tränende oder trockene Augen

Anatomische Lid-Erkrankungen oder auch Wind und Staub können die Augen tränen lassen, ebenso wie allergische Reaktionen. Letztere entzünden sich jedoch oft im Verlauf (siehe unten). Leichte Augenreizungen behandelt man am besten mit *„Euphrasia (Augentrost) Tropfen“* von Wala oder Umschlägen aus Malvenblüten. Trockene Augen brauchen Befeuchtung, hier helfen *„Malven-Augentropfen“* von Weleda aus der Apotheke. Die früher oft verwendeten Kamillen-Kompressen sind etwas in Verruf geraten, da es oft zu allergischen Reizungen kam.

Geschwollene und gerötete Augen

Entzündete Augen, ansteckende Bindehautentzündungen oder gar Keratitiden bedürfen stets eines Checks beim Tierarzt, denn es könnte sich um Verletzungen oder Fremdkörper handeln und schwere Schäden des Auges hinterlassen. Handelt es sich nicht um oben genanntes, können die Augentropfen *„Oculoheel“* von Heel helfen, auch *Augentrost-*, *Malven-* oder *Walnuss*-Kompressen sind nützlich.

Otitis externa und juckende Ohren

Oft sind es Allergien („Pfoten, Ohren und Analbeutel-Trias“ der Nahrungsmittelunverträglichkeit), Lebererkrankungen, Nierenschwäche oder Hormonstörungen, die das Außenohr reizen. Durch ständiges Kratzen und Schütteln entzündet sich die weiche Haut im Ohr schnell und schon werden Juckreiz und Schmerzen schlimmer und die Gefahr, dass die Entzündung ins Innenohr zieht, kann sich vergrößern. Wichtig sind hier Hygiene, Desinfektion und Pflege der Haut und das Hindern des Hundes, ständig für neue kleine Verletzungen und Reizungen durch Kratzen zu sogen. Säubern mit *Kolloidalem Silber* oder *Olivenöl* ist ratsam, anschließend kann warmes *Thymian-*, *Oregano-* oder *Salbei-Öl* vorsichtig in die Ohrmuschel und auf die Ohrinnenfläche geträufelt und einmassiert werden. Auch *Myrrhe-Tinktur* oder *Propolis* eignen sich dazu. Teebaumöle reizen bei Entzündungen oft nur zusätzlich, hier ist Vorsicht geboten.

Malassezien

Wenn die Innenhaut des Ohres sich anfühlt wie dicke und schrumpelige „Schwimmbad-Haut“, dann ist oft dieser Hefe-Pilz daran schuld (Abstrich beim Tierarzt gibt Gewissheit), ebenso gibt es dabei häufig braune und klebrige Sekrete im Ohr. Pilzwidrige Heilpflanzen sind: *Myrrhe, Johanniskraut-Rot-Öl, Teebaum-Öl* (Vorsicht!) und *Thymian*, auch *Oregano* kann helfen. Von innen her stärkend wirkt *Apfelessig* löffelweise im Trinkwasser.

Ohrrandekzem

Durch Kopfschlagen oder allergische Reaktionen mit Haarausfall und Juckreiz kommt es zu kahlen, entzündeten und rissigen Hauterkrankungen am Ohrrand. Diese Stellen regelmäßig pflegen mit *Johanniskraut-Rot-Öl* oder *Oregano-Öl*. Auch *Myrrhe-Propolis-Tinktur* hilft großartig.

ALLERGIEN UND AUTOIMMUNERKRANKUNGEN

Auch unsere Hunde leiden immer öfter an Allergien und Unverträglichkeiten, die Tierarztpraxen sind voll mit solchen Fällen. Es können die Haut, der Verdauungstrakt, die Ohren oder Augen oder auch Organe selber sein, die durch ein aus der Bahn geratenes oder übereifriges Immunsystem angegriffen werden. Allergietests sind sinnvoll, schon einmal deswegen, weil man den „Feind" dann kennt. Besonders Pollen-, Hausstaub- oder Flohbiss- und Milbenallergien sind sehr gut im Blut nachweisbar, bei Futtermittelunverträglichkeiten sieht das schon wieder anders aus. Hier empfehle ich eine Ausschluss-Diät, die wirklich gründlich durchgeführt werden sollte. Immer nur eine Fleischsorte und ein Gemüse oder Kohlenhydrat und ein Zusatz-Öl etc. füttern und dann mindestens vier Tage warten, bis ein neues Futtermittel getestet wird, es sei denn, der Hund zeigt Reaktionen schneller. Mit Trockenfutter lässt sich dies nicht durchführen, denn oft sind es zusätzlich die Futtermilben (möglich und häufig in fast jedem Trockenfutterbeutel), die allergisches Potential haben (neben all den veränderten Eiweißen und künstlichen Zusatzstoffen!). Bei Allergien gilt stets: Die Leber stärken, denn dieses Organ hat häufig ein Wörtchen mitzureden, wenn es um Überreaktionen geht, gleiches gilt auch für den Darm. Hier empfiehlt sich eine Darmsanierung, damit das Immunsystem gut arbeiten kann und es nicht zu Schleimhautschäden oder dem Leaky-Gut-Syndrom kommt (durchlässiger Darm – Entweichen von Stoffwechselgiften in den Organismus).

Futtermittelallergien und IBD

Inflammatory bowel disaease heißt diese gruselige Autoimmunreaktion, die die Haut und alle Verdauungsorgane, einschließlich Bauchspeicheldrüse, betrifft und den Besitzer durch immer neue Unverträglichkeiten sehr herausfordert und frustriert. Wenn eine Zeit lang ein bestimmtes Futter vertragen wurde, kann es innerhalb kurzer Zeit zu Reaktionen kommen, die sich dann durch eine neue Futtersorte oder neues Protein beruhigen. Doch nach ein paar Monaten gibt es auch mit dieser Ernährungsweise ein Problem und man muss sich erneut auf die Suche machen, ein Futter zu finden, welches der Hund bisher noch nicht hatte, bzw. auf welches er nicht allergisch reagiert. Eine Leber-Reinigung oder selbst eine Darmsanierung kann Reaktionen hervorrufen, Impfungen, Wurmkuren oder Zeckenmittel lösen oft richtig heftige Verschlimmerungen hervor. Aus diesem Grund ist es schwierig, hier Empfehlungen auszusprechen, da stets alles einzeln ausprobiert werden muss und auch das noch so gut gemeinte OPC gegen die Entzündung, ein Hericium Vitalpilz für die Darmschleimhaut oder die Ulmenrinde gegen das Sodbrennen nicht vertragen werden. Meine Empfehlung ist: Keine Konservierungs- oder Aromastoffe, kein Trockenfutter, keine Hefen, nur nötige Wurmkuren oder Impfungen und viel Bewegung und Stressabbau. Versuchen kann man: *Weihrauch, Hericium, Pleurotus* und *OPC*, um den Darm zu schützen und Entzündungen vorzubeugen, *Ulmenrinde, Eibisch, Malve* oder *Melisse*, um den Magen zu schützen, *Kurkuma* und *B-Vitamine* für die Leber, *Huminsäuren* und *Heilerde* gegen den Durchfall und zur milden Entgiftung des Darms. Die Vitalpilze *Reishi* und *Agaricus* wirken immunmodulierend, d.h., sie können die Allergie möglicherweise runterregulieren. Korbblütler, wie *Mariendistel, Kamille* oder die *Wegwarte*, wären zwar auch angezeigt, lösen aber öfter Allergien aus, daher hier bitte nur ganz vorsichtig herangehen. Doch da man ja nicht weiß, wogegen der Hund gerade reagiert, macht es durchaus Sinn, diese wirksamen Kräuter zu probieren, IBD ist oft mit Überraschungen verbunden.

besonders der *Spitzwegerich*. Das *Nachtkerzen-Öl* und die *Hanfsamen* stärken von innen, auch die *Spirulina-Alge* kann helfen. In der Homöopathie gibt es diesbezüglich auch manches, welches es wert wäre zu probieren (z.B.: *„Adrisin ad.us.vet"*-Tabletten von Heel gegen den Juckreiz), ebenso in der TCM. Wenden Sie sich an einen erfahrenen Therapeuten, der kann sicher helfen. Äußerlich kann man *Heilerde-Paste* auf den oft betroffenen und geröteten Bauch schmieren, leider kommt das häufig nicht so gut bei den Hunden an ... Eine verdünnte *Walnussblätter-Tinktur* oder ein *Hafermehl Shampoo* lindern auch den Juckreiz. *MSM* und der *Reishi* helfen, das Allergiepotential etwas zu senken.

Rheumathoide Arthritis

Hier gilt es, die Entzündung einzudämmen, die Schmerzen zu lindern und die Immunreaktion zu regulieren. Mögliche Helfer sind: *Brennnessel, Birke, Goldrute* und *Löwenzahn*, um die Ausscheidung anzuregen; *Weihrauch, OPC, MSM, Krill-Öl, Hagebutte* und *Kurkuma* gegen die Entzündung, *Weidenrinde, Mädesüß* und *Teufelskralle* gegen die Schmerzen. *Reishi* und *Agaricus* als Vitalpilze unterstützen gegen die Immunüberreaktion.

Milben-, Hausstaub- und Flohstichallergien

Neben einer Desensibilisierung durch den Tierarzt, die oft, aber nicht immer zuverlässig wirkt, kann man neben einer Leberstärkung und Darmsanierung hautnährende und hautschonende Kräuter verabreichen, auch welche gegen Juckreiz natürlich. Möglich wären hier allen voran das *Stiefmütterchen*, ebenso die *Klette*, der *Ackerschachtelhalm* und auch ganz

ALTERSBESCHWERDEN UND HERZKRANKHEITEN

Der alternde Hund verliert nicht nur Muskelmasse und bekommt dafür graue Haare, er wird auch immer öfter und schneller müde, wird krankheitsanfällig und fröstelt leicht. Das liegt an der nachlassenden Herzkraft, die Durchblutung wird schlechter und auch die Hirnleistung nimmt immer mehr ab. Das ist ein normaler Prozess, dem sich niemand entziehen kann, allerdings ist es möglich, auch im Alter noch angemessen fit und gesund zu sein, wenn man der Lebens- und Muskelkraft etwas auf die Sprünge hilft und das Immunsystem stärkt, sowie die Nährstoffe erhöht und das Futter anpasst, denn der Stoffwechsel wird ebenso langsamer. Manche Hunde bedürfen einer schulmedizinischen Behandlung, wenn das Herz in seiner Schlagkraft zu sehr abnimmt oder gar Erkrankungen am Herzen zeigt. Für nicht pathologisch schwere Herzinsuffizienzen sind aber ein paar Kräuter gewachsen.

Nachlassende Leistungsfähigkeit

Um Muskelmasse und Lauffreudigkeit zu erhalten, ist eine Schmerzfreiheit unabdingbar, daher ist es wichtig, den Hundesenioren ggf. auch analgetisch (schmerzlindernd) zu unterstützen, denn wer Schmerzen hat, läuft weniger und die Muskeln bauen sich von alleine ab, ohne Durchblutungsstörungen oder andere Schwächen, dafür nimmt das Körperfett oft in der Menge zu. Auf ausreichend Schlaf, gesunde Ernährung (im Alter lassen der Stoffwechsel und die Verdauungswärme nach, daher rate ich oft dazu, auf Gekochtes und nicht rohes Futter umzusteigen) und angepasstes Training oder Spielen achten. Erlaubt ist, was Spaß macht, aber manche Hunde gehen an oder über ihre Grenzen, weil sie gefallen oder eben gerne dabei sein wollen. „Bällchen- oder Zerr-Spiele gehen oft sehr auf die Gelenke, die im Alter eh schon an Stabilität und Beweglichkeit eingebüßt haben. Auch wenn der Hund es noch so sehr einfordert, gesund sind diese

Spiele mit der hohen Scherkraft und Belastung nicht. Auch die endlosen Frisbee- und Stöckchen-Spiele, die manche Hunde lieben (Aussis sind nicht die einzigen Spezialisten und Junkies diesbezüglich), gehen auf das Herz, denn der Körper überhitzt sehr dabei. Sie tuen auch der Seele nur kurzfristig gut, da diese Spiele schnell zur Droge bei den Hunden werden. Unterstützend aus der Heilpflanzenkunde und Diätetik wären *Ginkgo, Buchweizen, Bockshornkleesamen, OPC* und die Vitalpilze *Reishi* und/oder *Cordyceps. Hanfsamen, Honig, Brennnesselsamen, Ginseng* und die *Taigawurzel, Ingwer* und *Kurkuma* wärmen und tonisieren zusätzlich, *Reiskeim-Öl* stärkt und bildet Muskulatur.

Psychogene Herzrhythmusstörungen, nervöses Herz

Wenn es nicht an der Schilddrüse liegt, kann ein „Herz-Blut-Mangel", wie die TCM so schön sagt, vorliegen. Es wird unruhig und macht sich auch seelisch bemerkbar, besonders nachts oder in Ruhesituationen. Viele rote Früchte, wie *Himbeere, Hagebutte* oder *Sanddorn,* stärken das Herz und das Blut, auch *Spirulina, Eisenkraut, Herzgespann* und *OPC* helfen dabei. Beruhigend wirken zudem *Baldrian, Passionsblume, Melisse* und *Lavendel*. Vitamin B und Magnesium-Werte sollten gecheckt werden!

Herzschwäche

Ist eine Herzinsuffizienz diagnostiziert worden, aber noch kein Einsatz von Medikamenten nötig, dann ist *Weißdorn* das Mittel der Wahl. Oft kann auch das Medikament (nur in Rücksprache mit dem Tierarzt!) verringert werden, wenn Weißdorn gut dosiert und regelmäßig gegeben wird. Auch *Weidenrinde* und *Mädesüß* unterstützen ein schwaches Herz, ebenso *Rosmarin* und *Ginkgo* und ausreichend rote Blutkörperchen, daher macht es Sinn, *Himbeeren, Hagebutte, Sanddorn, Spirulina, Brennnesselsamen* und gesundes Fleisch und ausreichend Vitamin B zuzufüttern. Die Belastung runterfahren, Spaziergänge mit Suchspielen, statt viel Action gestalten.

Durchblutungsstörungen

Ginkgo und *Buchweizen(kraut)* sowie auch *Roßkastanie* sorgen für einen guten Fluss des Blutes. „Karsivan", ein chemisches Präparat, kann den Blutfluss dabei unterstützen, besonders, wenn die Hinterhand schwach und die Hirnleistung nachlässt. Fragen Sie dazu Ihren Tierarzt, denn das sehr wirksame Medikament hat leider auch Nebenwirkungen, obwohl es inzwischen frei verkäuflich ist. Der Vitalpilz *Auricularia* verbessert die Fließeigenschaften des Blutes.

Demenz

Nicht mehr zu wissen, wo man gerade ist oder die Orientierung zu verlieren, ist eine sehr gruselige Alterserscheinung, die auch vielen Hundesenioren zu schaffen macht. Nachlassende Durchblutung und Hirnschwäche kann mit *Ginkgo* und den Vitalpilzen *Reishi, Shitake, Cordyceps, Auricularia* und *Agaricus* versuchsweise therapiert werden. Achten Sie auf ausreichend Wärme, auch von innen. *Ingwer, Weihrauch* und *Kurkuma* unterstützen bei Kälteneigung, bei innerer Hitze und Hecheln helfen eher *Teufelskralle, Weidenrinde, Mädesüß* und *Spirulina* oder *Hagebutte*.

ERKRANKUNGEN DER ATEMWEGE

Junge Hunde „fangen" sich ziemlich schnell mal einen Husten oder eine Halsentzündung ein, aber auch ältere Hunde können sich verkühlen. Der Tierarzt gibt leider viel zu schnell eine Antibiose mit, „aus Vorsicht" sagt er dabei oft. Die meisten Erkältungen sind aber durch Viren entstanden, gegen die zunächst gar kein Antibiotikum helfen kann. Nur gegen nachträglich entstehende Entzündungen kann es etwas ausrichten, wogegen aber meistens (eine Lungenentzündung benötigt schulmedizinische Hilfe, genauso auch hohes Fieber) Heilkräuter sehr gut helfen können. Vor allen Dingen können sie nebenwirkungsfrei zu einer kompletten Abheilung, inklusiver Schleimhautschäden, führen. Die phytotherapeutische Behandlung dauert möglicherweise ein oder zwei Tage länger, stärkt den Patienten allerdings in den Selbstheilungskräften und das Immunsystem für nachfolgende Erkrankungen gleich mit. Milchprodukte sollten während der Erkältung nicht verzehrt werden, um weitere Schleimbildung zu unterbinden.

Halsentzündung/Infekt der oberen Atemwege

Zu Beginn einer Erkältung ist ein Tee mit *Linden-* und oder *Holunderblüten* angezeigt. Auch wenn Hunde nicht in der Lage sind zu schwitzen wie wir und damit nicht die Oberfläche öffnen und Keime vertreiben können, so sind diese Blüten auswurffördernd und antimikrobiell und antiviral wirksam. Bei Halsschmerzen und Halsentzündung bewährt sich ein Tee aus *Salbei* und *Zistrose*, bei leichtem Fieber helfen *Mädesüß* und *Weidenrinde*, wie auch *Lindenblüten*. Heiserkeit und trockene Schleimhäute mit Räusperzwang (Hunde röcheln trocken) kann man mit *Malvensaft, Island Moos, Honig* und *Eibisch* behandeln. Besteht leichter Husten und Schnupfen, helfen dann *Thymian, Anis, Fenchel, Königskerze, Engelwurz, Kiefernadeln* und *Fichtensprossen* oder *Süßholz. Kapuzinerkresse, Meerrettich* und *Honig* wirken antibiotisch.

Bronchitis/Lungenentzündung

Wenn die Entzündung in die tieferen Atemwege rutscht und zu schwerem Husten und schwer löslichem gelblichem Schleim führt, dann sind neben schulmedizinischer Therapie *Lungenkraut, Spitzwegerich, Königskerze, Island Moos, Kiefer-* und *Fichtensprossen* sowie die pflanzlichen Antibiotika *Meerrettich, Kapuzinerkresse* und *Kurkuma* mit *Honig* angezeigt.

Zwingerhusten

Dieser krampfhafte und verschleimte Husten (viral) ist eine Qual, hier muss schnell geholfen werden mit Spasmolytika (entkrampfenden Mitteln), damit der Schleim durch die verengten Atemwege abtransportiert werden kann. Begleitend helfen *Kamille, Thymian, Anis, Spitzwegerich, Propolis* und *Minze. Eukalyptus* und *Zirbelkiefer-Öl* können in der Wohnung in einen Diffuser gegeben werden, um die Atemwege zu befreien.

CHRONISCHE ERKRANKUNGEN

Autoimmunerkrankungen und chronische Krankheiten nehmen auch bei unseren Hunden zu. Es handelt sich um nicht heilbare bzw. schwer in den Griff zu bekommende physische Probleme. Manche von ihnen sind so schwerwiegend und können zu schlimmen Komplikationen oder gar zum Tode führen, wenn sie nicht behandelt werden. Daher ist hier die Naturheilkunde als Unterstützung und wertvolle Nebentherapie anzuwenden und zu empfehlen.

IBD

(siehe Erkrankungen des Verdauungstraktes)

Epilepsie

Schwere Krampfanfälle, die zu Bewusstseinsverlust mit anschließender Orientierungslosigkeit und Schwäche führen können. Mögliche Ursachen sind Hirnfunktionsstörungen, genetische Disposition, Vergiftungen oder schwere Leber-Stoffwechselstörungen. Es ist wichtig, den Hund gründlich untersuchen zu lassen und ggf. medikamentös einzustellen. Positiv und unterstützend wirken sich der *Vitamin-B Komplex, Passionsblume, Baldrian, Melisse, Kamille, Ginkgo* und *Ginseng* aus, auch der Elektrolyt- und Mineralien-Haushalt sollten stimmen, eine Leber-Kur empfiehlt sich ebenfalls immer, da die Leber für die frei fließende Energie im Körper sorgt und eine fehlende Entgiftungsleistung für ein Ansammeln von „Schlacken" sorgen kann sowie einer Überlastung von Giften im Blut.

Diabetes

angeborener oder autoimmuner Diabetes Typ 1 ist eher selten, meist handelt es sich um erworbene Alters-Diabetes (Insulinresistenz), welche mit weiteren Stoffwechselstörungen, z.B. Fettleibigkeit oder Haut- und Hirnleistungsstörungen einhergeht. Neben *Artischocke, Flohsamen, Ingwer, Blaubeeren und Bockshornklee*, welche Blutzucker und/oder Cholesterin senken, sind hier die Vitalpilze *Agaricus* und *Maitake* zu nennen. Kohlenhydrate (Getreide und Kartoffeln) und gar gesüßte Speisen wie auch der Honig sollten vom Futterplan gestrichen werden.

Morbus Cushing

Diese schwere endokrine (vermehrtes Kortisol und ACTH werden ausgeschüttet) Erkrankung der Nebenniere mit den Anzeichen wie vermehrter Durst, vermehrter Appetit und vermehrtes Urinieren, Fettpolster am Rumpf, Hautstörungen und Haarausfall bedarf strenger Kontrollen beim Tierarzt. Unterstützend wirken *Mönchspfeffer, Pfefferminze, Schafgarbe, Goldrute, Fenchel, Kümmel, Mariendistel* und *Artischocke* sowie *Löwenzahn* und *Brennnessel*. Eine Leber-Diät ist ebenfalls sinnvoll.

Morbus Addison

Hier ist der Kortisol-Spiegel zu niedrig und das Natrium-Kalium-Verhältnis zu gering. Die Hunde wirken zittrig, schwach, verlieren an Muskelmasse, haben immer wieder Durchfälle und Erbrechen ohne ersichtlichen Grund, manchmal Bauchweh und Blut im Kot. Der Hund muss meistens mit einer für ihn passenden Dosis Cortison eingestellt werden, naturheilkundlich helfen kann man mit *Süßholz*, dem Vitalpilz *Cordyceps* und *Reishi* sowie bauchschmerzlindernden und entkrampfenden Kräutern, wie *Kamille, Schafgarbe, Minze* und bei blutigem Kot auch die *Blutwurz* oder *Brombeerblätter*. Um den Stress zu lindern, zu dem Addison-Patienten oft neigen, kann man *Passionsblume* und *Lavendel* verabreichen, auch die *Melisse* hilft.

Borreliose

Durch Zecken oder Mücken übertragene bakterielle Infektion, die selbst akute Beschwerden oft erst nach 1 bis 3 Monaten zeigt (Fieber, Muskelschmerzen, Nervenstörungen etc.) und bei schwachem Immunsystem oder je nach Stärke des Befalls chronisch wird und damit nur schwer bis gar nicht heilbar bleibt. Vorsorge, also Zeckenschutz, hilft natürlich, aber die chemischen Substanzen sind auch nicht ohne, natürlicher Schutz ist individuell in der Erfolgsquote. Eine gesunde Ernährung und damit wenig Ausdünsten von künstlichen Aromen oder anderen Lockstoffen aus der Fertignahrung ist ein sehr erfolgreicher Zeckenschutz, da diese „Geruchs-Attraktivität" für die Zecken wegfällt und der Hund weitaus weniger intensiv riecht. Wenn aber Borreliose festgestellt wurde, wird meistens antibiotisch und das mit einem recht starken Mittel für lange Zeit therapiert. Der Erfolg ist nicht garantiert, da die Borrelien sich wandeln und verstecken können (schlecht durchblutete Knorpel- und Sehnenflächen) und damit unerreichbar für Antibiotika werden. In der Naturheilkunde gibt es dafür einige Mittel, die sich auch bei chronischer Borreliose anbieten und schon oft erfolgreich waren. Allen voran ist die *Karde* zu erwähnen, ihre Wurzel besitzt eine gute Heilkraft gegen die Borreliose. Auch *Oregano-Öl* ist auf der Liste der möglichen Mittel gegen diese Bakterien. *OPC, Weihrauch, Kurkuma, Oxymel* mit *Oregano, Zink, Vitamin C, B-Vitamine* und die Vitalpilze *Agaricus* und *Coriolus* oder *Kolostrum-Kapseln* sind ebenso hervorragende Unterstützer im Kampf gegen die Borrelien. Für Homöopathie-Freunde möchte ich hier unbedingt die *Borrelia Nosode (C200)* und *„Lymphomyosot"* von Heel erwähnen. Fütterungstechnisch sind hier *Blau-* und *Himbeeren*, viel frisch zubereitetes Gemüse, *Spirulina, Chlorella* und *Sanddorn* sowie die *Hagebutte* angezeigt. Sie besitzen viele Antioxidantien, Vitamin C und bilden Blut.

Mittelmeerkrankheiten

Abgesehen vom Herzwurm, der ebenfalls durch Mücken übertragen werden kann, gelten hier für Babesiose, Leishmaniose, Erlichiose, Anaplasmose und Co. ähnliche Empfehlungen wie bei der Borreliose, aber auch hier muss unbedingt ein Tierarzt zu Rate gezogen werden, da die Mittelmeerkrankheiten (auch immer öfter in Deutschland erworben) unbehandelt zum Tode führen können. Es gilt das Immunsystem zu unterstützen, die Zellen vor chronischen Entzündungsprozessen zu schützen, das Blut zu stärken, die Lymphe zu reinigen (siehe Borreliose) und ggf. etwas gegen die Übelkeit zu geben (*Ingwer, Minze, Kamille*).

Impfreaktionen

Eine Impfdebatte möchte ich hier gar nicht starten, nur jedem Besitzer raten, genau zu überlegen, welche Impfungen wirklich Sinn machen, ob diese für den eigenen Hund überhaupt gesundheitlich in Frage kommen und wenn geimpft wird, keine Mehrfachimpfungen zu verabreichen. Einzeln kann man das auch, kostet nur mehr. Wenn der Hund gesund zur Zeit der Impfung ist, muss meistens nicht mit einer Impfreaktion gerechnet werden, ist der Körper aber vorher schon geschwächt oder wurde diese Impfung speziell nicht gut vertragen, kann es zu Müdigkeit, Fieber, Hautentzündungen an der Einstichstelle oder im schlimmsten Fall später zu Autoimmunreaktionen kommen (sofern sie dann noch wirklich mit der Impfung in Verbindung gebracht werden können ...). Wer seinen Hund vor dem Impftermin stärken möchte, achtet auf eine gesunde Darmflora und leichte Kost in der Woche nach der Impfung. Auch *Koriander* frisch gehackt im Futter für 3–5 Tage nach der Impfung soll helfen, die Begleitstoffe aus dem Körper zu schleichen. Wichtig ist es zudem, auf sportliche und stressige Events in der Woche zu verzichten.

Lipome

Diese kleinen bis großen Fettknubbel sind zunächst erst einmal ungefährlich bzw. gutartig. Je nach Körperstelle kann es aber zu Problemen kommen und die Gesundheit beeinträchtigen. Wenn ein Lipom erst einmal da ist, kann man wenig tun, außer weiterhin, wie auch schon besser davor, auf einen funktionierenden Stoffwechsel, wenig künstliche Stoffe in der Nahrung und auf die Körpergröße und Leistung angepasste Menge achten, damit so Fettablagerungen gar nicht erst entstehen. Es ist aber auch anzunehmen, dass die Bereitschaft zu Lipomen genetisch veranlagt ist und rein gar nichts mit der Ernährung zu tun hat. Ich glaube, beides gehört zusammen. Eine Stoffwechselkur regelmäßig alle 3 bis 6 Monate kann sicherlich unterstützen.

Spaziergänge im Wald stärken das Immunsystem, senken den Blutdruck und beugen Krebs vor. In Japan nennt man Waldbaden „Shinrin Yoku“, das gibt´s dann sogar auf Rezept.

Krebs

Ob Leber-, Haut-, Knochen- oder Prostatakrebs, wenn der Tumor bösartig ist, befindet sich der Körper im Ausnahmezustand. Ist die Diagnose gestellt, kommen Fragen auf wie: „Soll operiert werden?“ oder „Was kann ich als Halter Gutes für meinen Hund tun?“ Die erste Frage ist natürlich nur von einem erfahrenen Tierarzt zu beantworten und sollte zusammen mit dem Halter im Sinne des Hundes entschieden werden. Letzteres ist ebenso individuell und sollte stets in Begleitung zur Krebstherapie erfolgen. Heutzutage gibt es ja auch Chemo-Therapien oder andere Behandlungsmöglichkeiten aus der Humanmedizin. Die Frage ist immer: Ist das für den Hund wirklich sinnvoll und kann er das ertragen? Manche Krebsarten lassen sich so sehr gut therapieren, andere wiederum gar nicht. Klar ist jedenfalls: Krebs gehört in Tierarzthände, aber eine naturheilkundliche Unterstützung ist ein wahrer Zugewinn. Erfolgreich einerseits in der Abmilderung der Nebenwirkungen der schulmedizinischen Medikamente und andererseits in der Hemmung des Tumorwachstums (in Forschungen bestätigt). Hier bieten sich die verschiedensten *Vitalpilze* an und Heilpflanzen oder Nahrungsmittel mit Flavonoiden und Antioxidantien, wie die *Himbeere*. Auch *Vitamin C, Weihrauch, Löwenzahn, Mariendistel* und *Artischocke, Ginseng* oder *Brokkolisprossen* sollen den Körper unterstützen und das Tumorwachstum hemmen können. Schmerzlindernd oder auch gegen die Unruhe äußerst wirksam ist das *CBD-Öl*. Die *Misteltherapie* ist noch zu erwähnen und auch die *Katzenkralle* sowie *Omega-3-Fettsäuren*.

LÄUFIGKEIT, LIBIDO & CO.

Ein Wort zum Thema „Kastration“ vorneweg: Eine Kastration soll kein Ersatz sein für Erziehung, Geduld und Verständnis. Ich weiß, wie anstrengend es als Besitzerin eines Rüden manchmal ist oder wie nervig das „Hinterher-Geputze“ und Höschen-Wechseln bei einer läufigen Hündin sein kann. Aber das ist normal und gehört dazu. Natürlich gibt es Fälle, in denen eine Kastration medizinisch notwendig ist, aber aus Bequemlichkeit sollte diese OP nicht durchgeführt werden. Zum Beispiel: eine Prostatavergrößerung wird kleiner dadurch, die Wahrscheinlichkeit für Prostatakrebs steigt allerdings. Ebenso auch die Neigung zu Milz- und Knochentumoren, auch Arthrosen und Kreuzbandrisse sind bei Kastraten deutlich häufiger. Eine weitere Komplikation ist der Zeitpunkt, zu dem diese OP durchgeführt wird: Ist der Rüde unter zwei Jahre oder die Hündin hat erst eine oder zwei Läufigkeiten durchgemacht, dann ist der Umbauprozess im Körper noch nicht ausreichend abgeschlossen (Herz-, Sehnen- und Muskelschwäche wegen fehlender aufbauender Geschlechtshormone). Auch sind Kastrationen während einer Scheinträchtigkeit oder im Proöstrus aufgrund des Hormonstatus riskant, da die Hormone zum Nachteil der Gesundheit und auf Dauer „falsch" geschaltet sind. Ganz abgesehen von den Fellveränderungen sind zu früh kastrierte Hunde oft reizbarer, haben einen langsamen Stoffwechsel (Schilddrüse leidet mir, da diese ebenfalls in der Entwicklung der Geschlechtshormone mitspielt) und haben sehr oft einen schlaksigen Gang, mangels Bindegewebsstärke. Der Jagdtrieb kann nach einer Kastration schlimmer werden, genauso verhält es sich mit Unsicherheit oder Aggressionsverhalten. Eine Kastration sollte daher gut überdacht sein und wenn, dann erst nach der Reifung des Hundes geschehen. (Sophie Strodtbeck hat lesenswerte Bücher zu diesem Thema geschrieben. Sie können hier bei Interesse Ihr Wissen sehr gut vertiefen.)

Hypersexualität des Rüden

Wenn der Rüde nicht mehr schlafen kann und nachts der läufigen Hündin vom Wohnzimmer aus hinterher heult, ständig an sich leckt und jeder Spaziergang ein anstrengendes Leinengezerre ist, dann kann der *Mönchspfeffer* helfen, hier aber tatsächlich besser in einer homöopathischen Dosis, am besten *Agnus castus D6*, 3-mal täglich 3–5 Globuli. In hohen Dosen kann der Mönchspfeffer stimulierend wirken. Kleine Mengen im Futter können aber auch versucht werden und haben oft durchschlagenden Erfolg. Auch in einer Tinktur (*„Puur Hypersex"*-Tropfen bei Medpets bestellbar) funktioniert der Mönchspfeffer gut. Der *Hopfen* kann durch seinen Östrogengehalt zusätzlich helfen.

Läufigkeitsprobleme, Mastitis und Scheinträchtigkeit

Typische Heilkräuter aus der Frauenheilkunde sind *Frauenmantel, Schafgarbe, Kamille, Engelwurz* und *Gänsefingerkraut*. Um die Läufigkeit anzuregen (ein regelmäßiger Zyklus ist anzustreben), kann man *Schafgarbentee, Beifuß, Engelwurz* oder *Basilikum* anwenden (zudem die Schilddrüse auf Unterfunktion testen). Ist die Blutung sehr stark, kann *Hirtentäschel* oder *Mönchspfeffer* gegeben werden, auch die *Schafgarbe* wirkt regulierend und kann daher in beiden Fällen zugefüttert werden. Sind die Zitzen entzündet, helfen ja bekanntermaßen der *Quarkwickel* oder *Kohlumschläge*. Alte Hausmittel, die in der Anwendung an der Hündin eher Probleme machen, aber versucht werden sollten. Ansonsten kann man den *Salbeitee* versuchen, um die Milch zurückzubilden und auch *Nachtkerzen-Öl* innerlich soll helfen. Die entzündeten Drüsen können mit einem *Kamillen-Anguss* behandelt werden. Wenn aber der Milchfluss gestärkt werden soll, dann sind *Anis, Fenchel, Kümmel, Brennnessel, Bockshornkleesamen* angezeigt. Übrigens: Ein Schuss *Apfelessig* im Trinkwasser soll den Geruch der läufigen Hündin verändern, so dass ihr nicht so viele Rüden hinterherlaufen.

Vulvitis oder Vaginitis

Die Entzündung der äußeren weiblichen Genitale können mit *Oregano* oder *wildem Majoran* (es gibt ein *Majorana-Gel* von Wala, aber auch als Öl oder frischer Breiumschlag möglich) oder *Kamillen-Sitzbädern* oder *Schafgarben-Tee* innerlich und äußerlich behandelt werden.

Gebärmutterentzündungen

Gegen die Blutung und Entzündung helfen hier *Hirtentäschel, Gänsefingerkraut, Eichenrinde* oder *Schafgarbe*, besonders gut auch als Spülung. Auch *Himbeerblätter* helfen, die Schleimhaut der Gebärmutter wieder zurückzubilden oder bestenfalls bei einer Zufütterung ab Läufigkeit eine Entzündung zu verhindern. Himbeerblätter werden auch zum Ende der Trächtigkeit und bis kurz nach der Geburt gefüttert, um diese zu erleichtern und vor Schäden zu schützen. Der Besuch beim Tierarzt ist dennoch vonnöten.

Prostatavergrößerung

Bei älteren Rüden kann sich die Prostata aufgrund von Hormonschwankungen vergrößern und sich entzünden, aber auch den Harnabfluss stören. *Sägepalme, Goldrute* und *Kürbissamen* helfen hier sehr gut, wenn nicht auf Dauer und je nach Schwere der Erkrankung eine Kastration oder OP nötig sein sollte. Auch die *Brennnesselwurzel* hilft hier unterstützend.

EKTO- UND ENDO-PARASITEN

Zecken, Würmer, Flöhe etc. sind die Schreckensgeister eines jeden Hundebesitzers. Die Pharmaindustrie schürt diese Angst zusätzlich und der Mensch mit seinem Reinheitsfimmel springt hervorragend darauf an. Nicht selten bekommen Hunde chemische Mittel in so hohen Dosen, oft auch noch als Depotmittel gespritzt oder per Tablette, dass es nicht selten zu schweren Nebenwirkungen kommt. Dabei werden Wirkstoffe verwendet, die bei Menschen Parkinson, andere Nervenkrankheiten oder Haut- und Leberprobleme auslösen können. Hunde, die ein chemisches Flohhalsband tragen, dürfen nicht in Gewässer damit, aus Sorge um die Gesundheit der Fische ... Deltamethrin, Fipronil, Permethrin usw. sind Nervengifte, die sich entweder auf der Haut oder in der Haut verteilen und Insekten fernhalten bzw. lähmen und töten. Nebenwirkungen für den Hund sind neben Hautschädigungen und Allergieneigung auch Nervenschädigungen und Leberüberlastung. Manche Hunde scheinen das zu vertragen, zeigen keine Sofortreaktion. Aber was ist mit Langzeitschäden? Kuscheln Sie eigentlich gerne mit Ihrem Hund? Ich persönlich möchte damit nicht in Kontakt kommen. Ähnlich verhält es sich mit Spot-On-Präparaten.

Natürlich mag keiner Flöhe in der Wohnung, auch Zecken ganz sicher nicht. Aber es gibt inzwischen eine Reihe pflanzlicher Produkte, z.B. Spot-Ons von „Bogarcare“ oder innerlich die „Para-Z-Pellets“ von PerNaturam und viele weitere. Manche Hunde sind anfälliger als andere, möglicherweise kann es auch an der Ernährung liegen. Sie dünsten dann Geruchsstoffe aus, die interessant für Zecken sind oder sie haben eine genetisch veranlagte Neigung dazu. Andere Hunde haben so gut wie nie Zecken und hatten auch noch nie Flöhe. Warum sollte man sie dann alle vier Wochen mit einem Spot-On oder Flohhalsband belasten? Bitte wägen Sie genau ab, was Sie Ihrem Hund zumuten. Wenn Sie in Gegenden wohnen oder Urlaub machen, die bekannt sind für Sandmücken oder gefährliche Zecken, dann ist das natürlich etwas anderes.

Mit der Wurm-Prophylaxe verhält es sich ähnlich. Vorbeugend kann man nicht entwurmen. Die Wurm-Tablette hilft nur, wenn ein Befall tatsächlich vorhanden ist, schädigt dabei die Darmflora und das Immunsystem aber nachhaltig, was den Hund im Anschluss anfälliger für Wurmbefall macht. Bedenken Sie bitte auch, dass, wenn Sie alle drei Monate oder möglicherweise noch öfter Ihren Hund entwurmen, der Darm durch diese übertriebenen Hygienemaßnahmen sehr leidet und anfälliger für Allergien oder andere Krankheiten macht. Ein geringer Wurmbefall im jungen Alter soll sogar das Immunsystem nachhaltig stärken, wie einige Forschungsergebnisse zeigten. Das ist natürlich eine fiese Vorstellung und bedarf einer genauen Beobachtung, denn schnell wird aus einem geringen Wurmbefall ein massiver und bedrohlicher Notfall. Ein massiver Befall ist natürlich genauso schädlich und bedarf einer Wurmkur, das steht außer Frage.

Regelmäßige und gut durchgeführte Kotproben sind sehr hilfreich, bieten aber natürlich auch keinen 100-Prozent-Schutz. Viel sinnvoller ist es, zusätzlich die pflanzliche Wurmprophylaxe durchzuführen, dies funktioniert nämlich ganz gut vorbeugend. Wenn Sie ein Darm-Milieu schaffen, welches Würmer nicht mögen oder davon abhalten, sich zu vermehren, dann ist viel geschafft und das ganz ohne Chemie, die wirklich nur im Notfall eingesetzt werden sollte. Nach einem Flohbefall sollte dringend getestet werden, gerne auch mehrfach, denn ein Flohbefall zieht oft eine Infektion mit Bandwürmern nach sich. Wenn Sie Würmer im Kot sehen sollten, dann ist Eile geboten, der Befall ist drastisch und bedarf einer dringenden Behandlung und anschließender Überwachung, denn es könnte sich ein „Wurmball“ oder „Wurm-Knäuel“ aus abgestorbenen Würmern bilden und den Darm verschließen. Lassen Sie es besser gar nicht so weit kommen!

Spulwürmer und Co

Innerlich sollen *Kokosraspeln* und *getrockneter oder frischer Oregano* helfen, die immer wieder 1- bis 3-mal pro Woche in das Futter gegeben werden. Eine Kur mit *Beifuß*, *Walnussblättern*, *Kürbiskerne*, *Thymian*, *Ingwer* und *Kokos-Öl* zu gleichen Teilen mit *geriebenen Karotten* und einer geringen Menge *Knoblauch* ist ebenfalls

sehr zu empfehlen. Die Kur 4 Tage füttern, eine Woche Pause und dann wieder 4 Tage füttern, wieder eine Woche Pause und ein letztes Mal 4 Tage füttern. Dies kann man hervorragend im Drei-Monatsrhythmus in die Ration einplanen. Es gibt auch einige gute Fertigpräparate der Firmen PerNaturam, Aniforte, CDvet u.a.

Giardien

Oft betrifft dies noch junge Hunde oder welche mit schwachem Immunsystem. Wichtig ist es, neben der Therapie, dringend auf Kohlenhydrate zu verzichten, denn davon ernähren sich Giardien. Sie müssen diese regelrecht „aushungern" und das über mindestens 1 Monat. Ein erneuter Test kann sonst auch falsch negativ ausfallen, weil sich die Giardien in die Darmwand zurückziehen und dort auf „bessere Tage" warten. Zur Behandlung eignet sich die *Bartflechte* sehr gut. Achten Sie auf eine anschließende Darmsanierung und bedenken Sie die hohe Ansteckungsgefahr.

Kokzidien

Hier ist *Oregano* das Mittel der Wahl! Am besten frisch gehackt, auch zusätzlicher *Knoblauch* (geringe Menge!) hilft hier sehr gut, die fiesen Einzeller zu besiegen. Ebenso sind auch hier der *Thymian* oder *Propolis* angezeigt.

Herzwürmer und Lungenwürmer

An dieser Stelle empfehle ich keine pflanzlichen Präparate, denn hier ist eine schulmedizinische Behandlung angezeigt. Im Anschluss kann zur Rekonvaleszenz stärkende Kräuter und Zusätze gegeben werden, wie *Spirulina, Buchweizen, Lungenkraut* oder *Brennnesselsamen.*

Floh- und Zecken-Abwehr

Neben Kokosfett und Bernsteinketten, die vermutlich bekannte natürliche Abwehrmittel sind (die mal mehr, mal weniger helfen, da jeder Hund anders ist), kann innerlich die *Zistrose* helfen. Gerne kombiniert mit „Küchenkräutern", da diese aromatisch würzig sind und über die Haut ausgedünstet werden. Hier empfehle ich zum Beispiel *Kresse, Oregano, Bohnenkraut* und *Knoblauch* (geringe Dosierung), auch *Bierhefe* kann zugesetzt werden. Ein paar Tropfen der ätherischen Öle (*Oregano, Thymian, Nelke, Citronella, Lavendel* oder *Teebaum*) in Kokosfett aufgelöst, sind eine gute Prophylaxe, wenn sie kurz vor dem Spaziergang aufgetragen werden.

Grasmilben

Hier ist vorbeugend auch der Versuch mit den oben genannten Mitteln zu testen, um die Milben vom Beißen fernzuhalten. Da die Reaktion auf die Milben aber meist allergischer Diathese ist, muss zusätzlich vorbeugend die Allergieneigung durch Leber-Entgiftung und hautschonende Shampoos und im Anschluss mit juckreizlindernden Ölen oder Umschlägen (siehe Hautprobleme weiter oben) durchgeführt werden. Von Aniforte und CDvet gibt es Sprays zur Prophylaxe.

mehr. Manche Krankheiten entstehen durch zu wenig Ruhephasen, der Körper braucht diese Erholung dringend. Das vegetative Nervensystem (autonom und nicht steuerbar) gerät schnell aus der Balance und Überreiztheit, schlechte Verdauung, Nährstoffdefizite, Tics oder Schmerzen nehmen hier ihren Anfang. Wenn die Hunde dauerhaft im Sympathikus-Tonus stecken und der Ruheanteil des Nervensystems, der Parasympathikus, nicht ausreichend arbeiten kann, haben wir einen Hund, der keine Erholung finden und keine Speicher auffüllen kann - ein Teufelskreis entsteht. Die Mängel an Nährstoffen und die Übermüdung, oft auch Schmerzen und Überreiztheit nehmen Überhand und Unruhe entsteht von Neuem.

MENTALE UND PSYCHOSOMATISCHE ERKRANKUNGEN

Nicht nur wir Menschen leiden an psychischen, mentalen oder seelischen Ungleichgewichten, auch unsere Hunde sind nicht immer in ihrer Balance, haben Ängste, sind schneller gestresst, haben schlechte Laune oder gar tiefen Kummer und Sorgen. Schlafstörungen sind nicht nur uns bekannt, viele Hunde finden nachts keine Ruhe oder haben andersherum einen viel zu voll geladenen Terminkalender und finden rein organisatorisch gar nicht ausreichend Schlaf. Zur Info: ein Welpe oder Junghund benötigt über 20 Stunden Schlaf am Tag, erwachsene Hunde 16–18 Stunden und ältere Hunde dann wieder

ADHS und ständige Unruhe

Natürlich gibt es Hundetypen, die rassebedingt schon eine größere Agitiertheit mitbringen. Wenn aber die Konzentrationsfähigkeit, die Hektik und die Unruhe zu groß werden, der Hund überhitzt und daraus Krankheiten entwickelt, dann sollte unbedingt zu Heilpflanzen (und einem Ruhe-Training) gegriffen werden. Es eignen sich viele blaublühende Kräuter wie *Melisse, Lavendel, Passionsblume* und *Eisenkraut,* aber auch der *Hopfen, Grünhafer* und der *Baldrian* sind wertvolle Pflanzen, die Gelassenheit und Ausgeglichenheit fördern. Zusätzlich hilft auch der Vitalpilz *Hericium* und *Vitamin B* für die Nerven, ebenso *Spirulina* zum „Herunter-Kühlen“. Das Herz sollte zudem untersucht werden und ggf. mit *Weißdorn, Hagebutte* und *Herzgespann* gestärkt werden.

Geringe Stresstoleranz

Auch unter den Hunden gibt es einige, die Regelmäßigkeiten und Routine lieben und brauchen, jedes Mal gestresst sind und evtl. mit Bauchweh und Unruhe reagieren, wenn etwas anders läuft, Handwerker im Haus sind, der Urlaub ansteht, es Änderungen in der Familie gibt oder der Umzug in eine neue Umgebung für Ungewohntes sorgt. Auch hier helfen wieder *Baldrian, Hopfen, Melisse, Passionsblume, Vitamin B,* aber auch die *Engelwurz*, die *Taigawurzel* und der *Ginseng*. Von den Vitalpilzen ist hier der *Reishi* angezeigt, bei zusätzlichen Problemen im Verdauungstrakt auch zusammen mit Hericium möglich. Auch hier das Herz checken lassen und auf Schmerzzeichen achten, manches bleibt lange Zeit unentdeckt (Schmatzen, Lecken, Steifigkeit etc. sind Kompensationen, die auf Schmerzen hindeuten können und oft Stress auslösen).

Angst vor bestimmten Dingen/Geräuschen/Silvester

In der TCM sagt man, die „Angst sitzt in den Nieren", auch der Spruch: „Vor Angst in die Hose machen" zeigt den Bezug zur Niere und zur Blase, daher sind bezüglich der Angst nicht nur beruhigende (siehe oben), sondern auch nierenstärkende Kräuter/Zusätze nötig. *Anis, Grünhafer, Thymian* und *Buchweizen, Bockshornkleesamen* oder *Fenchelsamen* sollten zu den beruhigenden Kräutern ergänzt werden. *CBD-Öl* nimmt auch die Angst, ebenso helfen die Vitalpilze *Cordyceps* und *Reishi*.

Aggressionsverhalten

„Schlechte Laune kommt von der Leber", heißt es in der TCM. Jeder kennt den Spruch: „Welche Laus ist Dir denn über die Leber gelaufen" oder „Vor Wut Galle spucken". Natürlich gibt es immer Momente, in denen man oder Hund frech werden darf, ohne generell ein großes Aggressionspotential zu besitzen. Sollte aber die schlechte Stimmung und Situationen öfter brenzlig werden, sind neben passendem Training, Erziehung oder auch einem Blutbild inklusive Hormon-Check auch leberanregende und entgiftende Kräuter angezeigt, wie z.B. *Mariendistelsamen, Artischocke, Löwenzahn* und *Brennnessel*, aber auch *B-Vitamine, MSM, Passionsblume* und *Melisse* wichtig. Eine *Leber-Diät* mit weniger Eiweißgehalt und stattdessen viel Gemüse, auch *Hüttenkäse* und *Chlorella* oder *Spirulina* helfen zusätzlich. Füttern Sie eher thermisch kühl, versuchen Sie Pferdefleisch oder Lachs, weniger Huhn und Rind, dafür etwas mehr Kohlenhydrate.

Nächtliche Unruhe

Schlafstörungen machen auf Dauer krank und depressiv. Es macht Sinn, zunächst zu prüfen, ob Schmerzen oder Magenprobleme vorliegen, denn das sind zwei der Hauptgründe für schlaflose Nächte bei Hunden. Sollte es sich um einen älteren Hund handeln, der möglicherweise hechelnd umherläuft und von einem Schlafplatz zum nächsten tigert, dann kann auch das Herz die Ursache sein. (Bitte durch Tierarzt abklären lassen!) Dann helfen *Weißdorn, Ginkgo, Ginseng, Taigawurzel, Eisenkraut, Spirulina, Buchweizen, Lavendel, Melisse, Baldrian* und *Hopfen*, auch der Vitalpilz *Reishi* (nur morgens, nicht abends) sehr gut. Ständiges Erwachen um 2 oder 3 Uhr

Die Melisse beruhigt ein unruhiges Herz und hitzigen Geist, pflegt zusätzlich den Magen, kann Herpes-Infektionen lindern und Kopfschmerzen verschwinden lassen.

kann auch mit der Leber zusammenhängen und sollte mit leberentlastenden Kräutern unterstützt werden.
Die *Melisse* beruhigt ein unruhiges Herz und hitzigen Geist, pflegt zusätzlich den Magen, kann Herpes-Infektionen lindern und Kopfschmerzen verschwinden lassen.

Tics und Übersprungshandlungen

Hier spielen die Nerven oft eine Rolle, die durch Überreizung verrücktspielen. Das Herz ist hier auch wieder ein Faktor: Schauen Sie mal nach, ob die Zungenspitze ihres Hundes sehr rot ist, dann könnte es sich um „Hitze des Herzens" handeln, möglicherweise haben Sie auch einen „Herz-Typ" als Hund daheim. Als nervenschonend und stärkend gelten der Vitalpilz *Hericium* und das *Vitamin B* als Helfer, natürlich sind auch das *CBD-Öl* und der *Baldrian* sowie die *Passionsblume* und der *Hopfen* entspannend, auch leberwirksame Kräuter, wie *Löwenzahn* und *Mariendistel* machen Sinn. Kühlend auf die Herz-Hitze wirken *Spirulina, Weißdornbeeren, Weidenrinde, Mädesüß* und *Melisse*.

Apathie und Trauer

Depressive Phasen nach einem Trauma, wie verstorbener Besitzer oder Hundekumpel, sind gar nicht so selten. Die erste und wichtigste Heilpflanze ist das *Johanniskraut*. Auch *Kamille, Schafgarbe, Engelwurz* und *Lavendel* helfen, *Rosmarin* und *Brennnessel* beleben, der *Beifuß* stärkt. Natürlich hilft auch Abwechslung, viel Bewegung an frischer Luft und gutes Futter (vorzugsweise Gekochtes). Hopfen kann Depressionen verschlimmern, hier ist Vorsicht geboten.

Kapitel 8

KUREN, KRÄUTER- UND TEEMISCHUNGEN & OXYMEL

Hier ein paar Vorschläge für Kuren, die Sie nach Bedarf 2- bis 3-mal jährlich durchführen können, um Ihren Hund gesundheitlich zu unterstützen und in seiner Balance zu halten. Sie können diese zu gleichen Teilen selber mischen, möglicherweise auch das ein oder andere weglassen, wenn es Unverträglichkeiten geben sollte. (Bei der Leber/Nieren-Kur bitte auch unbedingt Nierenkräuter hinzufügen, damit das „Entgiftete" auch ausgespült wird). Einzelkräuter bekommen Sie in der Apotheke, im Reformhaus oder auch bei den genannten Bezugsadressen hinten im Buch.

Wenn Sie ausreichend Platz im Garten haben, dann bauen Sie doch eigene Kräuter an. Sie wissen so, woher sie kommen, sie haben Bio-Qualität und die Pflanzen stehen frisch zur Verfügung und können das Jahr über selber geerntet und getrocknet werden. Auch auf einem Balkon kann man die wichtigsten Heilkräuter anbauen. Salbei, Thymian, Oregano, Minze, Melisse, Rosmarin oder Lavendel wachsen dort prima und blühen zudem wunderschön.

Auf dem Spaziergang können Sie Brennnesseln, Klette, Kamille und Co. einsammeln, aber achten Sie auf den Standort (Straße oder Ackerrand sind oft belastet) und denken Sie daran: Man pflückt immer nur so viel wie in eine Hand passt! Achten Sie zudem darauf, nie eine Pflanze komplett abzuernten, pflücken Sie immer von mehreren, dann erholt sich die Pflanze schnell.

Ein Strauß Kamille, gebunden und fertig zum Aufhängen und Trocknen.

MEINE REZEPTE AUS DER PRAXIS ...

... für Mischungen im Bedarsfall und bei Krankheitsgeschehen, die individuell und an die Tagesdosis angepasst sein sollten. Geben Sie bitte nicht die volle Einzeldosis eines Krautes in der Mischung, sondern reduzieren Sie so, dass eine Gesamtdosis nicht mehr als 1 bis 4 Gramm überschreitet.

„Leber-Nieren-Rein"

Mariendistel, Artischocke, Löwenzahn, Brennnessel, Goldrute Kombinieren kann man die Mischung mit Maitake, Birkenblättern oder Kurkuma und Wermut.

„Haut- & Fell-Schön"

Stiefmütterchen, Klette, Spitzwegerich, Brennnessel, Vogelmiere, ergänzen sich hervorragend mit Bierhefe und Nachtkerzen-Öl-Kapseln oder auch Hanfsamen oder Hanf-Öl. An die Nierenentgiftung denken!

„Darmsanierung/ Darmgesundheit"

Thymian, Salbei, Löwenzahn, geriebene/getrocknete Karotten, Brombeerblätter, Beifuß oder Wermut. Zur Ergänzung eignen sich Kokosflocken, Flohsamen und Myrrhe-Propolis Tropfen oder Myrrhe mit Kurkuma und natürlich Weihrauch oder Hericium.

„Senior-Fit (Rentner-Glück)"

Sanddornbeeren oder getrocknete Himbeeren, Bockshornklee, Rosmarin, Ginkgo, Mädesüß, Anis oder Kurkuma. Auch Weißdornfüchte und Thymian passen gut dazu.

„Faszien-Fit"

Löwenzahn, Brennnessel, Mädesüß, Weidenrinde, Minze, Ginkgo

„Halswohl"

(Entzündung der oberen Atemwege): Salbei, Spitzwegerich, Island Moos, Malve, Oregano und Birnen getrocknet, auch Birnensaft (ungesüßt) passt dazu.

„Arthrose-Mischung (Läuft wieder)"

Weihrauch oder Ingwer, Mädesüß, Teufelskralle, Anis, Birkenblätter ergänzt mit Brennnesselsamen oder Brennnesselsaft. Auf Manganversorgung achten (Knorpelschutz) und die Grünlippmuschel ergänzen.

„Herz-Stark-Mischung"

Weißdorn (komplett mit Beeren und Blättern), Rosmarin, Bockshornklee, Lavendel, Artischocke, auch Buchweizen kann dazugegeben werden.

„Durchfall-Stopp"

Eichenrinde, Brombeerblätter, evtl. Blutwurz, getrocknete Heidelbeeren, Apfelstückchen getrocknet. An die „Notfall-Mischung" Honig mit geriebenem Apfel plus Heilerde denken!

„Magenfein“

(bei Sodbrennen): Kamille, Melisse, Eibisch oder Malve, Gänsefingerkraut und Süßholz. Öfter kleine Mahlzeiten füttern und, wenn verträglich, Hüttenkäse mit frischem Oregano hinzugeben.

„Wohl bekomm‘s“

(Fett-Verdauungsschwäche): Beifuß, Papaya, Löwenzahn, Kümmel und Tausendgüldenkraut oder Enzianwurzel. Ergänzt sich prima mit der Gelbwurz. An Fett-Reduktion in der Mahlzeit denken und wenig Fasergewebe füttern.

„Bauchwohl-Tee“

(bei Bauchweh): Schafgarbe, Anis, Fenchel, Kamille, Melisse warm als Tee anbieten. Eine Wärmflasche dazu, Kuscheln und das Bauchweh verfliegt.

„Seelenruhig“

(Nervosität und Angst): Baldrian, Passionsblume, Melisse, Lavendel, Hopfen und getrocknete Himbeeren, Anis. Auch der Hericium und Vitamin B sind hilfreich.

Zusätzlich sollte man immer Heilerde, Honig, EM-Bakterien oder Kolloidales Silber im Haus haben. Kochen Sie auch Moro-Suppe im Voraus oder besorgen Sie sich diese fertig (PerNaturam bietet so etwas zum Beispiel an).

IMMUNSYSTEM-BOOSTER UND OXYMEL-REZEPTE

Oxymel oder der für Ruckzuck-Anwendungen geeignete Kurkuma-Honig, der evtl. mit Oregano- oder Thymian-Paste angereichert wird, sind hervorragende Unterstützer des Immunsystems. Sie wirken sowohl vorbeugend, wie auch im Akutfall sehr gut, schmecken angenehm süß-sauer-scharf und sind im Kühlschrank lange haltbar.

Oxymel hat eine uralte Heiltradition, die bis über 2.500 Jahre zurückreicht. Der Zusammenschluss von den beiden wirksamen Mitteln Honig und Apfelessig ist eine Wohltat für den Körper, er hat eine weitreichende Wirkung und einen gesundheitlichen Nutzen auf das Immunsystem, die Atmungsorgane, den Stoffwechsel, die Entgiftung, die Haut, auf Nerven, Muskeln und Gehirn sowie auf den Verdauungsstrakt, die Hormone und die Stimmung.

Wenn Sie Spaß an der Kräuterheilkunde haben, lohnt es sich, eine eigene Hausapotheke mit getrockneten Kräutern zusammenzustellen. Bei dunkler und trockener Lagerung halten sie sich sehr lange und sind im Bedarfsfall sofort griffbereit.

Kontraindikationen sind hier allerdings gegeben und zwar: Übersäuerung und Magen- oder Darmgeschwüre. Jungtiere bis zum Alter von einem Jahr dürfen keinen rohen Honig bekommen.

Kurkuma-Honig

Einfach einen flüssigen Honig wählen und pro kleinem Marmeladenglas 2–3 Esslöffel Kurkuma hinzufügen, umrühren, fertig. Ich nehme bei beginnenden Halsschmerzen 1 Teelöffel in der Stunde, wenn ich das für Hunde verwende, dann 3-mal ¼ bis ½ Teelöffel pro Tag. Oft verhindert der Kurkuma-Honig Schlimmeres, denn durch die entzündungshemmende und schleimhautschützende Funktion können Erreger oft im Vorfeld wieder abgewehrt werden. Nebenbei tut man etwas für den Stoffwechsel und den Darm, denn Kurkuma regt an und wärmt von innen.

Für ein Oxymel-Grundrezept gilt Folgendes:

2–3 Teile Honig, 1 Teil Bio-Apfelessig. Sie können dann alles hinzumischen, was sich anbietet, ob ein einzelner Zusatz oder 5 weitere. Der Honig wird mit dem Apfelessig vermengt, bis sich der Honig aufgelöst hat. Dann werden entweder ganze Stücke (Ingwer oder Zitrone z.B.), gehackte Kräuter oder Pulver, geriebener Meerrettich etc. dazugefügt. Der flüssige Oxymel muss die Zutaten komplett überdecken. Einmal kräftig schütteln und dann für ca. 1–3 Wochen an einen kühlen und dunklen Ort stellen und täglich einmal durchrütteln. Anschließend in eine Flasche oder ein Schraubglas abseihen und im Kühlschrank verwahren. Eine gut hergestellte Oxymel-Mischung hält so locker 6 bis 9 Monate. Achten Sie auf sterile Utensilien und Behälter.

Hier ein paar Oxymel-Rezepte, die ich gerne verwende:

Immunsystem stärkendes Power-Oxymel

Ingwer, Brennnesselsamen, Hagebutten, Sanddornbeeren, Zitronen

Pflanzliches Antibiotikum Oxymel

Oregano, Thymian, Salbei, Kurkuma, Ingwer, Kapuzinerkressenblüten, Meerrettich

Schnupfen- und Schleimlöser-Oxymel

(Verwenden Sie hierzu nach Möglichkeit Waldhonig) Meerrettich, Spitzwegerich, Thymian, Fichtensprossen, 1 Messerspitze Meersalz (Für den menschlichen Verzehr eignen sich hier zusätzlich noch Zwiebeln.)

Stoffwechsel-Oxymel

Brennnessel, Löwenzahn, Knoblauchsrauke, Vogelmiere, Birkenknospen/Blätter

Herz- und Nerven-Oxymel

Lavendel, Rosenblätter, evtl. Johanniskraut, Weißdornbeeren, Rosmarin

Schmerz-Oxymel

Mädesüß, Brennnessel, Weidenrinde, Teufelskralle und im Frühling zusätzlich Birken-Knospen

Husten- und Halsweh-Oxymel

Waldhonig (Lindenhonig ginge auch), Bio-Apfelessig (klar oder naturtrüb), frischer Oregano, frischer Thymian, Ingwer und Kurkumapulver. Wirkt schleimlösend, beruhigend auf die Atemwege, immunstärkend und antibakteriell sowie antiviral!

Bei Bronchitis wirkt der kühlende

Spitzwegerich-Oxymel

am besten:
Löst den festsitzenden und heißen (gelben) Schleim sehr gut und heilt die Schleimhäute.

Golden-Oxymel-Shot

3 Teile Akazienhonig, 1 Teil klarer Bio-Apfelessig, Meerrettich gersaspelt und in Scheiben geschnitten, ebenso Ingwerscheiben und Bio-Zitronenstückchen
Ein pflanzliches Antibiotikum, das auch vorbeugend in der kalten Jahreszeit wirkt!

Im Grunde gilt: Mischen kann man das, was einem schmeckt und gerade angebracht ist. Probieren Sie es einfach einmal aus.

Bleiben Sie offen und neugierig, gehen Sie mit Ihrem Hund raus in die Natur und schauen Sie, was es dort alles Wundervolles und Heilsames zu entdecken gibt. Trauen Sie sich, selbst Salben und Tinkturen herzustellen. Riechen Sie an den Pflanzen, fassen Sie sie an und probieren Sie ihren Geschmack (aber natürlich nur bei ungiftigen Pflanzen!). Lernen Sie von der Natur und erfahren Sie von ihrem Reichtum und ihren Schätzen für unsere Gesundheit und unser Wohlbefinden.
Sie werden begeistert sein.

IHRE DIANA TIEBES

DANKESCHÖN

Ein großes Dankeschön geht raus an Stephanie Reineke, meine liebste Kollegin und Freundin, für das Mutmachen, Motivieren und gemeinsame Lachen, für das Mitlesen des Manuskriptes und die großartigen Vorschläge. Genauso danken möchte ich Babette Nummer für das fröhliche Shooting und die super Bilder, sowie Denise Titze für die schönen Fotos ihrer wundervollen Hundebande. Beide sind ehemalige Schülerinnen, die sich zu großartigen Therapeutinnen entwickelt haben und mir sehr ans Herz gewachsen sind.

Ich möchte meiner Familie danken, insbesondere meiner grandios tollen Tochter Leonie, für das Mitmachen und Unterstützen, bei all dem, was mir immer so Verrücktes einfällt und ich dann auch umsetzen möchte.

Danke an meinen Verlag Müller Rüschlikon für das Verwirklichen meiner dritten Buch-Idee und natürlich an meine Lektorin und Programmleiterin Claudia König, die an mich glaubt und oft ganz schön was mitmacht. Den Prosecco trinken wir irgendwann, aber in Echtzeit und gemeinsam, versprochen! Auch meine Grafikerin Nicola von Ravenstein hat wieder tolle Arbeit geleistet und mein Manuskript in ein wunderschönes Buch verwandelt.

Danke an die Firmen VetTherm, PerNaturam und Ewalia für das Zur-Verfügung-Stellen vieler Kräuter, Vitalpilze und Säfte für die Fotos der Heilmittel-Portraits.

Und last, but not least: Danke, Karl-Heinz! Für 24 Stunden gute Laune täglich, deine liebevolle, stürmische und herzliche Art, mir den Tag zu versüßen. Ich sag nur: Dackelblick 2.0.

Literaturverzeichnis, Quellen und Interessantes zum Weiterlesen

Birgit Baur-Müller: **Westliche Heilpflanzen in der chinesischen Medizin**: Von der Musterdiagnose zur Rezeptur, Springer, Berlin 2016

Gisela Bolbecher/Natalie Dillitzer: **Ganzheitliche Ernährung für Hund und Katze**, Bolbecher, Thieme, Stuttgart 2020

Cäcilia Brendieck-Worm/Matthias F. Melzig (Hrsg.): **Phytotherapie in der Tiermedizin**, Thieme, Stuttgart 2021

Ursel Bühring: **Lehrbuch Heilpflanzenkunde**: Grundlagen – Anwendung – Therapie, Haug, Stuttgart 2017

Ursel Bühring/Michaela Girsch: **Praxis Heilpflanzenkunde**, Haug, Stuttgart 2016

Ursel Bühring: **Alles über Heilpflanzen**: Erkennen, anwenden und gesund bleiben. Das Standardwerk, Ulmer, Stuttgart 2020

Siegrid Hirsch/Felix Grünberger: **Die Kräuter in meinem Garten**: 500 Heilpflanzen, 2000 Anwendungen, 1000 Rezepte, Botanik, Anbau, Magisches, Homöopathie, Hildegardmedizin, TCM, Volksheilkunde, freya, Engerwitzdorf 2014

Gabriela Nedoma: **Das große Buch vom OXYMEL – Medizin aus Honig und Essig**, Aesculus, Wolkersdorf 2019

Wanda May Pulfer: **Mykotherapie für Tiere**, Thieme Verlag, Stuttgart 2019

Claudia Ritter: **Heilpflanzen. Signatur und Botschaft**: Zeichensprache der Natur erkennen und nutzen, Ulmer, Stuttgart, 2016

Cornelia Stern/Helga Ell-Beiser: **Phytotherapie in Theorie und Praxis:** Wirkstoffe verstehen-Heilpflanzen sinnvoll nutzen, atVerlag, Aarau 2022

Wolf-Dieter Storl: **Die „Unkräuter" in meinem Garten**: 21 Pflanzenpersönlichkeiten erkennen & nutzen, GU, München 2018

Diana Tiebes: **Die 5 Hundetypen in der traditionellen chinesischen Veterinärmedizin**, Müller Rüschlikon, Stuttgart 2022

Rita Traversier: **Westliche Pflanzen und ihre Wirkungen in der TCM**, Haug, Stuttgart 2014

Die Apotheke vor deiner Haustür: **Methoden und Rezepte für einfache Heilmittel aus dem Garten**, smarticular, Berlin 2023

Bezugsadressen

Für Vitalpilze, Einzelkräuter, Kräutermischungen nach TCM-Richtlinien: www.vettherm.de

Für Einzelkräuter, Öle und Kräutermischungen: www.pernaturam.de

Für die Kräutersäfte: www.ewalia.de

www.cdvet.de

www,aniforte.de

www.waldkraft.bio

www.vom-achterhof.de
(Einzelkräuter in Bio Qualität / Humanbereich)

www.anicanis.de

www.lunderland.de

www.masterhorse.de
(auch Masterdog/Hundeprodukte)

www.anifit.de

www,anibio.de

www.heel.de
(homöopathische Komplexmittel der ad.us.vet. Serie)

Bildnachweis

Anne Borchert: Seite 23, 164 unten, 165 oben links, 168 unten

Babette Nummer: Klappe vorne außen und Klappe hinten außen, Seite 4, 5, 7, 19, 28, 34, 50, 58, 63 unten, 68 oben, 69 oben, 73 oben, 79 unten, 84 oben, 90 rechts, 91 oben, 92 oben, 95 oben, 96 oben, 104, 116, 128 unten, 144 oben, 145 oben, 153 oben, 154, 156, 165 unten, 167 unten, 172 unten, 175, 182, 185 unten, 186, 191 rechts, 196 unten, 204, 215, 218, 232, 247, 248, 251, 267

Kerstin Schocke: Seite 109 mittig

Stephanie Reineke: Seite: 53 oben, 62, 75 oben, 78 oben, 81 oben, 88 oben, 94 unten, 95 unten, 108, 125 oben, 131, 153, 177 oben, 184 oben, 188 oben, 233

Diana Tiebes: Titelbild und alle anderen Bilder

Leonie Tiebes: Seite 11, 33, 36, 66, 85, 192 unten

Denise und Mike Titze: Seite 57, 203, 224, 235

Max Welter: Seite 259

Stichwortverzeichnis

Weitere Bücher von Diana Tiebes

Diana Tiebes
Die fünf Hundetypen
In der traditionellen chinesischen Veterinärmedizin

Die Fünf-Elemente-Theorie kann ein wunderbares Instrument in der Gesunderhaltung des Hundes sein. Leicht verständlich werden Zungendiagnostik, die Organuhr und die 5 Elemente erklärt. Mit vielen Gesundheitstipps, die sinnvoll in den Hundealltag eingebaut werden können: typengerechte Ernährung, Kräuterzusätze und passende Akupressur-Punkte.

176 Seiten, 171 Bilder
ISBN 978-3-275-02258-8
€ 24,90 / € (A) 25,60

Diana Tiebes
Hühner machen glücklich
Eine Liebeserklärung an das Huhn – Tipps für ein gesundes Hühnerleben

Dieses Buch richtet sich an Hühnerbegeisterte und die, die mehr über das intelligente Federvieh erfahren möchten. Welche Rasse eignet sich und worauf muss man bei der Hühnerhaltung achten? Den Leser erwarten wertvolle Tipps für ein gelungenes Zusammenleben und lustige Anekdoten aus dem Hühnergarten der Autorin.

176 Seiten, 285 Bilder
ISBN 978-3-275-02274-8
€ 19,95 / € (A) 20,60

Änderungen in Preis und Lieferfähigkeit vorbehalten.

Überall, wo es Bücher gibt, oder unter
WWW.MUELLER-RUESCHLIKON.DE
Service-Hotline: 0711 / 78992151

Müller Rüschlikon